中国气象局成都高原气象研究所基本科研业务费专项资助
项目名称：高原天气系统年鉴2023
项目编号：BROP202408

2023 西南低涡年鉴

中国气象局成都高原气象研究所
中国气象学会高原气象学委员会 编著
主　编：蒋兴文
副主编：董元昌　彭　骏
编　委：肖递祥　黄楚惠　张虹娇　徐会明　刘思佳

科 学 出 版 社
北 京

内 容 简 介

西南低涡是影响我国灾害性天气的重要天气系统。本年鉴根据对2023年西南低涡的系统分析，得出该年西南低涡的编号、名称、日期对照表、概况、影响简表、影响地区分布表、中心位置资料表及活动路径图，计算得出该年影响降水的各次西南低涡过程的总降水量图、总降水日数图。

本年鉴可供气象、水文、水利、农业、林业、环保、航空、军事、地质、国土、民政、高原山地等方面的科技人员参考，也可作为相关专业教师、研究生、本科生的基本资料。

审图号：GS京（2025）0455号

图书在版编目（CIP）数据

西南低涡年鉴. 2023 / 中国气象局成都高原气象研究所, 中国气象学会高原气象学委员会编著. -- 北京 : 科学出版社, 2025. 3. -- ISBN 978-7-03-081667-2

I. P447-54

中国国家版本馆CIP数据核字第2025DW4505号

责任编辑：罗 吉 周 丹 沈 旭 / 责任校对：郝璐璐
责任印制：张 伟 / 封面设计：许 瑞

科 学 出 版 社 出版
北京东黄城根北街16号
邮政编码：100717
http://www.sciencep.com

北京中科印刷有限公司印刷

科学出版社发行 各地新华书店经销

*

2025年3月第 一 版 开本：A4 (880×1230)
2025年3月第一次印刷 印张：13
字数：436 000

定价：598.00元

（如有印装质量问题，我社负责调换）

前　言

西南低涡（简称西南涡）是在青藏高原特殊地形影响下，我国西南地区生成的特有的天气系统。其发生、发展和移动常常伴随暴雨、洪涝等气象灾害，并且，我国夏季多发泥石流、滑坡等地质灾害，在很大程度上也与西南低涡的发展、东移密切相关。西南低涡不仅影响我国西南地区，而且东移影响我国青藏高原以东广大地区，是我国主要的灾害性天气系统，它造成的暴雨强度、频次、范围仅次于台风及残余低压。

中华人民共和国成立以来，随着观测站网的建立，卫星资料的应用，以及我国第一、第二和第三次青藏高原大气科学试验的开展，尤其是中国气象局成都高原气象研究所近些年实施的西南低涡加密观测科学试验，关于西南低涡的科研工作也取得了一些新的成果，使我国西南低涡的科学研究、业务预报水平不断提升，在气象服务中做出了显著的贡献。

为了进一步适应经济社会发展、人民生活生产的需要，满足广大气象、农业、水利、国防、经济等部门科研、业务和教学的要求，更好地掌握西南低涡的演变规律，系统地认识西南低涡发生、发展的基本特征，提高科学研究水平和预报技术能力，做好气象灾害的防御工作，中国气象局成都高原气象研究所负责，四川省气象台等单位参加，组织人员，开展了西南低涡年鉴的研编工作。

经过项目组的共同努力，以及有关省、自治区、直辖市气象局的大力协助，西南低涡年鉴顺利完成。它的整编出版，将为我国西南低涡研究和应用提供基础性保障，推动我国灾害性天气研究与业务的深入发展，发挥对国家防灾减灾、环境保护、公共安全的气象支撑作用。

本年鉴由中国气象局成都高原气象研究所蒋兴文、董元昌、彭骏、刘思佳，四川省气象台肖递祥、黄楚惠，成都市气象台徐会明，四川省气象服务中心张虹娇完成。

本册《西南低涡年鉴2023》的内容主要包括西南低涡概况、路径以及西南低涡引起的降水等资料图表。

Foreword

As a unique weather system, the Southwest China Vortex (SCV) is originated in Southwest China due to the terrain effect of Qinghai-Xizang Plateau. Rain storms, floods and other meteorological disasters are usually caused by the generation, development and movement of SCV, frequently resulting in the natural disasters such as mud-rock flow and landslide in summer. The moving SCV could bring strong rainfall over the vast areas east of Qinghai-Xizang Plateau stretching from Southwest China to Central-Eastern China. As a severe weather system, the SCV is known just to be inferior to the typhoon and its residual low in respect of intensity, periods and areas of rainfall in China.

After the foundation of P. R. China, the enormous advances of scientific research and operational prediction on the SCV have been made along with the establishment of meteorological monitoring network and the application of satellite data. The achievements from the First, the Second and the Third Qinghai-Xizang Plateau Experiment of Atmospheric Sciences, especially the intensive observation scientific experiment of SCV organized by Institute of Plateau Meteorology, China Meteorological Administration, Chengdu (IPM) during recent years, have already benefited the scientific research of SCV, its operational weather prediction and the meteorological service in disaster prevention and the public safety.

To further adapt to the economic social development with the people life and production requirements and to meet the demands of research, teaching and professional work in meteorological agricultural, hydrological, military, and economic sectors, the characterizations of SCV generation and evolution should be better and comprehensively understood, improving the scientific level and forecast capacity of SCV for more efficient disaster prevention. Therefore, IPM organized to compile the SCV Yearbook with the participation of Sichuan Provincial Meteorological Observatory (SPMO) and the other groups.

With the joint efforts of all research groups and the great support from related meteorological bureaus of provinces, autonomous regions and cities, this SCV Yearbook has been completed successfully. It provides the basis summary for the SCV research and the application, promoting our scientific research and operational forecast of hazardous weather. And it could be useful to the natural disaster prevention, environment protection and public safety service in China.

The SCV Yearbook has been accomplished by Jiang Xingwen, Dong Yuanchang, Peng Jun and Liu Sijia of IPM, Xiao Dixiang and Huang Chuhui of SPMO, Xu Huiming of Chengdu Municipal Meteorological Observatory and Zhang Hongjiao of Sichuan Meteorological Service Center .

The *SCV Yearbook 2023* is mainly composed of figures, tables and data of SCV-survey, -tracks and -rainfall.

说　明

本年鉴主要整编西南低涡生成的位置、路径及西南低涡引起的降水量、降水日数等基本资料。

西南低涡是指700hPa等压面上反映的生成于青藏高原背风坡(99°~109°E、26°~33°N)，连续出现两次或者只出现一次但伴有云涡、有闭合等高线的低压或有三个站风向呈气旋式环流的低涡。

冬半年指1~4月和11~12月，夏半年指5~10月。

本年鉴所用时间一律为北京时间。

● 西南低涡概况

西南低涡根据低涡生成区域可以分为九龙低涡、四川盆地低涡(简称盆地涡)、小金低涡。

九龙低涡是指生成于99°E 以东至＜104°E、26°N以北至≤30.5°N范围内的低涡。

小金低涡是指生成于99°E以东至＜104°E、30.5°N以北至≤33°N范围内的低涡。

四川盆地低涡是指生成于104°E 以东至＜109°E、26°N以北至≤33°N范围内的低涡。

西南低涡移出是指九龙低涡、四川盆地低涡、小金低涡移出其生成的区域。

西南低涡编号是以“D”字母开头，按年份的后二位数与当年低涡顺序三位数组成。

西南低涡移出几率是指某月西南低涡移出个数与该年西南低涡个数的百分比。

西南低涡月移出率是指某月西南低涡移出个数与该年西南低涡移出个数的百分比。

西南低涡当月移出率是指某月西南低涡移出个数与该月西南低涡个数的百分比。

九龙低涡或四川盆地低涡或小金低涡移出几率是指某月移出其生成区域的低涡个数与该年其生成区域低涡个数的百分比。

九龙低涡或四川盆地低涡或小金低涡月移出率是指某月移出其生成区域的低涡个数与该年移出其生成区域低涡个数的百分比。

九龙低涡或四川盆地低涡或小金低涡当月移出率是指某月移出其生成区域的低涡个数与该月其生成区域低涡个数的百分比。

西南低涡中心位势高度最小值频率分布指按各时次西南低涡700hPa等压面上位势高度（单位：位势什米）最小值统计的频率分布。

说　明

● 西南低涡中心位置资料表

“中心强度”指在700hPa等压面上低涡中心位势高度，单位：位势什米。

● 西南低涡纪要表

1.“发现点”指不同涡源的西南低涡活动路径的起始点，由于资料所限，此点不一定是真正的源地。

2.西南低涡活动的发现点、移出涡源的地点，一般准确到县、市。

3.“转向”指路径总的趋向由向某一个方向移动转为向另一个方向移动。

4.“移出涡源区”指西南低涡移出其发现点所属的低涡(九龙低涡或四川盆地低涡或小金低涡)生成的范围。

● 西南低涡降水及移动路径

1.降水量统计使用的是12小时雨量资料。

2.西南低涡和其他天气系统共同造成的降水，仍列入整编。

3.“总降水量及移动路径图”指一次西南低涡活动过程的移动路径和在我国引起的总降水量分布图。总降水量一般按0.1mm、10mm、25mm、50mm、100mm等级，以色标示出，绘出降水区外廓线，标注出中心最大的总降水量数值。

4.“总降水日数图”指一次西南低涡活动过程在我国引起的总降水量≥0.1mm的降水日数区域分布图。

目 录
Contents

目 录 Contents

目 录 Contents

目　录 Contents

目 录 Contents

2023年
西南低涡概况

2023年发生在西南地区的低涡共有76个，其中在四川九龙附近生成的低涡有28个，在四川盆地生成的低涡有38个，在四川小金附近生成的低涡有10个（表1~表4）。

2023年西南低涡最早生成于1月初，最迟生成于12月底。虽然每月都有西南低涡生成，但生成个数存在较大差异，3月生成最多，为12个，1月和5月次之，分别为10个和8个，这三个月生成的低涡个数占全年的39.48%，8月西南低涡生成个数最少，只有2个，占全年的2.63%（表1）。

2023年九龙低涡最早生成于1月初，最迟生成于12月下旬。九龙低涡3月、5月、6月和10月生成个数最多，均为4个，共占全年的57.16%；除8月、9月和11月外，其他各月均有九龙低涡生成（表2）。四川盆地低涡最早生成于1月初，最迟生成于12月下旬。1月和3月生成个数最多，均为6个，共占全年的31.58%；其次是9月，有5个，其他各月均有盆地低涡生成（表3）。小金低涡最早生成于1月上旬，最迟生成于11月中旬。其中1月、3月和4月生成个数均为2个，各占全年的20.00%，其次是8月、9月、10月和11月，生成个数均为1个，各占全年的10.00%，其他各月没有小金低涡生成（表4）。

2023年移出的西南低涡共有27个（表5），其中九龙低涡移出10个，四川盆地低涡移出9个，小金低涡移出8个（表6~表8）。西南低涡移出的地点分布于四川、甘肃、云南、河南、湖北、重庆和陕西7个省市，其中四川11个，陕西5个，重庆5个，湖北、河南各2个，甘肃、云南各1个（表9）。九龙低涡移出的地点分布于四川、重庆和云南3个省市，依次为6个、3个和1个（表10）。四川盆地低涡移出的地点分布于陕西、湖北、河南、甘肃和重庆5个省市，依次为3个、2个、2个、1个和1个（表11）。小金低涡移出的地点在四川、陕西和重庆，分别为5个、2个和1个（表12）。

2023年西南低涡中心位势高度最小值在304～315位势什米范围内最多，占89.01%（表13）。夏半年的西南低涡中心位势高度最小值在308～315位势什米范围内最多，占75.73%（表14）。冬半年的西南低涡中心位势高度最小值在304～311位势什米范围内最多，占70.45%（表15）。

2023年西南低涡偏南风最大风速在4～12m/s的频率最多，占73.82%（表16）。夏半年西南低涡偏南风最大风速在6～12m/s的频率最多，占59.22%（表17）。冬半年西南低涡偏南风最大风速在4～10m/s范围内的频率最多，占71.59%（表18）。

在2023年的76次西南低涡过程中有71次造成了明显降水。西南低涡过程降水量在100mm以上的有7次；过程降水量在200mm以上的有1次（低涡编号：D23053），D23053号低涡过程造成的最大过程降水量（317.7mm）位于重庆璧山，降水日数为5天。就西南低涡造成的过程降水量、影响范围和持续时间而言，D23052、D23053和D23055号西南低涡较为突出。

D23052号九龙低涡是本年度对四川盆地地区影响最大的西南低涡，其生成于四川峨边，历时2天。该低涡生成于7月13日08时，中心强度为308位势什米，生成后低涡向东北行；13日20时，中心强度为309位势什米，之后低涡继续向东北行移出源地；14日08时，中心强度为312位势什米，之后减弱消失。受其影响，四川盆地发生区域性大暴雨天气，其降水区域主要分布在川西高原东部、攀西地区东北部、四川省盆地地区大部、重庆大部、云南东北部、贵州北部、湖北西南部、湖南西北部和陕西南部个别地区，降水日数为1～2天。其中重庆和四川有成片降水量大于50mm的区域，存在两个降水中心，分别位于重庆万州（降水量为197.4mm，降水日数为1天）和四川广汉（降水量为196.2mm，降水日数为2天）。

D23053号盆地低涡是本年度对西南地区影响最大的西南低涡，其生成于四川南充，历时5天。该低涡生成于7月24日20时，中心强度为312位势什米，生成后低涡向东北行；25日08时，中心强度维持在312位势什米，之后低涡向东南行；25日20时，低涡移入重庆，中心强度继续维持在312位势什米，之后低涡向西南行；26日08时，低涡移回四川境内，中心强度为311位势什米，之后低涡向东南行；26日20时，低涡仍位于四川，中心强度为310位势什米，之后低涡向北行；27日08时，低涡位于四川境内，中心强度为309位势什米，之后低涡向东行；27日20时，中心强度为309位势什米，之后低涡转向东南行；28日08时，低涡移入重庆，中心强度维持在309位势什米，之后减弱消失。受其影响，四川省、重庆市和贵州省发生暴雨天气，其降水区域主要分布在川西高原东部、攀西地区东北部、四川省盆地地区大部、重庆、云南东北部、湖北西南部、湖南西北部和贵州北部地区，降水日数为1～5天。其中重庆、四川、云南、贵州、湖北和湖南有成片降水量大于50mm的区域，存在两个降水中心，分别位于重庆璧山（降水量为317.7mm，降水日数为5天）和湖南龙山（降水量为112.2mm，降水日数为1天）。

D23055号小金低涡是本年度对我国降水影响范围最广的西南低涡，其生成于四川茂县，历时7天。该低涡生成于8月25日20时，中心强度为308位势什米，生成后向东南移移出源地；26日08时，中心强度为307位势什米，之后向东北移动；26日20时，中心强度为306位势什米，之后向东移；27日08时，低涡移入湖北，中心强度增强为307位势什米，之后向东北行；27日20时，低涡移入安徽，中心强度为306位势什米，之后继续东北行；28日08时，低涡移入山东，中心强度为304位势什米，之后继续东北行；28日20时，低涡移至渤海，中心强度为304位势什米，之后继续东北行；29日08时，低涡移至辽宁，中心强度为303位势什米，之后继续东北行；29日20时，低涡移入吉林，中心强度为302位势什米，之后继续东北行；30日08时，低涡移入黑龙江，中心强度为300位势什米，之后转向西北移动；30日20时，低涡位于黑龙江境内，中心强度为302位势什米，之后向东北移动；31日08时，低涡仍位于黑龙江境内，中心强度为300位势什米，之后减弱消失。受其影响，在低涡的移动路径上造成我国大范围尤其是华中、华东地区的强降水，其降水区域主要分布在川西高原东部，四川省盆地地区大部，重庆西南、中、东北部，陕西南部，山东，辽宁，吉林，黑龙江，湖北、河南、江苏大部，湖南北部，安徽北、中部，河北东南、东北部，内蒙古东部和云南东北部个别地区，降水日数为1～4天。其中四川、重庆、陕西、湖北、湖南、河南、安徽、江苏、山东、辽宁、吉林和黑龙江有成片降水量大于50mm的区域，存在六个降水中心，分别位于湖北宜都（降水量为199.5mm，降水日数为1天）、江苏淮安（降水量为195.4mm，降水日数为2天）、山东文登（降水量为138.1mm，降水日数为2天）、重庆铜梁（降水量为129.6mm，降水日数为1天）、吉林集安（降水量为121.3mm，降水日数为3天）和四川巴中（降水量为108.6mm，降水日数为1天）。

表1　2023年西南低涡出现频次

	1月	2月	3月	4月	5月	6月	7月	8月	9月	10月	11月	12月	全年
次数	10	4	12	7	8	7	5	2	6	6	4	5	76
频率 / %	13.16	5.26	15.79	9.21	10.53	9.21	6.58	2.63	7.89	7.89	5.26	6.58	100

表2　2023年九龙低涡出现频次

	1月	2月	3月	4月	5月	6月	7月	8月	9月	10月	11月	12月	全年
次数	2	3	4	3	4	4	1	0	0	4	0	3	28
频率 / %	7.14	10.71	14.29	10.71	14.29	14.29	3.57	0.00	0.00	14.29	0.00	10.71	100

表3　2023年四川盆地低涡出现频次

	1月	2月	3月	4月	5月	6月	7月	8月	9月	10月	11月	12月	全年
次数	6	1	6	2	4	3	4	1	5	1	3	2	38
频率 / %	15.79	2.63	15.79	5.26	10.53	7.89	10.53	2.63	13.16	2.63	7.89	5.26	100

表4　2023年小金低涡出现频次

	1月	2月	3月	4月	5月	6月	7月	8月	9月	10月	11月	12月	全年
次数	2	0	2	2	0	0	0	1	1	1	1	0	10
频率 / %	20.00	0.00	20.00	20.00	0.00	0.00	0.00	10.00	10.00	10.00	10.00	0.00	100

表5　2023年西南低涡移出源地次数

	1月	2月	3月	4月	5月	6月	7月	8月	9月	10月	11月	12月	全年
次数	3	1	4	6	2	3	1	1	1	3	2	0	27
移出几率 / %	3.95	1.32	5.26	7.89	2.63	3.95	1.32	1.32	1.32	3.95	2.63	0.00	35.53
月移出率 / %	11.11	3.70	14.81	22.22	7.41	11.11	3.70	3.70	3.70	11.11	7.41	0.00	100.00
当月移出率 / %	30.00	25.00	33.33	85.71	25.00	42.86	20.00	50.00	16.67	50.00	50.00	0.00	/

表6　2023年九龙低涡移出源地次数

	1月	2月	3月	4月	5月	6月	7月	8月	9月	10月	11月	12月	全年
次数	1	1	1	3	1	1	1	0	0	1	0	0	10
移出几率 / %	3.57	3.57	3.57	10.71	3.57	3.57	3.57	0.00	0.00	3.57	0.00	0.00	35.71
月移出率 / %	10.00	10.00	10.00	30.00	10.00	10.00	10.00	0.00	0.00	10.00	0.00	0.00	100.00
当月移出率 / %	50.00	33.33	25.00	100.00	25.00	25.00	100.00	0.00	0.00	25.00	0.00	0.00	/

表7　2023年四川盆地低涡移出源地次数

	1月	2月	3月	4月	5月	6月	7月	8月	9月	10月	11月	12月	全年
次数	1	0	2	1	1	2	0	0	0	1	1	0	9
移出几率 / %	2.63	0.00	5.26	2.63	2.63	5.26	0.00	0.00	0.00	2.63	2.63	0.00	23.68
月移出率 / %	11.11	0.00	22.22	11.11	11.11	22.22	0.00	0.00	0.00	11.11	11.11	0.00	100.00
当月移出率 / %	16.67	0.00	33.33	50.00	25.00	66.67	0.00	0.00	0.00	100.00	33.33	0.00	/

表8　2023年小金低涡移出源地次数

	1月	2月	3月	4月	5月	6月	7月	8月	9月	10月	11月	12月	全年
次数	1	0	1	2	0	0	0	1	1	1	1	0	8
移出几率 / %	10.00	0.00	10.00	20.00	0.00	0.00	0.00	10.00	10.00	10.00	10.00	0.00	80.00
月移出率 / %	12.50	0.00	12.50	25.00	0.00	0.00	0.00	12.50	12.50	12.50	12.50	0.00	100.00
当月移出率 / %	50.00	0.00	50.00	100.00	0.00	0.00	0.00	100.00	100.00	100.00	100.00	0.00	/

表9　2023年西南低涡移出源地的地区分布

	四川	甘肃	重庆	贵州	云南	湖北	湖南	陕西	山西	河南	合计
次数	11	1	5	0	1	2	0	5	0	2	27
出源地率 / %	40.74	3.70	18.52	0.00	3.70	7.41	0.00	18.52	0.00	7.41	100

表10　2023年九龙低涡移出源地的地区分布

	四川	甘肃	重庆	贵州	云南	湖北	湖南	陕西	山西	河南	合计
次数	6	0	3	0	1	0	0	0	0	0	10
出源地率 / %	60.00	0.00	30.00	0.00	10.00	0.00	0.00	0.00	0.00	0.00	100

表11 2023年四川盆地低涡移出源地的地区分布

	四川	甘肃	重庆	贵州	云南	湖北	湖南	陕西	山西	河南	合计
次数	0	1	1	0	0	2	0	3	0	2	9
出源地率 / %	0.00	11.11	11.11	0.00	0.00	22.22	0.00	33.33	0.00	22.22	100

表12 2023年小金低涡移出源地的地区分布

	四川	甘肃	重庆	贵州	云南	湖北	湖南	陕西	山西	河南	合计
次数	5	0	1	0	0	0	0	2	0	0	8
出源地率 / %	62.50	0.00	12.50	0.00	0.00	0.00	0.00	25.00	0.00	0.00	100

表13 2023年西南低涡中心强度频率分布

位势高度 / 位势什米	315—312	311—308	307—304	303—300	299—296	295—292	291—288	287—284	283—280
频率 / %	21.99	43.46	23.56	10.47	0.52	0.00	0.00	0.00	0.00

表14 2023年夏半年西南低涡中心强度频率分布

位势高度 / 位势什米	315—312	311—308	307—304	303—300	299—296	295—292	291—288	287—284	283—280
频率 / %	29.13	46.60	17.47	6.80	0.00	0.00	0.00	0.00	0.00

表15　2023年冬半年西南低涡中心强度频率分布

位势高度/位势什米	315—312	311—308	307—304	303—300	299—296	295—292	291—288	287—284	283—280
频率/%	13.64	39.77	30.68	14.77	1.14	0.00	0.00	0.00	0.00

表16　2023年西南低涡偏南风最大风速频率分布

最大风速/(m/s)	2	4	6	8	10	12	14	16	18	20	22	24	26	28	30
频率/%	7.33	13.09	21.47	16.75	12.04	10.47	5.76	5.24	3.67	2.62	0.00	0.00	0.52	0.52	0.52

表17　2023年夏半年西南低涡偏南风最大风速频率分布

最大风速/(m/s)	2	4	6	8	10	12	14	16	18	20	22	24	26	28	30
频率/%	7.77	8.74	16.50	20.39	10.68	11.65	6.80	7.77	3.88	2.91	0.00	0.00	0.97	0.97	0.97

表18　2023年冬半年西南低涡偏南风最大风速频率分布

最大风速/(m/s)	2	4	6	8	10	12	14	16	18	20	22	24	26	28	30
频率/%	6.82	18.18	27.27	12.50	13.64	9.09	4.55	2.27	3.41	2.27	0.00	0.00	0.00	0.00	0.00

2023年西南低涡纪要表

序号	编号	中英文名称	起止日期(月/日)	中心最小位势高度/位势什米	发现点经纬度	移出涡源的地点	移出涡源的时间(月/日时)	移出涡源中心位势高度/位势什米	路径趋向
1	D23001	平武, Pingwu	1/1～1/2	308	104.47°E,32.25°N	襄城	1/1[20]	310	东北行移出源地
2	D23002	九寨沟, Jiuzhaigou	1/3～1/4	306	103.85°E,32.97°N				源地生消
3	D23003	木里, Muli	1/7～1/8	310	100.86°E,28.10°N				源地生消
4	D23004	遂宁, Suining	1/18	306	105.58°E,30.61°N				源地生消
5	D23005	安岳, Anyue	1/19～1/20	305	105.33°E,29.83°N				东北行
6	D23006	营山, Yingshan	1/22～1/23	302	106.53°E,31.11°N				东北行转东南行
7	D23007	盐亭, Yanting	1/25～1/26	300	105.71°E,31.08°N				源地生消
8	D23008	盐源, Yanyuan	1/28～1/29	308	101.52°E,27.50°N	合川	1/28[20]	308	东北行移出源地
9	D23009	安岳, Anyue	1/31	304	105.36°E,30.13°N				源地生消
10	D23010	松潘, Songpan	1/31～2/2	302	103.73°E,32.89°N	安岳	2/1[08]	305	东南行移出源地后转西行

2023年西南低涡纪要表（续-1）

序号	编号	中英文名称	起止日期(月/日)	中心最小位势高度/位势什米	发现点经纬度	移出涡源的地点	移出涡源的时间(月/日时)	移出涡源中心位势高度/位势什米	路径趋向
11	D23011	西充,Xichong	2/4	306	105.95°E,31.08°N				源地生消
12	D23012	冕宁,Mianning	2/23～2/24	308	101.89°E,28.58°N				源地生消
13	D23013	盐源,Yanyuan	2/24～2/25	312	101.25°E,27.41°N				源地生消
14	D23014	泸定,Luding	2/28～3/1	310	102.25°E,29.53°N	合川	$3/1^{08}$	312	东北行移出源地
15	D23015	盐源,Yanyuan	3/1	313	101.70°E,27.66°N				源地生消
16	D23016	大竹,Dazhu	3/6～3/7	310	107.28°E,30.61°N				源地生消
17	D23017	汉源,Hanyuan	3/7～3/9	309	102.41°E,29.47°N	忠县	$3/7^{20}$	310	东北行移出源地后转东南行转东行
18	D23018	南部,Nanbu	3/10～3/11	308	105.85°E,31.26°N	光山	$3/11^{08}$	309	东南行转东北行移出源地
19	D23019	木里,Muli	3/11～3/13	312	101.16°E,28.00°N				东南行转西南行
20	D23020	乐至,Lezhi	3/15	308	105.02°E,30.45°N				源地生消

2023年西南低涡纪要表（续-2）

序号	编号	中英文名称	起止日期（月/日）	中心最小位势高度/位势什米	发现点经纬度	移出涡源的地点	移出涡源的时间（月/日^时^）	移出涡源中心位势高度/位势什米	路径趋向
21	D23021	马尔康，Ma'erkang	3/15～3/17	305	102.45°E,32.00°N	宁陕	3/16[08]	305	东北行移出源地后东北行转东南行
22	D23022	松潘，Songpan	3/17～3/18	306	103.61°E,32.79°N				源地生消
23	D23023	蓬溪，Pengxi	3/21～3/24	299	105.73°E,30.81°N				源地附近活动后转东南行
24	D23024	万州，Wanzhou	3/26～3/27	307	108.60°E,30.85°N				源地生消
25	D23025	安岳，Anyue	3/27～3/30	305	105.44°E,30.18°N	神农架	3/28[20]	308	西行转东北行移出源地后西南行转东北行
26	D23026	西昌，Xichang	3/28～3/29	306	102.30°E,27.98°N				源地生消
27	D23027	仪陇，Yilong	4/5～4/6	304	106.37°E,31.65°N				源地生消
28	D23028	松潘，Songpan	4/7～4/8	309	103.60°E,32.47°N	安岳	4/7[20]	311	东南行移出源地
29	D23029	康定，Kangding	4/9～4/10	308	101.93°E,30.14°N	仪陇	4/9[20]	308	东北行移出源地
30	D23030	松潘，Songpan	4/10～4/11	307	103.75°E,32.59°N	大足	4/11[08]	310	东南行移出源地

2023年西南低涡纪要表（续-3）

序号	编号	中英文名称	起止日期(月/日)	中心最小位势高度/位势什米	发现点经纬度	移出涡源的地点	移出涡源的时间(月/日^{时})	移出涡源中心位势高度/位势什米	路径趋向
31	D23031	木里,Muli	4/13～4/15	305	100.87°E,28.81°N	祥云	$4/15^{08}$	314	东南行转西南行移出源地
32	D23032	汉源,Hanyuan	4/20～4/21	303	102.72°E,29.48°N	乐至	$4/20^{20}$	303	东北行移出源地
33	D23033	旺苍,Wangcang	4/22～4/24	302	106.02°E,32.23°N	黄陵	$4/23^{08}$	306	西北行转东北行移出源地后转东南行
34	D23034	阆中,Langzhong	5/5～5/6	303	106.22°E,31.57°N				东北行
35	D23035	南部,Nanbu	5/7～5/8	307	105.99°E,31.37°N				东北行
36	D23036	木里,Muli	5/11～5/12	310	100.83°E,28.28°N				东南行
37	D23037	盐源,Yanyuan	5/12～5/13	313	101.81°E,27.35°N				西南行
38	D23038	汉源,Hanyuan	5/15～5/18	304	102.68°E,29.47°N	蓬安	$5/16^{08}$	304	东北行移出源地后继续东北行
39	D23039	稻城,Daocheng	5/18～5/19	305	100.24°E,29.00°N				东行
40	D23040	营山,Yingshan	5/22～5/23	310	106.57°E,31.21°N				源地生消

2023年西南低涡纪要表（续-4）

序号	编号	中英文名称	起止日期（月/日）	中心最小位势高度/位势什米	发现点经纬度	移出涡源的地点	移出涡源的时间（月/日时）	移出涡源中心位势高度/位势什米	路径趋向
41	D23041	盐亭,Yanting	5/25～5/26	308	105.51°E,31.37°N	略阳	5/26[08]	308	东北行移出源地
42	D23042	江油,Jiangyou	6/2～6/4	307	104.73°E,31.97°N	天水	6/3[08]	309	东南行转西北行移出源地后转西南行又转东北行
43	D23043	木里,Muli	6/11～6/12	309	101.10°E,28.16°N	珙县	6/11[20]	309	东行移出源地后转东北行
44	D23044	盐源,Yanyuan	6/18～6/19	308	101.82°E,27.35°N				源地生消
45	D23045	彭水,Pengshui	6/20	310	108.37°E,29.69°N				源地生消
46	D23046	高坪,Gaoping	6/21～6/27	302	106.15°E,30.84°N	天门	6/23[08]	309	东南行转西南行转东行转东北行移出源地后转东南行转东北行转西南行又转东北行转西北行再转东北行
47	D23047	泸定,Luding	6/28	308	102.24°E,29.86°N				源地生消
48	D23048	木里,Muli	6/30～7/1	308	101.25°E,28.08°N				西北行
49	D23049	阆中,Langzhong	7/1～7/2	309	105.94°E,31.55°N				源地生消
50	D23050	南充,Nanchong	7/8～7/10	311	106.06°E,31.02°N				东南行转西北行转西南行

2023年西南低涡纪要表（续-5）

序号	编号	中英文名称	起止日期（月/日）	中心最小位势高度/位势什米	发现点经纬度	移出涡源的地点	移出涡源的时间（月/日^{时}）	移出涡源中心位势高度/位势什米	路径趋向
51	D23051	平武, Pingwu	7/11	308	104.85°E,32.20°N				源地生消
52	D23052	峨边, Ebian	7/13～7/14	308	103.24°E,29.21°N	高坪	$7/14^{08}$	312	东北行移出源地
53	D23053	南充, Nanchong	7/24～7/28	309	105.89°E,30.70°N				东北行转东南行转西南行转东南行转北行转东行又转东南行
54	D23054	合江, Hejiang	8/3	310	105.68°E,28.65°N				源地生消
55	D23055	茂县, Maoxian	8/25～8/31	300	103.59°E,32.12°N	南部	$8/26^{08}$	307	东南行移出源地后转东北行转东行转东北行后转西北行转东北行
56	D23056	德阳, Deyang	9/11～9/13	310	104.52°E,31.34°N				东南行转东北行转东南行
57	D23057	松潘, Songpan	9/18～9/19	310	103.48°E,32.93°N	江油	$9/19^{08}$	310	东南行移出源地
58	D23058	南部, Nanbu	9/20～9/21	313	106.02°E,31.33°N				东北行转西行
59	D23059	广元, Guangyuan	9/23	312	105.72°E,32.18°N				源地生消
60	D23060	剑阁, Jiange	9/24～9/25	312	105.62°E,31.92°N				源地生消

2023年西南低涡纪要表（续-6）

序号	编号	中英文名称	起止日期(月/日)	中心最小位势高度/位势什米	发现点经纬度	移出涡源的地点	移出涡源的时间(月/日时)	移出涡源中心位势高度/位势什米	路径趋向
61	D23061	盐亭,Yanting	9/27～9/28	314	105.37°E,31.33°N				源地生消
62	D23062	木里,Muli	10/6～10/7	312	101.42°E,28.27°N				南行转西南行
63	D23063	盐边,Yanbian	10/13～10/14	314	101.55°E,27.14°N				源地生消
64	D23064	松潘,Songpan	10/17～10/19	311	103.73°E,32.88°N	青川	10/18 08	311	东南行移出源地后转西南行转东北行
65	D23065	射洪,Shehong	10/24～10/26	315	105.26°E,30.89°N	巫山	10/25 20	315	东北行转东南行移出源地
66	D23066	冕宁,Mianning	10/26～10/29	312	102.17°E,28.83°N	南充	10/27 08	313	东北行移出源地后继续东北行后转东行
67	D23067	冕宁,Mianning	10/28～10/29	312	102.04°E,28.39°N				源地生消
68	D23068	盐亭,Yanting	11/2～11/4	310	105.56°E,31.39°N	宁陕	11/3 08	310	东北行移出源地后转东行
69	D23069	射洪,Shehong	11/8～11/9	309	105.36°E,30.98°N				源地生消
70	D23070	松潘,Songpan	11/14～11/15	310	103.81°E,32.90°N	宁陕	11/15 08	311	东北行移出源地

2023年西南低涡纪要表（续-7）

序号	编号	中英文名称	起止日期（月/日）	中心最小位势高度/位势什米	发现点经纬度	移出涡源的地点	移出涡源的时间（月/日时）	移出涡源中心位势高度/位势什米	路径趋向
71	D23071	北川, Beichuan	11/28～11/30	307	104.45°E,31.74°N				东南行转西南行
72	D23072	大英, Daying	12/8～12/9	307	105.30°E,30.49°N				源地生消
73	D23073	雅安, Ya'an	12/16～12/17	308	102.89°E,29.95°N				东行
74	D23074	威远, Weiyuan	12/22～12/23	312	104.84°E,29.46°N				东北行
75	D23075	木里, Muli	12/22～12/23	309	100.80°E,28.85°N				源地生消
76	D23076	康定, Kangding	12/29～12/30	311	101.70°E,29.88°N				源地生消

2023年西南低涡对我国降水影响简表

序号	编号	简述活动的情况	西南低涡对我国降水的影响		
			时间（月/日）	概况	极值
1	D23001	盆地低涡东北行移出源地	1/1	降水区域有四川省盆地地区西、中、东部，重庆西部，陕西西南部个别地区，河南西、南部、东部和安徽西部个别地区，降水日数为1天	重庆合川 4.8mm（1天）
2	D23002	小金低涡源地生消	1/3	降水区域有四川省盆地地区西部，降水日数为1天	四川洪雅 3.0mm（1天）
3	D23003	九龙低涡源地生消	1/7	无	无
4	D23004	盆地低涡源地生消	1/18	降水区域有重庆西、南、中、东北部，贵州北部和湖北西南部地区，降水日数为1天	贵州习水 1.1mm（1天）
5	D23005	盆地低涡东北行	1/19～1/20	降水区域有川西高原东部个别地区，四川省盆地地区东北、中部和重庆西、中部个别地区，降水日数为1天	四川黑水 0.2mm（1天）
6	D23006	盆地低涡东北行转东南行	1/22～1/23	降水区域有四川省盆地地区西部和东北部个别地区，重庆西、南、中部和东部个别地区，湖北西南部个别地区，降水日数为1～2天	四川峨眉山 1.7mm（2天）
7	D23007	盆地低涡源地生消	1/25	无	无
8	D23008	九龙低涡东北行移出源地	1/28	降水区域有四川省盆地地区西部个别地区、贵州西部和云南东北部地区，降水日数为1天	贵州水城 2.9mm（1天）
9	D23009	盆地低涡源地生消	1/31	无	无
10	D23010	小金低涡东南行移出源地后转西行	1/31～2/1	降水区域有川西高原东部个别地区和陕西南部个别地区，降水日数为1天	四川松潘，陕西镇巴 0.1mm（1天）

2023年西南低涡对我国降水影响简表（续-1）

序号	编号	简述活动的情况	西南低涡对我国降水的影响		
			时间(月/日)	概况	极值
11	D23011	盆地低涡源地生消	2/4	降水区域有四川省盆地地区西部个别地区、云南东北部和贵州北部个别地区，降水日数为1天	云南威信 0.8mm（1天）
12	D23012	九龙低涡源地生消	2/23	降水区域有川西高原东部，攀西地区东北部，四川省盆地地区西、南、中、东北部，重庆西部，云南东北部和贵州北部个别地区，降水日数为1～2天	四川甘洛 6.3mm（1天）
13	D23013	九龙低涡源地生消	2/24	降水区域有川西高原东部，攀西地区大部，四川省盆地地区西部、南部个别地区，云南北部和贵州西部地区，降水日数为1～2天	云南巧家 4.6mm（1天）
14	D23014	九龙低涡东北行移出源地	2/28～3/1	降水区域有川西高原东北、西南部个别地区，四川省盆地地区西、东北、中、南部，重庆大部，湖北西南部，贵州北部和云南东北部地区，降水日数为1～2天	重庆彭水 15.4mm（1天）
15	D23015	九龙低涡源地生消	3/1	降水区域有四川省盆地地区南部、贵州西部、云南东北部和西北部个别地区，降水日数为1天	云南威信 2.9mm（1天）
16	D23016	盆地低涡源地生消	3/6	降水区域有川西高原东、南部个别地区，攀西地区东北部，四川省盆地地区大部，重庆大部，湖北西南、中部，贵州北部，湖南西北部，云南东北部和陕西南部个别地区，降水日数为1～2天	四川开江 26.3mm（1天）
17	D23017	九龙低涡东北行移出源地后转东南行转东行	3/7～3/8	降水区域有川西高原东部，攀西地区东北部，四川省盆地地区西、中、南部，重庆西、南、中、东北部，陕西南部个别地区，湖北、安徽南部，浙江大部，云南东北部，贵州北部，湖南西北、东部和江西、福建北部，降水日数为1～2天	湖南赫山 20.3mm（1天）
18	D23018	盆地低涡东南行转东北行移出源地	3/10～3/11	降水区域有川西高原东部，四川省盆地地区西、东北、中部，重庆大部，湖北西南、东部，河南、安徽南部，江苏西南、中部，湖南、江西北部，浙江西部，贵州北部和云南东北部个别地区，降水日数为1天	湖南赫山 19.5mm（1天）
19	D23019	九龙低涡东南行转西南行	3/11～3/12	降水区域有川西高原南部，攀西地区大部，四川省盆地地区西南、南部，云南北部和贵州西部地区，降水日数为1～3天	四川甘洛 46.8mm（3天）
20	D23020	盆地低涡源地生消	3/15	降水区域有四川省盆地地区东北部和重庆西部地区，降水日数为1天	四川武胜 0.7mm（1天）

2023年西南低涡对我国降水影响简表（续-2）

序号	编号	简述活动的情况	西南低涡对我国降水的影响		
			时间（月/日）	概况	极值
21	D23021	小金低涡东北行移出源地后东北行转东南行	3/15～3/17	降水区域有四川省盆地地区东北、中部，重庆西部，甘肃东南部，宁夏、陕西南部，山西东南部，河北、山东南部，河南，江苏，安徽、上海大部，湖北、浙江北部和云南东北部个别地区，降水日数为1～2天	湖北英山 41.5mm（1天）
22	D23022	小金低涡源地生消	3/17	降水区域有川西高原北部，四川省盆地地区大部，重庆西、中部，甘肃东南部，陕西西南部和青海东南部个别地区，降水日数为1～2天	陕西勉县 6.6mm（1天）
23	D23023	盆地低涡源地附近活动后转东南行	3/21～3/23	降水区域有川西高原东部，攀西地区东北部，四川省盆地地区大部，重庆大部，甘肃、陕西南部，云南东北部，贵州北部和湖北西部地区，降水日数为1～4天	陕西宁强 32.9mm（2天）
24	D23024	盆地低涡源地生消	3/26	降水区域有四川省盆地地区东北、中、南部，重庆大部，贵州北部，陕西南部，湖北西部和湖南西北部地区，降水日数为1～2天	四川江安 17.9mm（1天）
25	D23025	盆地低涡西行转东北行移出源地后西南行转东北行	3/27～3/30	降水区域有川西高原东部，攀西地区东部，四川省盆地地区大部，重庆西、南、中、北部，陕西、湖北、安徽、江苏南部，上海，贵州、湖南、江西、浙江北部和云南东北部地区，降水日数为1～3天	四川江安 19.6mm（2天）
26	D23026	九龙低涡源地生消	3/28	降水区域有川西高原东部，攀西地区东南部，四川省盆地地区西、东北、中、南部，重庆西部，云南东北部和贵州北部地区，降水日数为1～2天	四川筠连 8.8mm（2天）
27	D23027	盆地低涡源地生消	4/5	降水区域有四川省盆地地区东北部，重庆中、北部，陕西南部和湖北西部地区，降水日数为1～2天	四川开江 21.3mm（2天）
28	D23028	小金低涡东南行移出源地	4/7	降水区域有四川省盆地地区东北部、西南部个别地区和甘肃南部个别地区，降水日数为1天	四川苍溪 1.0mm（1天）
29	D23029	九龙低涡东北行移出源地	4/9	降水区域有川西高原东部、四川省盆地地区西部、甘肃南部和重庆中部个别地区，降水日数为1～2天	甘肃武都 2.6mm（1天）
30	D23030	小金低涡东南行移出源地	4/10～4/11	降水区域有川西高原东部，攀西地区东北部，四川省盆地地区、中部，重庆西、中、南部，贵州北部和湖北西南部个别地区，降水日数为1～2天	四川泸县 7.3mm（1天）

2023年西南低涡对我国降水影响简表（续-3）

序号	编号	简述活动的情况	西南低涡对我国降水的影响		
			时间（月/日）	概　况	极值
31	D23031	九龙低涡东南行转西南行移出源地	4/13～4/15	降水区域有川西高原南部个别地区、攀西地区东北部和云南中部地区，降水日数为1天	四川金阳 15.4mm（1天）
32	D23032	九龙低涡东北行移出源地	4/20	降水区域有川西高原东部，攀西地区东北部，四川省盆地地区大部，重庆西、中部，云南东北部和贵州西北、北部地区，降水日数为1～2天	四川丹棱 83.9mm（2天）
33	D23033	盆地低涡西北行转东北行移出源地后转东南行	4/22～4/23	降水区域有川西高原东北部，四川省盆地地区西北、西南、东北、中、南部，重庆西、中、东北部，甘肃、宁夏、山西、河北南部，陕西、河南大部，湖北西部和青海东南部个别地区，降水日数为1～2天	四川平昌 84.1mm（1天）
34	D23034	盆地低涡东北行	5/5～5/6	降水区域有川西高原东北部，四川省盆地地区中、西北、东北部，重庆大部，甘肃、陕西南部，湖北西南部和贵州北部地区，降水日数为1～2天	四川营山 38.5mm（2天）
35	D23035	盆地低涡东北行	5/7	降水区域有四川省盆地地区中、西北、东北部，重庆西南、中、东北部，陕西、河南南部，湖北西、中、北部和贵州北部个别地区，降水日数为1～2天	四川达川 25.7mm（2天）
36	D23036	九龙低涡东南行	5/11	降水区域有攀西地区东部，四川省盆地地区南部，云南西北、东北部和贵州西部地区，降水日数为1～2天	云南威信 4.5mm（2天）
37	D23037	九龙低涡西南行	5/12～5/13	降水区域有攀西地区南、东北部，云南东北部和贵州西部地区，降水日数为1～2天	云南东川 14.2mm（1天）
38	D23038	九龙低涡东北行移出源地后继续东北行	5/15～5/17	降水区域有川西高原南部个别地区，攀西地区中、东部，四川省盆地地区南、东北部个别地区，云南东北部，重庆西南、中、东北部，湖北大部，河南中、南部，安徽中部，江苏大部，上海，浙江北部，贵州西北部和陕西南部个别地区，降水日数为1～2天	湖北麻城 53.8mm（2天）
39	D23039	九龙低涡东行	5/18	降水区域有川西高原中部，攀西地区东北部，四川省盆地地区西南、南、中、西北部，重庆西南部，云南东北、西北部，贵州西北部和西藏东部个别地区，降水日数为1～2天	四川甘洛 46.9mm（2天）
40	D23040	盆地低涡源地生消	5/22	降水区域有川西高原东部，四川省盆地地区西南、西北、东北部，重庆西、中、东北部，陕西南部和湖北西部地区，降水日数为1～2天	四川理县 10.0mm（2天）

2023年西南低涡对我国降水影响简表（续-4）

序号	编号	简述活动的情况	西南低涡对我国降水的影响		
			时间（月/日）	概况	极值
41	D23041	盆地低涡东北行移出源地	5/25～5/26	降水区域有四川省盆地地区西北、东北部，重庆西南、中、北部，甘肃、陕西南部，湖北西北部，河南西部，山西西南部和宁夏南部个别地区，降水日数为1～2天	重庆城口 26.5mm（2天）
42	D23042	盆地低涡东南行转西北行移出源地后转西南行又转东北行	6/2～6/4	降水区域有四川省盆地地区大部，重庆西、中、东北部，甘肃、陕西南部，湖北西部，云南东北部和宁夏南部个别地区，降水日数为1～3天	四川通江 92.9mm（3天）
43	D23043	九龙低涡东行移出源地后转东北行	6/11～6/12	降水区域有攀西地区东北部，四川省盆地地区南部，云南东北部，贵州中、北部，重庆东南、西南、中部和湖南西部个别地区，降水日数为1～2天	贵州岑巩 23.8mm（1天）
44	D23044	九龙低涡源地生消	6/18	降水区域有川西高原南部，攀西地区大部，四川省盆地地区西南、中、南部，云南北部和贵州西北部地区，降水日数为1～2天	云南会泽 86.4mm（2天）
45	D23045	盆地低涡源地生消	6/20	降水区域有四川省盆地地区中、西北、东北、南部，重庆西、中、东南部，湖北西南部，湖南西北部和贵州北部个别地区，降水日数为1天	贵州习水 18.4mm（1天）
46	D23046	盆地低涡东南行转西南行转东行转东北行移出源地后转东南行转东北行转西南行又转东北行转西北行再转东北行	6/21～6/26	降水区域有四川省盆地地区大部，重庆，云南东北部，贵州、湖南、江西、江苏北部，湖北西南、中、东部，河南东部，安徽大部，山东南、中、东北部，辽宁中、南、东北部，吉林中、南部，内蒙古东部和浙江西部个别地区，降水日数为1～2天	安徽祁门 71.9mm（1天）
47	D23047	九龙低涡源地生消	6/28	降水区域有川西高原东部，四川省盆地地区西南、西北、东北、中部和重庆西部个别地区，降水日数为1天	四川中江 65.1mm（1天）
48	D23048	九龙低涡西北行	6/30	降水区域有川西高原中部，攀西地区西南、中、东北部，四川省盆地地区西南、南部，云南北部和贵州西北部个别地区，降水日数为1～2天	四川普格 36.4mm（1天）

2023年西南低涡对我国降水影响简表（续-5）

序号	编号	简述活动的情况	西南低涡对我国降水的影响		
			时间（月/日）	概况	极值
49	D23049	盆地低涡源地生消	7/1	降水区域有川西高原西南部，四川省盆地地区西南、东北、中、南部，重庆西南、中、东北部，贵州北部，陕西南部，湖北西北部和云南东北部个别地区，降水日数为1天	重庆北碚 184.8mm（1天）
50	D23050	盆地低涡东南行转西北行转西南行	7/8～7/9	降水区域有四川省盆地地区东北、中部、西北部个别地区，重庆西、中、东北部，湖北西南部和湖南西北部地区，降水日数为1～3天	湖北恩施 50.4mm（2天）
51	D23051	盆地低涡源地生消	7/11	降水区域有川西高原东部，攀西地区东北部，四川省盆地地区西南、南、西北、中部，甘肃东南部，陕西西南部和云南东北部个别地区，降水日数为1天	四川雅安 65.6mm（1天）
52	D23052	九龙低涡东北行移出源地	7/13～7/14	降水区域有川西高原东部、攀西地区东北部、四川省盆地地区大部、重庆大部、云南东北部、贵州北部、湖北西南部、湖南西北部和陕西南部个别地区，降水日数为1～2天。其中重庆和四川有成片降水量大于50mm的区域，存在两个降水中心，分别位于重庆万州和四川广汉，降水量分别为197.4mm和196.2mm	重庆万州 197.4mm（1天）
53	D23053	盆地低涡东北行转东南行转西南行转东南行转北行转东行又转东南行	7/24～7/28	降水区域有川西高原东部、攀西地区东北部、四川省盆地地区大部、重庆、云南东北部、湖北西南部、湖南西北部和贵州北部地区，降水日数为1～5天。其中重庆、四川、云南、贵州、湖北和湖南有成片降水量大于50mm的区域，存在两个降水中心，分别位于重庆璧山和湖南龙山，降水量分别为317.7mm和112.2mm	重庆璧山 317.7mm（5天）
54	D23054	盆地低涡源地生消	8/3	降水区域有攀西地区东北部，四川省盆地地区大部，重庆西南、中部，湖北西南部，云南东北部和贵州西北、中、东北部地区，降水日数为1天	四川彭州 70.6mm（1天）
55	D23055	小金低涡东南行移出源地后转东北行转东行转东北行后转西北行转东北行	8/25～8/31	降水区域有川西高原东部，四川省盆地地区大部，重庆西南、中、东北部，陕西南部，山东，辽宁，吉林，黑龙江，湖北、河南、江苏大部，湖南北部，安徽北、中部，河北东南、东北部，内蒙古东部和云南东北部个别地区，降水日数为1～4天。其中四川、重庆、陕西、湖北、湖南、河南、安徽、江苏、山东、辽宁、吉林和黑龙江有成片降水量大于50mm的区域，存在六个降水中心，分别位于湖北宜都、江苏淮安、山东文登、重庆铜梁、吉林集安和四川巴中，降水量分别为199.5mm、195.4mm、138.1mm、129.6mm、121.3mm和108.6mm	湖北宜都 199.5mm（1天）

2023年西南低涡对我国降水影响简表（续-6）

序号	编号	简述活动的情况	西南低涡对我国降水的影响		
			时间（月/日）	概况	极值
56	D23056	盆地低涡东南行转东北行转东南行	9/11～9/12	降水区域有川西高原东部，攀西地区东北部，四川省盆地地区大部，甘肃、陕西南部，重庆大部，云南东北部，贵州北部，湖南西北部和湖北西南部，降水日数为1～2天。其中四川、重庆、陕西和湖北有成片降水量大于50mm的区域，存在一个降水中心，位于四川射洪，降水量为169.7mm	四川射洪 169.7mm（2天）
57	D23057	小金低涡东南行移出源地	9/18～9/19	降水区域有川西高原东部，四川省盆地地区西北、西南、东北、中部，甘肃、陕西南部，重庆西南、西北部地区，降水日数为1～2天	陕西镇巴 135.3mm（1天）
58	D23058	盆地低涡东北行转西行	9/20～9/21	降水区域有川西高原东北部，四川省盆地地区西北、西南、东北、中、南部，重庆，云南东北部，贵州北部，陕西南部，湖北西部和湖南西北部地区，降水日数为1～2天。其中贵州、重庆、湖南和湖北有成片降水量大于50mm的区域，存在两个降水中心，分别位于湖北建始和重庆万盛，降水量分别为132.8mm和102.7.mm	湖北建始 132.8mm（2天）
59	D23059	盆地低涡源地生消	9/23	降水区域有四川省盆地地区西北、西南、南、东北、中部，重庆大部，湖北西部，陕西南部，贵州北部，甘肃南部和湖南西北部个别地区，降水日数为1～2天。其中重庆和湖北有成片降水量大于50mm的区域，存在一个降水中心，位于重庆巫山，降水量为123.3mm	重庆巫山 123.3mm（2天）
60	D23060	盆地低涡源地生消	9/24	降水区域有四川省盆地地区西北、西南、东北、中、南部，重庆西南、中、东北部，陕西南部和湖北西部地区，降水日数为1～2天	重庆城口 37.7mm（2天）
61	D23061	盆地低涡源地生消	9/27	降水区域有四川省盆地地区西北、西南、东北、中、南部，重庆西南、中、东北部，贵州北部，陕西南部和湖北西南部地区，降水日数为1～2天	重庆武隆 40.6mm（1天）
62	D23062	九龙低涡南行转西南行	10/6～10/7	降水区域有川西高原中、南部，攀西地区，四川省盆地地区西南部，云南中、北部和西藏东南部、贵州西南部个别地区，降水日数为1～2天	四川昭觉 50.1mm（2天）

2023年西南低涡对我国降水影响简表（续-7）

序号	编号	简述活动的情况	西南低涡对我国降水的影响		
			时间（月/日）	概况	极值
63	D23063	九龙低涡源地生消	10/13	降水区域有攀西地区西、南、中、东北部，四川省盆地地区西南、南部，云南中、北部和贵州西部地区，降水日数为1～2天	云南澄江 42.4mm（2天）
64	D23064	小金低涡东南行移出源地后转西南行转东北行	10/17～10/19	降水区域有川西高原东北部，四川省盆地地区西北、西南、东北、中、南部，重庆西南、中、东北部，湖北、河南西部，甘肃、陕西南部，湖南西北部和山西南部个别地区，降水日数为1～3天	陕西紫阳 55.4mm（2天）
65	D23065	盆地低涡东北行转东南行移出源地	10/24～10/25	降水区域有四川省盆地地区南、中、东北部，重庆大部，贵州北部，湖南西北部，湖北中、西部，陕西南部和云南东北部地区，降水日数为1～3天	重庆彭水 78.2mm（3天）
66	D23066	九龙低涡东北行移出源地后继续东北行后转东行	10/26～10/28	降水区域有川西高原东、东南部，四川省盆地地区大部，重庆西南、中、东北部，云南北部，湖北西部，湖南西北部，陕西南部，河南南、东部和贵州北部个别地区，降水日数为1～2天	重庆渝北 61.7mm（2天）
67	D23067	九龙低涡源地生消	10/28	降水区域有川西高原西南、中部，攀西地区西南、东北部，四川省盆地地区西南、西北、南部，云南北部和西藏东南部个别地区，降水日数为1～2天	四川美姑 23.7mm（1天）
68	D23068	盆地低涡东北行移出源地后转东行	11/2～11/3	降水区域有川西高原东北部，四川省盆地地区西南、西北、东北部，重庆西南、东北部，甘肃、陕西、山西、山东南部，湖北西北、东北部，河南大部，安徽北、中部，江苏北部和云南东北部个别地区，降水日数为1～2天	陕西麟游 23.3mm（1天）
69	D23069	盆地低涡源地生消	11/8	降水区域有川西高原东北部，四川省盆地地区西南部，重庆西南、中部，贵州北部和云南东北部个别地区，降水日数为1～2天	四川汉源 3.3mm（1天）
70	D23070	小金低涡东北行移出源地	11/14～11/15	降水区域有攀西地区东北部，四川省盆地地区西北、西南、东北、中、南部，重庆西南、中部，贵州北部和云南东北部地区，降水日数为1～2天	四川江安 8.0mm（2天）
71	D23071	盆地低涡东南行转西南行	11/28～11/29	降水区域有四川省盆地地区西北、西南、东北、中、南部，重庆南、中部，贵州西北、中、东北部和云南东北部地区，降水日数为1～2天	贵州仁怀 4.3mm（1天）

2023年西南低涡对我国降水影响简表（续-8）

序号	编号	简述活动的情况	西南低涡对我国降水的影响		
			时间（月/日）	概况	极值
72	D23072	盆地低涡源地生消	12/8	降水区域有四川省盆地地区西南部和重庆西南、中部地区，降水日数为1天	四川青神 0.1mm（1天）
73	D23073	九龙低涡东行	12/16～12/17	降水区域有云南东北部、贵州北部、重庆西南部个别地区，降水日数为1天	云南威信 0.2mm（1天）
74	D23074	盆地低涡东北行	12/22	降水区域有四川省盆地地区西南、西北部，重庆西南、中部，贵州西北部和云南东北部地区，降水日数为1～2天	贵州仁怀 1.8mm（1天）
75	D23075	九龙低涡源地生消	12/22	无	无
76	D23076	九龙低涡源地生消	12/29	无	无

2023年西南低涡编号、名称、日期对照表

未移出源地的九龙低涡		移出源地的九龙低涡
③ D23003 木里，Muli	㊼ D23047 泸定，Luding	⑧ D23008 盐源，Yanyuan
1/7	6/28	1/28
⑫ D23012 冕宁，Mianning	㊽ D23048 木里，Muli	⑭ D23014 泸定，Luding
2/23	6/30	2/28～3/1
⑬ D23013 盐源，Yanyuan	(62) D23062 木里，Muli	⑰ D23017 汉源，Hanyuan
2/24	10/6～10/7	3/7～3/8
⑮ D23015 盐源，Yanyuan	(63) D23063 盐边，Yanbian	㉙ D23029 康定，Kangding
3/1	10/13	4/9
⑲ D23019 木里，Muli	(67) D23067 冕宁，Mianning	㉛ D23031 木里，Muli
3/11～3/12	10/28	4/13～4/15
㉖ D23026 西昌，Xichang	(73) D23073 雅安，Ya'an	㉜ D23032 汉源，Hanyuan
3/28	12/16～12/17	4/20
㊱ D23036 木里，Muli	(75) D23075 木里，Muli	㊳ D23038 汉源，Hanyuan
5/11	12/22	5/15～5/17
㊲ D23037 盐源，Yanyuan	(76) D23076 康定，Kangding	㊸ D23043 木里，Muli
5/12～5/13	12/29	6/11～6/12
㊴ D23039 稻城，Daocheng		(52) D23052 峨边，Ebian
5/18		7/13～7/14
㊹ D23044 盐源，Yanyuan		(66) D23066 冕宁，Mianning
6/18		10/26～10/28

2023年西南低涡编号、名称、日期对照表（续-1）

未移出源地的小金低涡	移出源地的小金低涡
② D23002 九寨沟，Jiuzhaigou	⑩ D23010 松潘，Songpan
1/3	1/31～2/1
㉒ D23022 松潘，Songpan	㉑ D23021 马尔康，Ma'erkang
3/17	3/15～3/17
	㉘ D23028 松潘，Songpan
	4/7
	㉚ D23030 松潘，Songpan
	4/10～4/11
	㊺ D23055 茂县，Maoxian
	8/25～8/31
	㊼ D23057 松潘，Songpan
	9/18～9/19
	64 D23064 松潘，Songpan
	10/17～10/19
	70 D23070 松潘，Songpan
	11/14～11/15

2023年西南低涡编号、名称、日期对照表（续-2）

未移出源地的四川盆地低涡			移出源地的四川盆地低涡
④ D23004 遂宁，Suining	㉓ D23023 蓬溪，Pengxi	㊿ D23050 南充，Nanchong	① D23001 平武，Pingwu
1/18	3/21～3/23	7/8~7/9	1/1
⑤ D23005 安岳，Anyue	㉔ D23024 万州，Wanzhou	51 D23051 平武，Pingwu	⑱ D23018 南部，Nanbu
1/19～1/20	3/26	7/11	3/10～3/11
⑥ D23006 营山，Yingshan	㉗ D23027 仪陇，Yilong	53 D23053 南充，Nanchong	㉕ D23025 安岳，Anyue
1/22～1/23	4/5	7/24～7/28	3/27～3/30
⑦ D23007 盐亭，Yanting	㉞ D23034 阆中，Langzhong	54 D23054 合江，Hejiang	㉝ D23033 旺苍，Wangcang
1/25	5/5～5/6	8/3	4/22～4/23
⑨ D23009 安岳，Anyue	㉟ D23035 南部，Nanbu	56 D23056 德阳，Deyang	㊶ D23041 盐亭，Yanting
1/31	5/7	9/11～9/12	5/25～5/26
⑪ D23011 西充，Xichong	㊵ D23040 营山，Yingshan	58 D23058 南部，Nanbu	㊷ D23042 江油，Jiangyou
2/4	5/22	9/20~9/21	6/2～6/4
⑯ D23016 大竹，Dazhu	㊺ D23045 彭水，Pengshui	59 D23059 广元，Guangyuan	㊻ D23046 高坪，Gaoping
3/6	6/20	9/23	6/21～6/26
⑳ D23020 乐至，Lezhi	㊾ D23049 阆中，Langzhong	60 D23060 剑阁，Jiange	65 D23065 射洪，Shehong
3/15	7/1	9/24	10/24～10/25

2023年西南低涡编号、名称、日期对照表（续-3）

未移出源地的四川盆地低涡	移出源地的四川盆地低涡
⑥① D23061 盐亭，Yanting	⑥⑧ D23068 盐亭，Yanting
9/27	11/2～11/3
⑥⑨ D23069 射洪，Shehong	
11/8	
⑦① D23071 北川，Beichuan	
11/28～11/29	
⑦② D23072 大英，Daying	
12/8	
⑦④ D23074 威远，Weiyuan	
12/22	

西南低涡降水及移动路径资料

西南低涡全年路径图

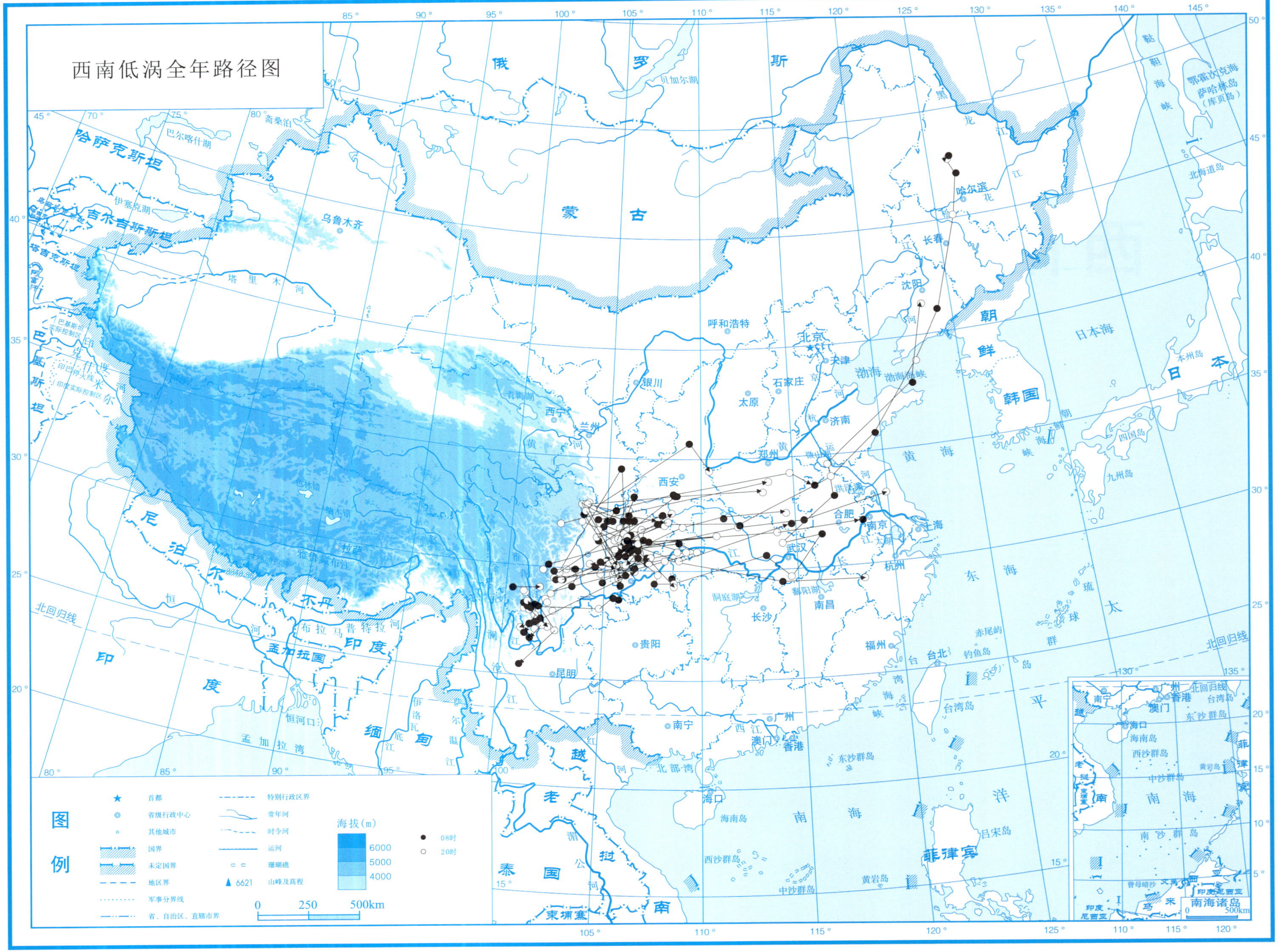
俄
罗
斯
蒙
古
哈萨克斯坦
吉尔吉斯斯坦
塔吉克斯坦
巴基斯坦
尼泊尔
不丹
孟加拉国
印度
缅甸
老挝
泰国
越南
柬埔寨
朝鲜
韩国
日本
菲律宾
乌鲁木齐
呼和浩特
北京
天津
石家庄
太原
银川
西宁
兰州
济南
郑州
西安
合肥
南京
上海
武汉
杭州
南昌
长沙
贵阳
昆明
福州
台北
南宁
广州
澳门
香港
海口
拉萨
哈尔滨
长春
沈阳
渤海
黄海
东海
日本海
南海
台湾岛
海南岛
东沙群岛
西沙群岛
中沙群岛
黄岩岛
钓鱼岛
赤尾屿
南海诸岛
北回归线
图例
首都
省级行政中心
其他城市
国界
未定国界
地区界
军事分界线
省、自治区、直辖市界
特别行政区界
常年河
时令河
运河
珊瑚礁
6621 山峰及高程
海拔(m)
6000
5000
4000
0 250 500km
08时
20时

九龙低涡全年路径图

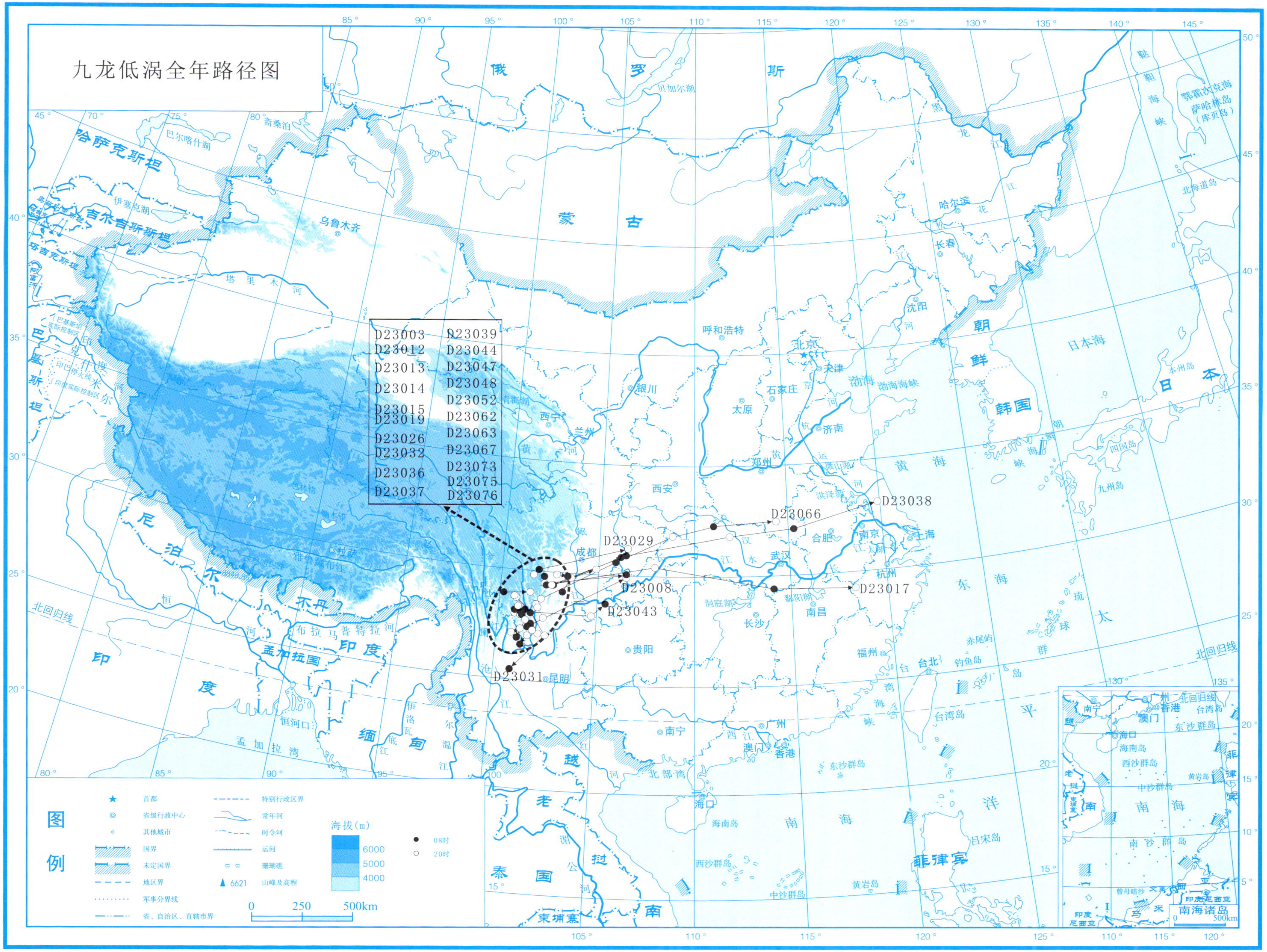
九龙低涡全年路径图
D23003
D23012
D23013
D23014
D23015
D23019
D23026
D23032
D23036
D23037
D23039
D23044
D23047
D23048
D23052
D23062
D23063
D23067
D23073
D23075
D23076
D23038
D23066
D23029
D23008
D23017
D23043
D23031
图例
首都
省级行政中心
其他城市
国界
未定国界
地区界
军事分界线
省、自治区、直辖市界
特别行政区界
常年河
时令河
运河
珊瑚礁
6621 山峰及高程
海拔(m)
6000
5000
4000
08时
20时
0 250 500km
南海诸岛

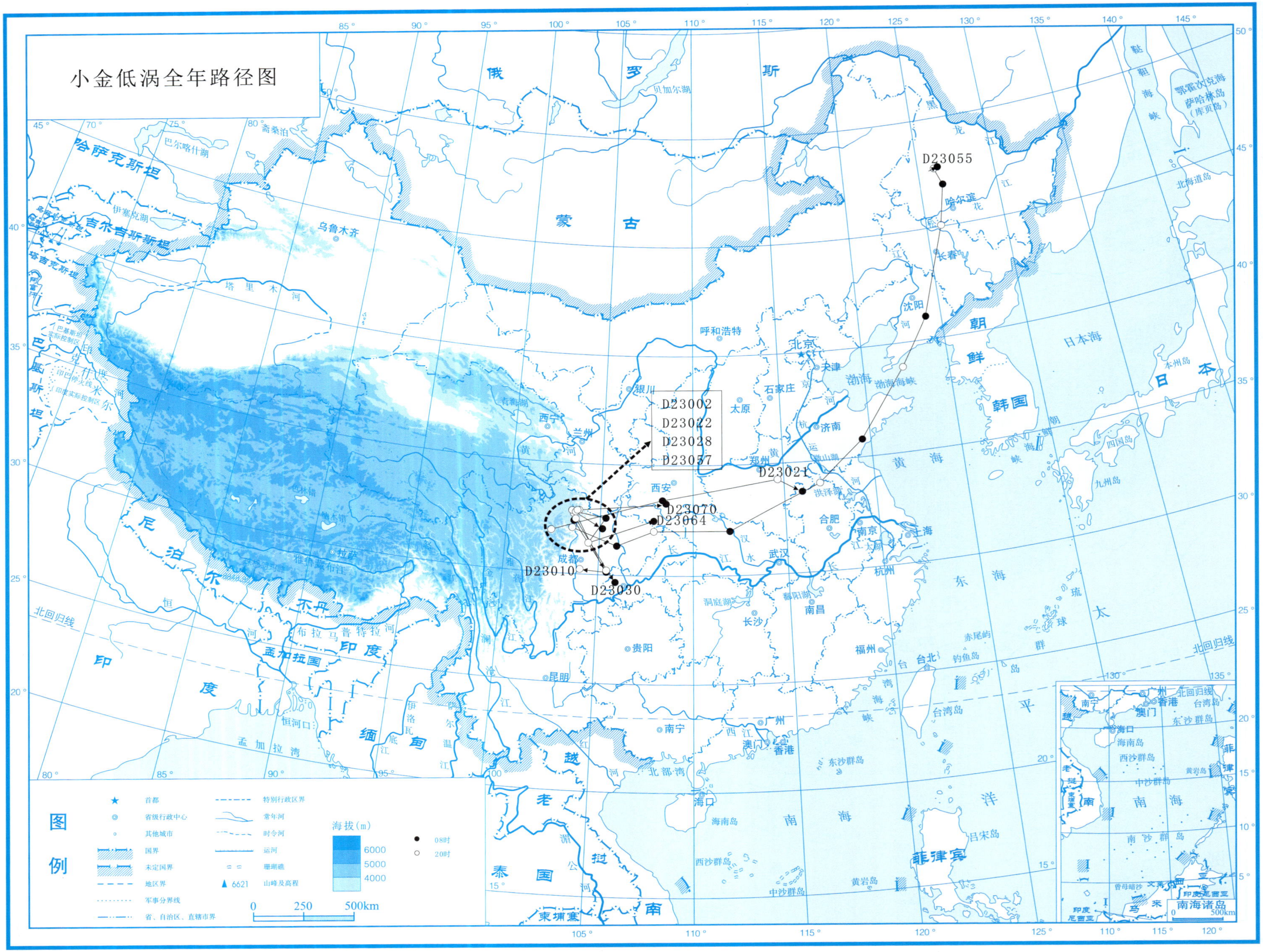
小金低涡全年路径图
D23055
D23002
D23022
D23028
D23057
D23021
D23070
D23064
D23010
D23030
图例
首都
省级行政中心
其他城市
国界
未定国界
地区界
军事分界线
省、自治区、直辖市界
特别行政区界
常年河
时令河
运河
珊瑚礁
山峰及高程
海拔(m)
6000
5000
4000
0 250 500km
08时
20时
南海诸岛

四川盆地低涡全年路径图

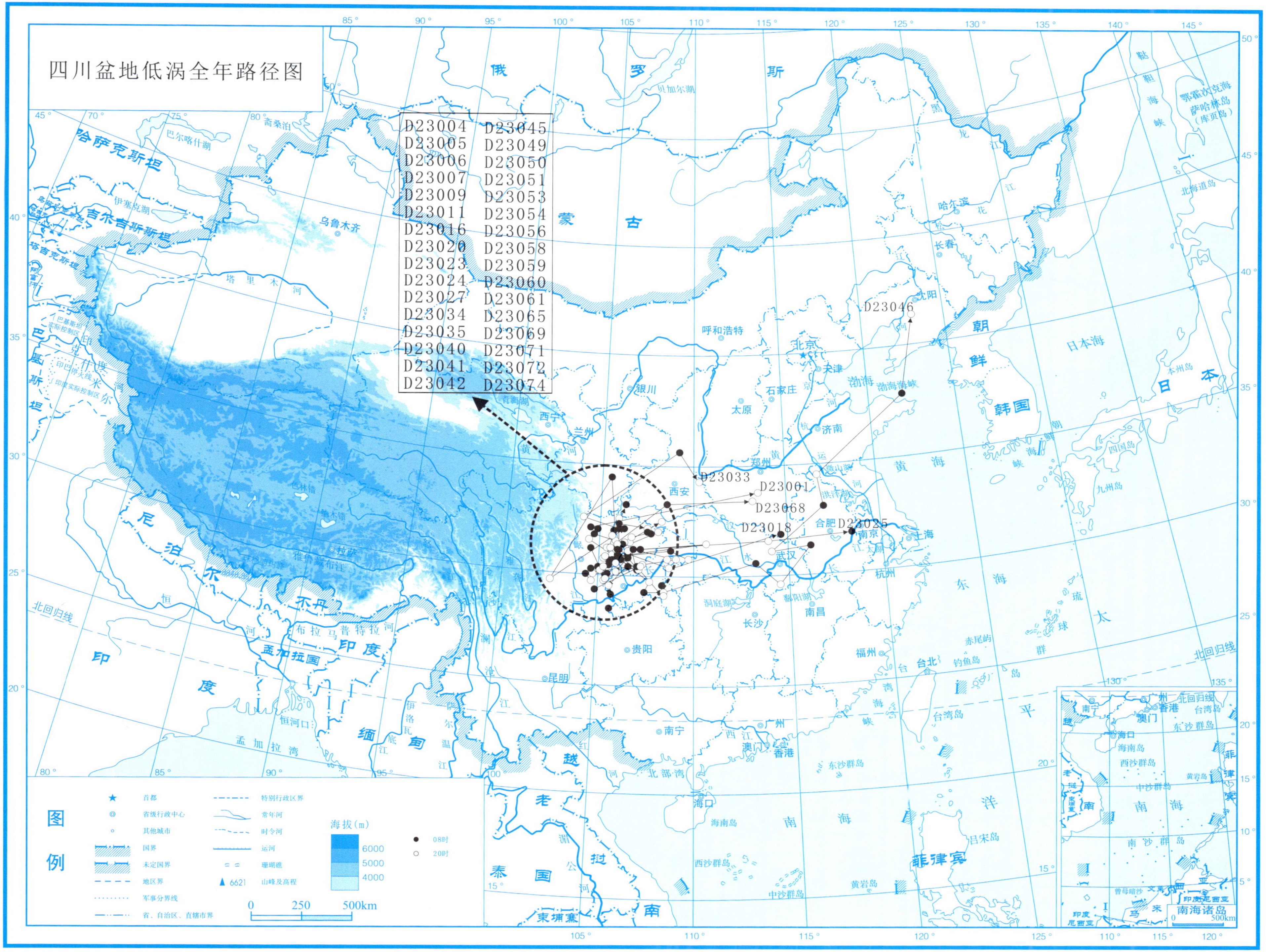

总降水量及移动路径图

D23001Pingwu 1月1～2日

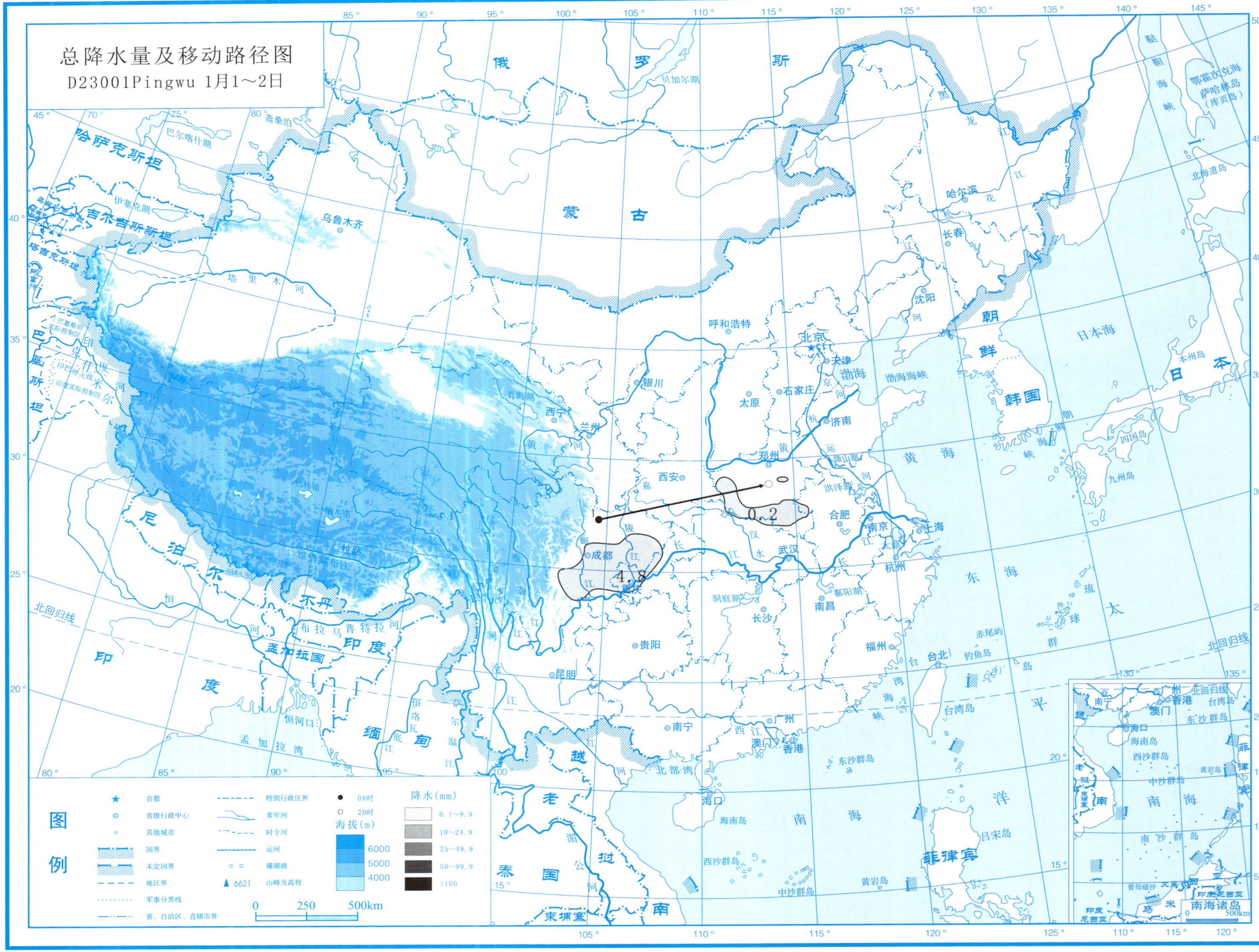

总降水日数图

1月1～2日

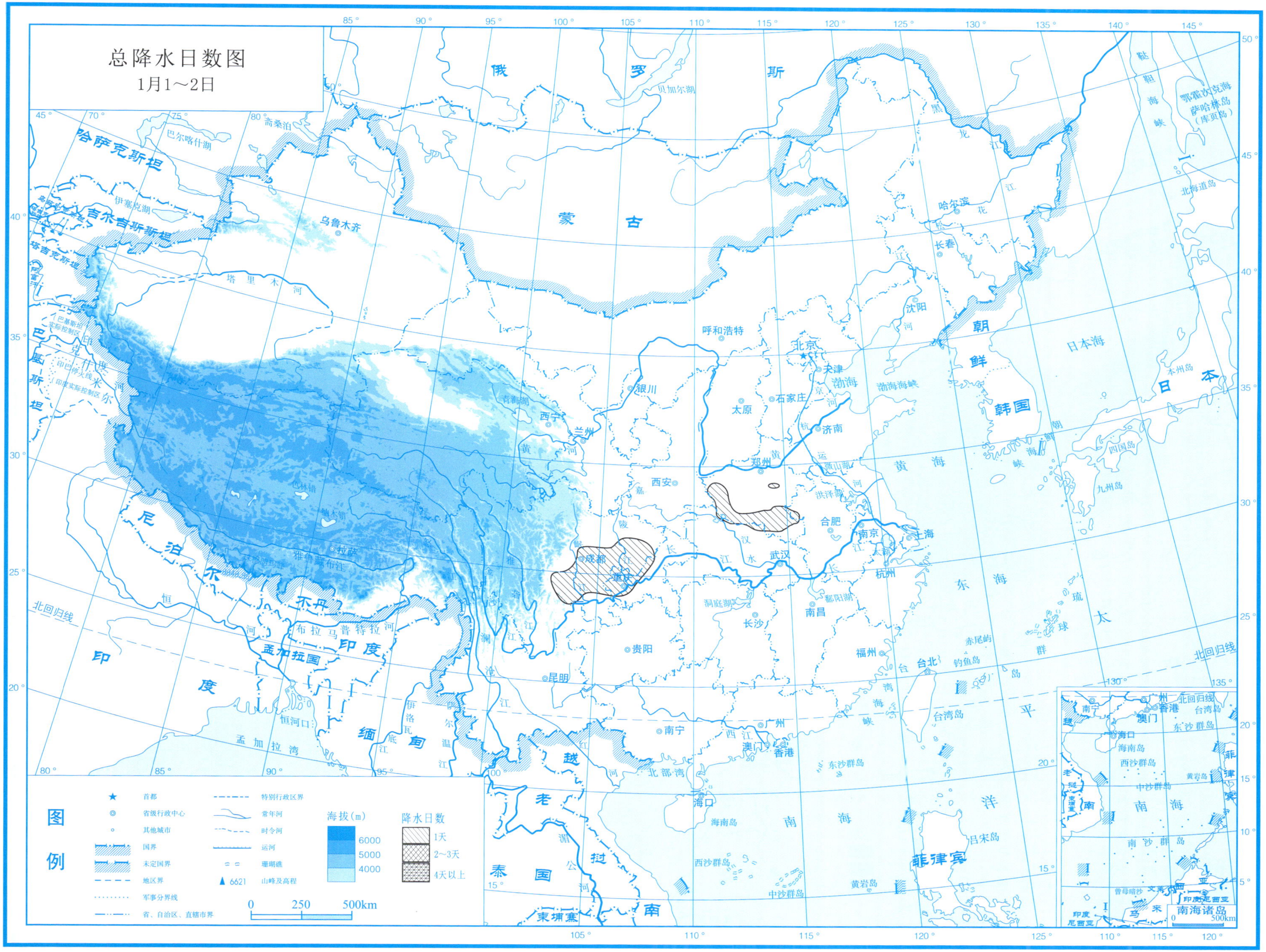

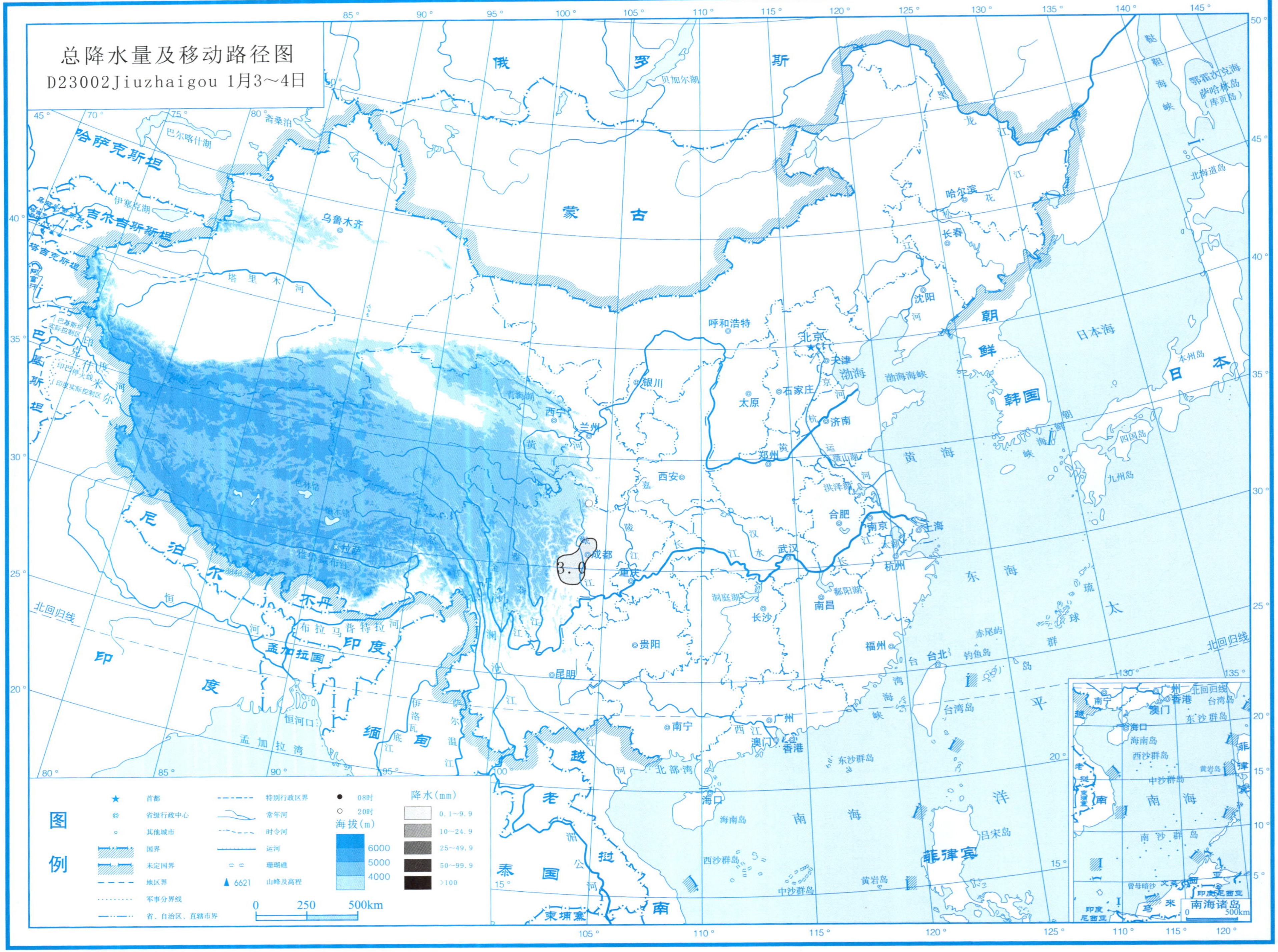
总降水量及移动路径图
D23002Jiuzhaigou 1月3～4日
3.0
图例
首都
省级行政中心
其他城市
国界
未定国界
地区界
军事分界线
省、自治区、直辖市界
特别行政区界
常年河
时令河
运河
珊瑚礁
6621 山峰及高程
08时
20时
海拔(m)
6000
5000
4000
降水(mm)
0.1～9.9
10～24.9
25～49.9
50～99.9
>100
0 250 500km
俄 罗 斯
蒙 古
哈萨克斯坦
吉尔吉斯斯坦
塔吉克斯坦
巴基斯坦
尼泊尔
不丹
印度
孟加拉国
缅甸
越南
老挝
泰国
柬埔寨
朝鲜
韩国
日本
菲律宾
乌鲁木齐
呼和浩特
北京
天津
石家庄
太原
济南
银川
兰州
西宁
西安
郑州
合肥
南京
上海
杭州
武汉
成都
重庆
长沙
南昌
福州
台北
贵阳
昆明
南宁
广州
香港
澳门
海口
拉萨
哈尔滨
长春
沈阳
黄海
东海
南海
日本海
渤海
太平洋
南海诸岛

总降水日数图

1月3～4日

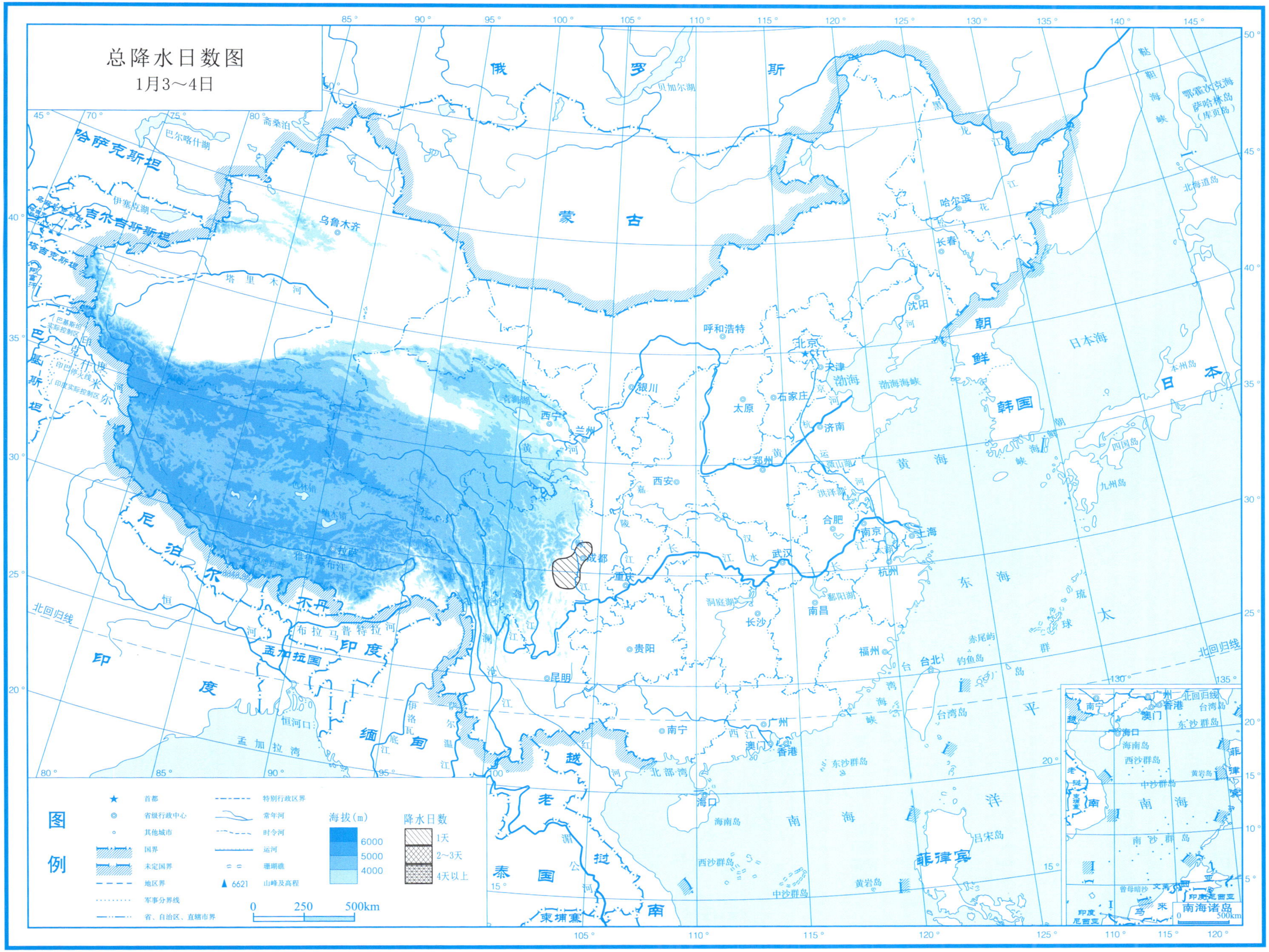

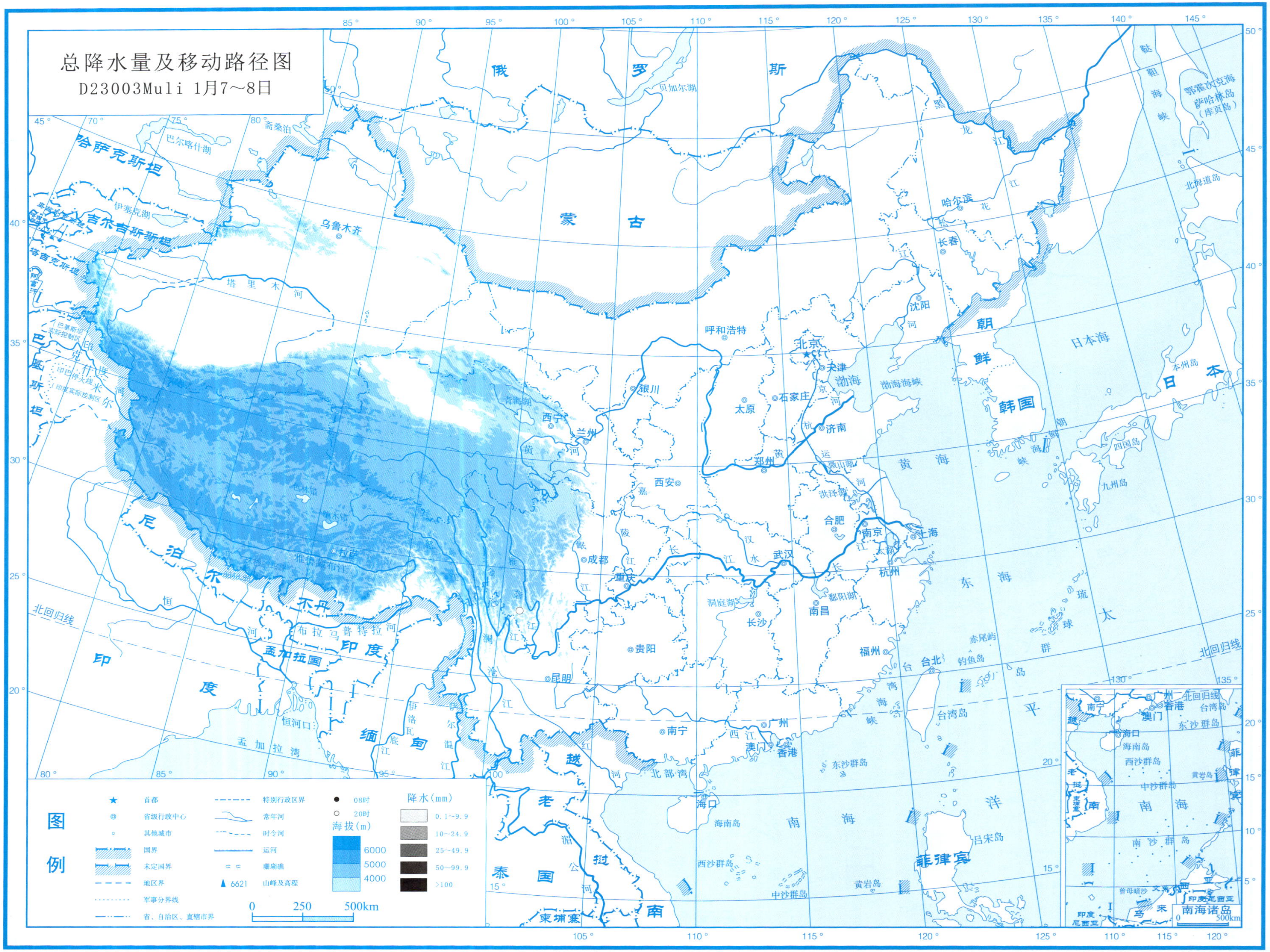

总降水量及移动路径图
D23003Muli 1月7~8日

总降水日数图

1月7~8日

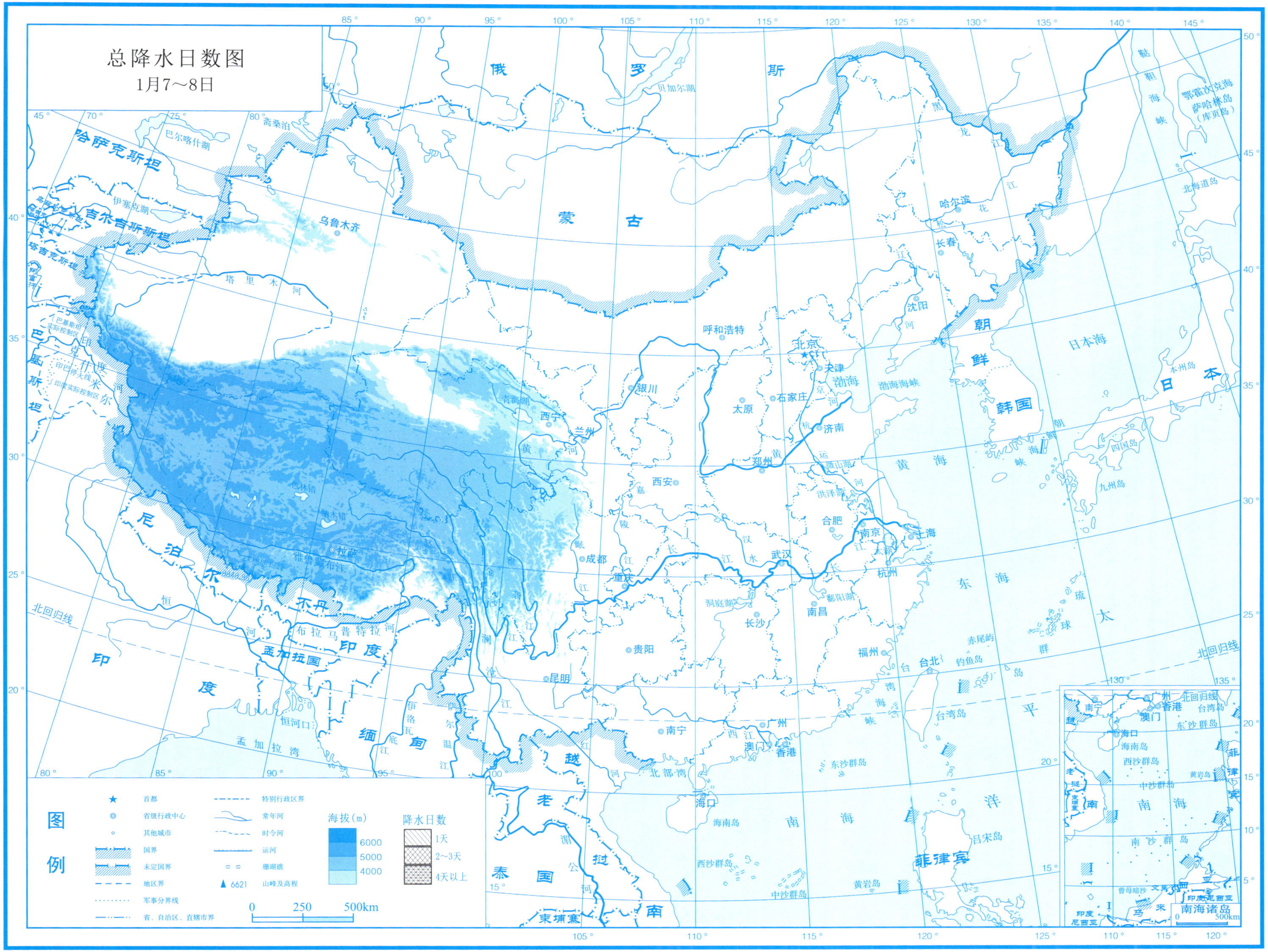

总降水量及移动路径图
D23004Suining 1月18日

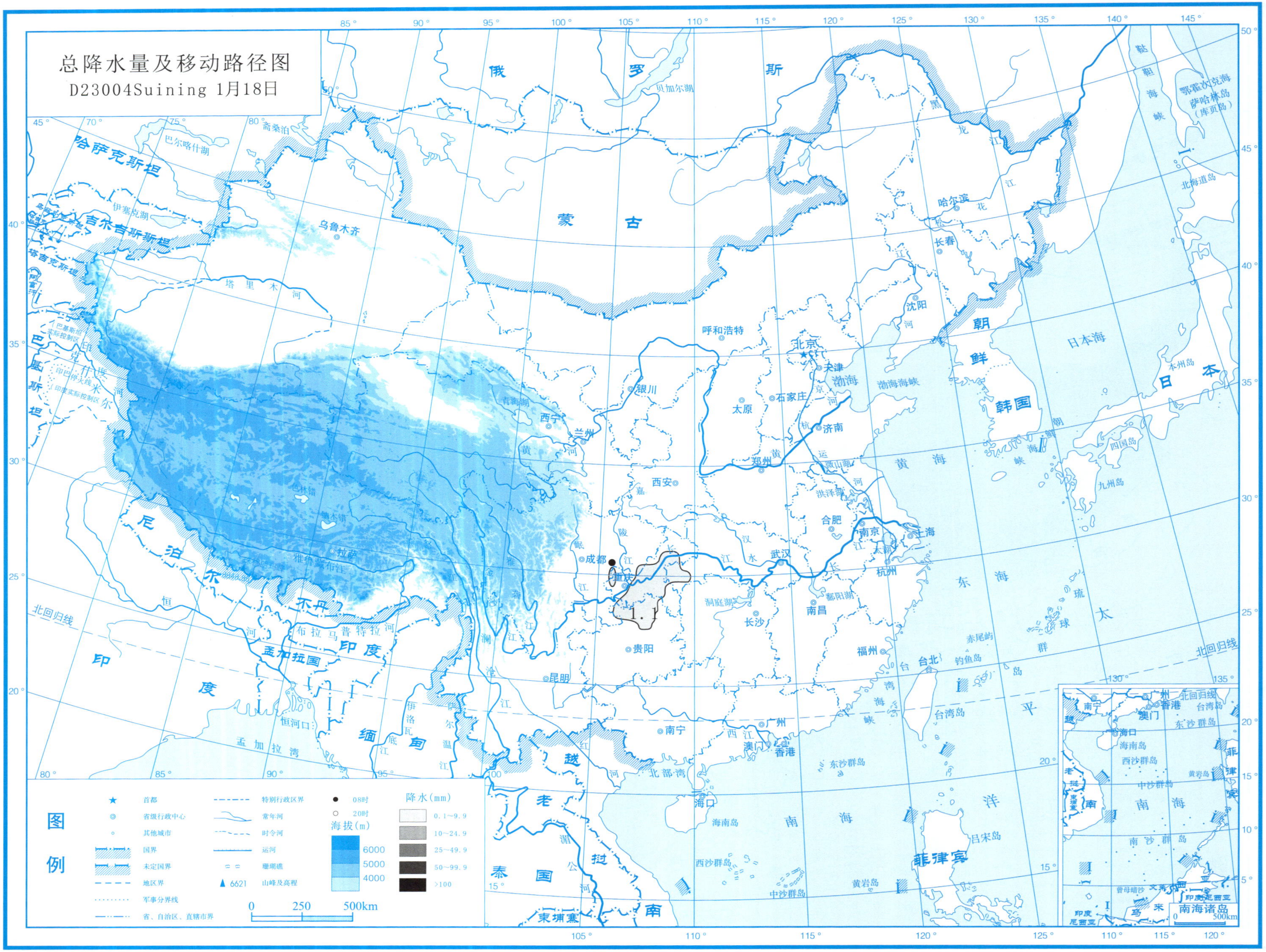

总降水日数图

1月18日

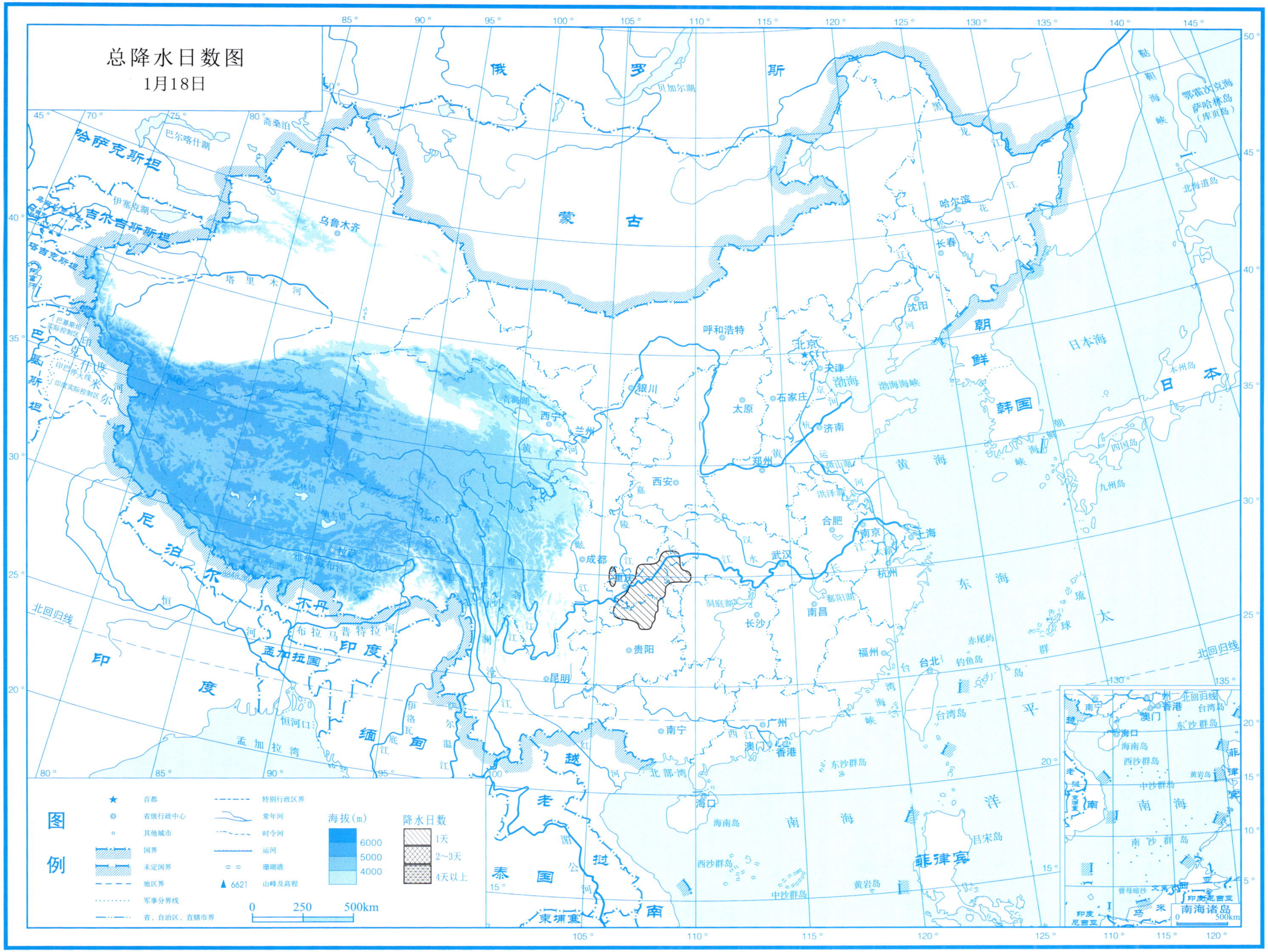

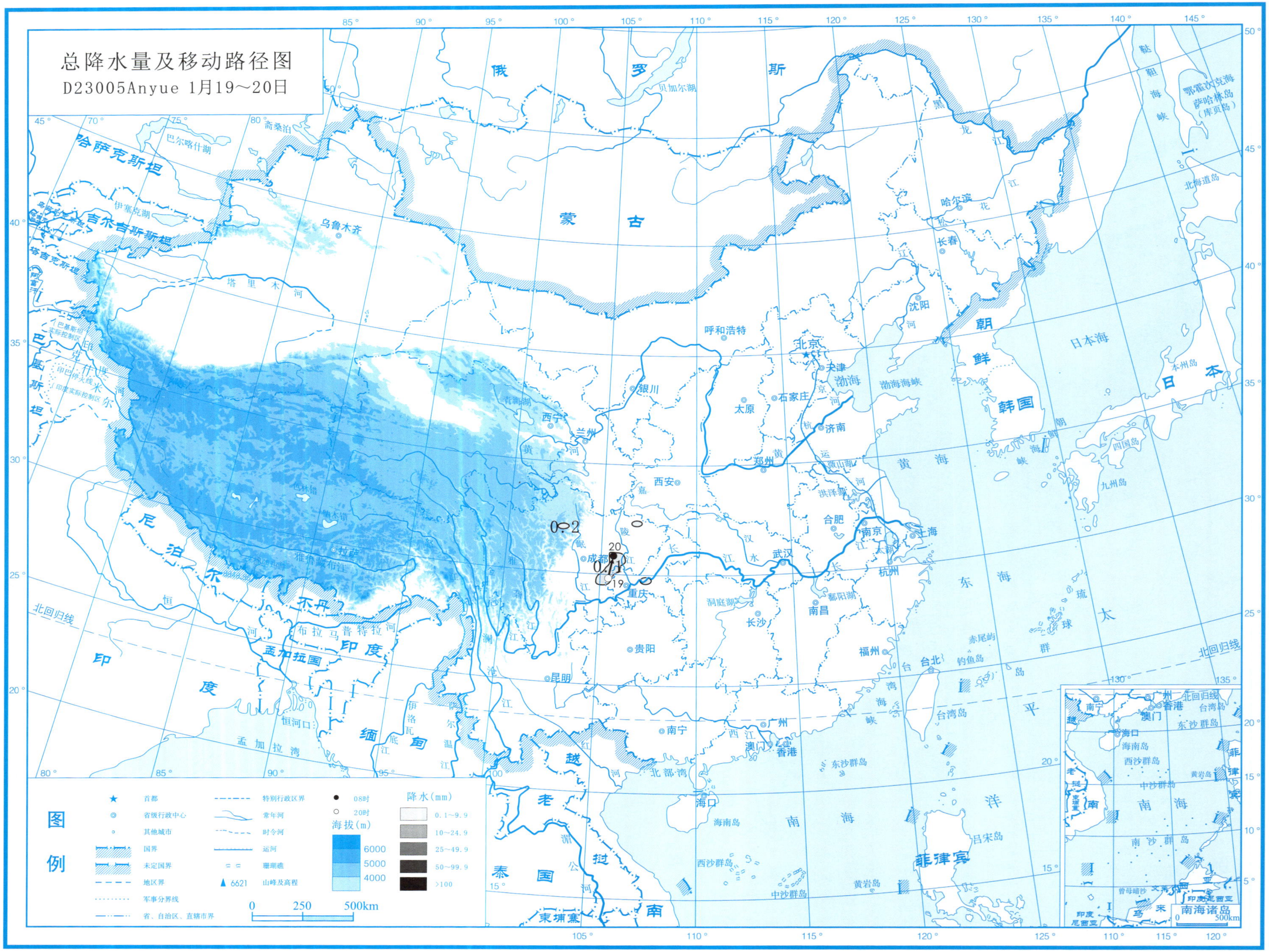
总降水量及移动路径图
D23005Anyue 1月19～20日
图例
首都
省级行政中心
其他城市
国界
未定国界
地区界
军事分界线
省、自治区、直辖市界
特别行政区界
常年河
时令河
运河
珊瑚礁
6621 山峰及高程
08时
20时
海拔(m)
6000
5000
4000
降水(mm)
0.1～9.9
10～24.9
25～49.9
50～99.9
>100
0 250 500km
俄罗斯
蒙古
哈萨克斯坦
吉尔吉斯斯坦
塔吉克斯坦
巴基斯坦
尼泊尔
不丹
印度
孟加拉国
缅甸
老挝
泰国
越南
柬埔寨
朝鲜
韩国
日本
菲律宾
北京
天津
石家庄
太原
呼和浩特
沈阳
长春
哈尔滨
济南
郑州
西安
银川
兰州
西宁
乌鲁木齐
拉萨
成都
重庆
贵阳
昆明
南宁
广州
长沙
武汉
南昌
合肥
南京
上海
杭州
福州
台北
香港
澳门
海口
南海诸岛

总降水日数图
1月19～20日

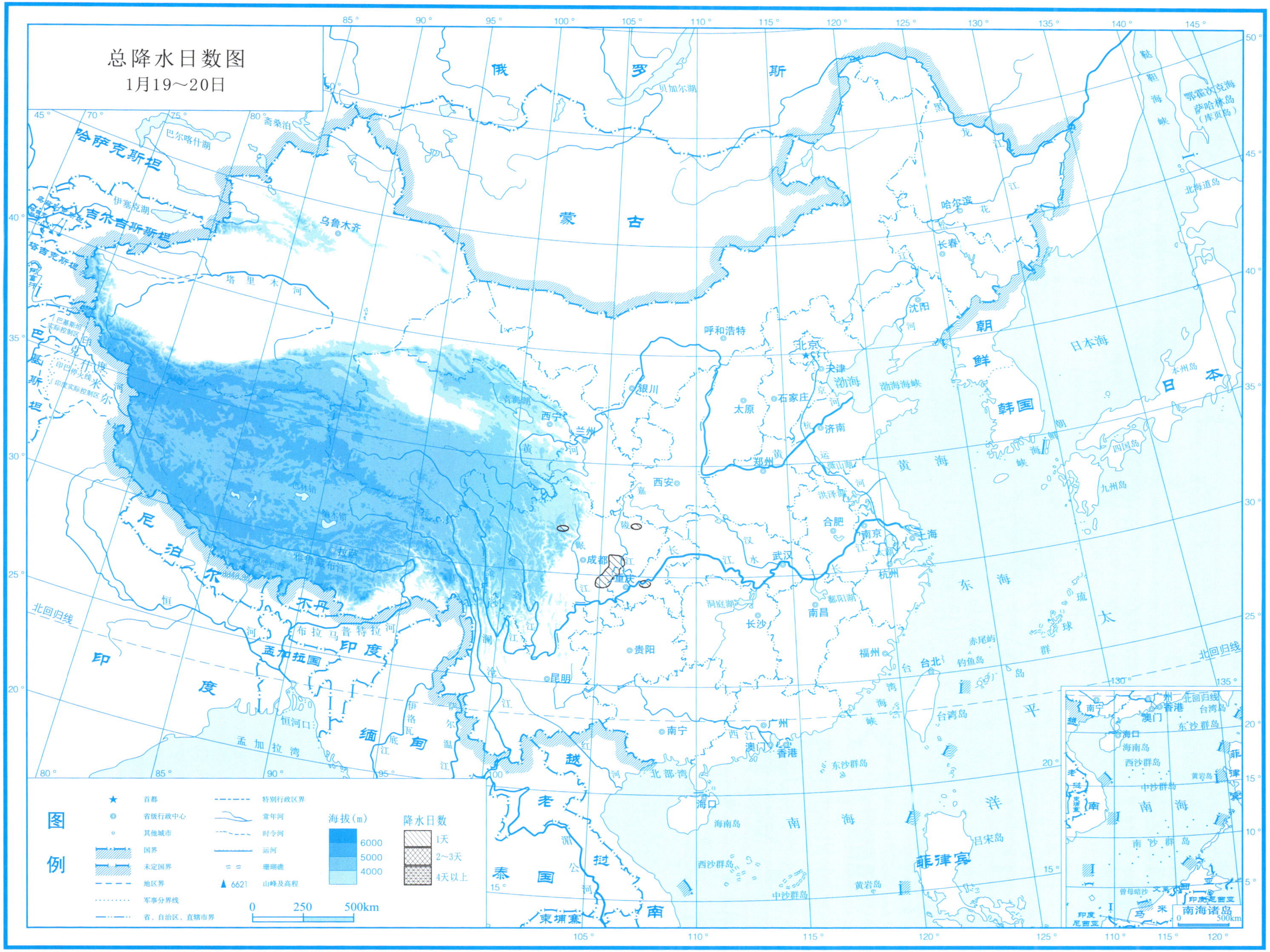

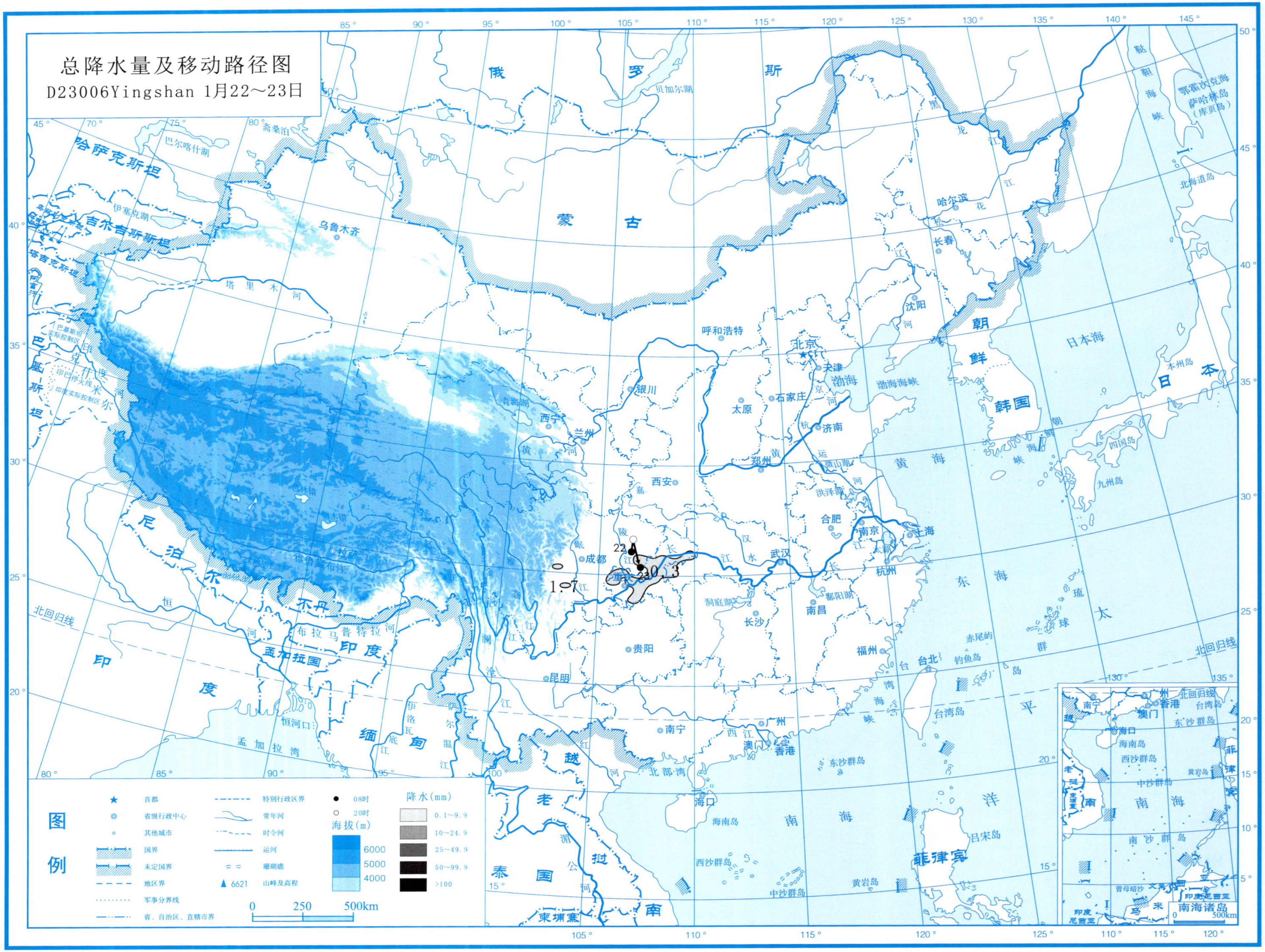
总降水量及移动路径图
D23006Yingshan 1月22～23日
22
23
0.3
1.7
成都
重庆
西安
贵阳
图例
首都
省级行政中心
其他城市
国界
未定国界
地区界
军事分界线
省、自治区、直辖市界
特别行政区界
常年河
时令河
运河
珊瑚礁
6621 山峰及高程
08时
20时
海拔(m)
6000
5000
4000
降水(mm)
0.1～9.9
10～24.9
25～49.9
50～99.9
>100
0 250 500km

总降水日数图

1月22～23日

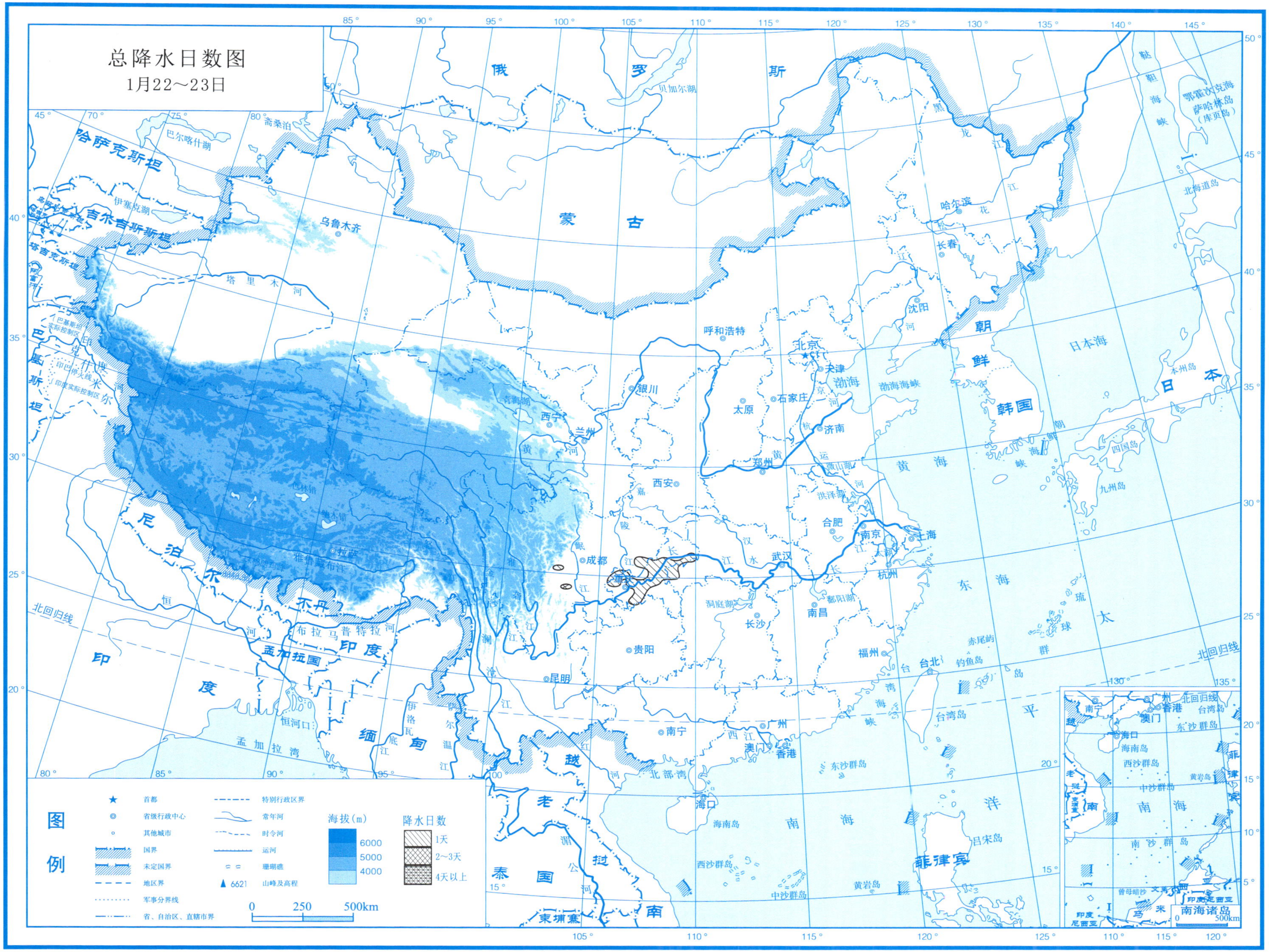

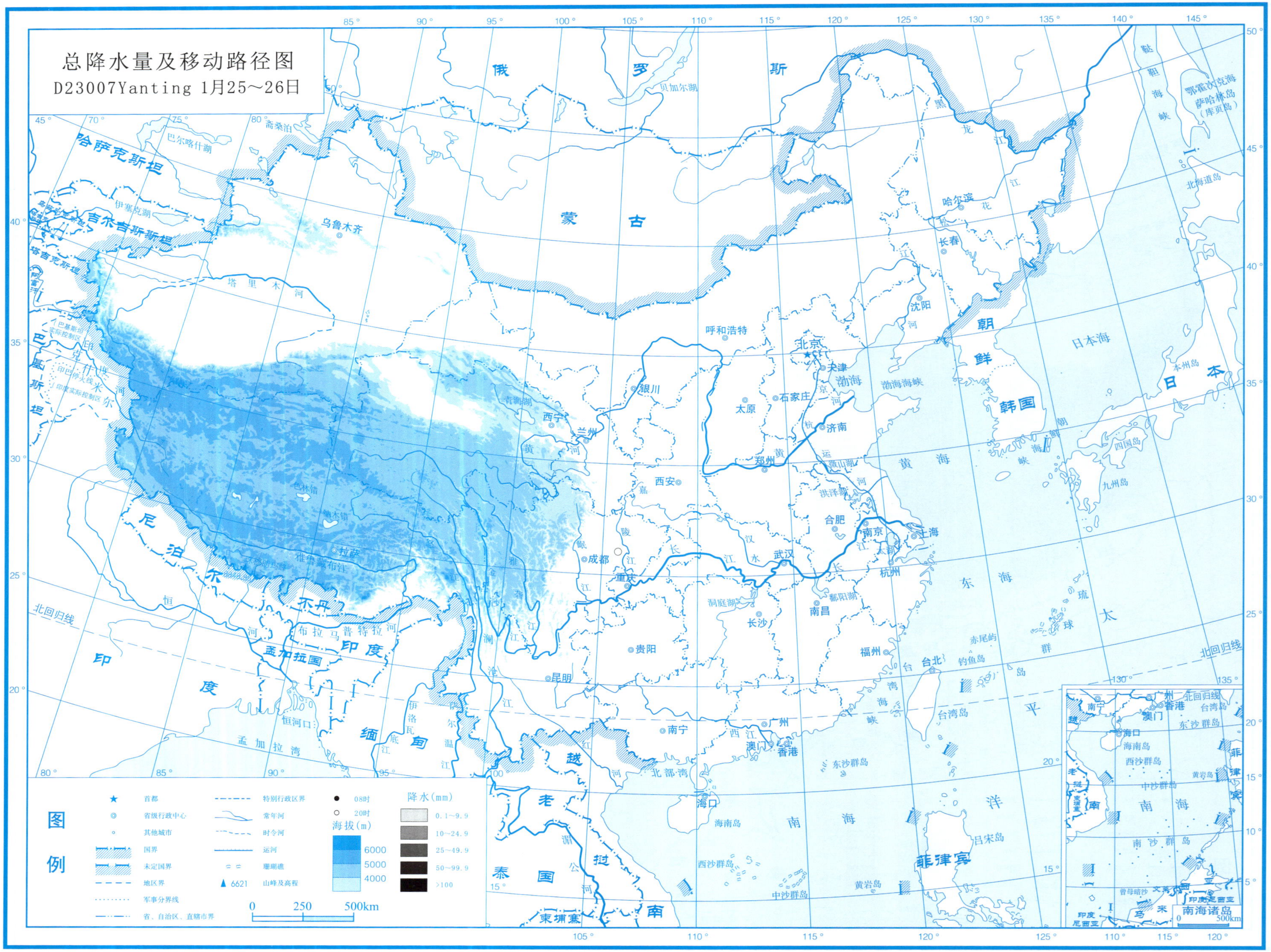
总降水量及移动路径图
D23007Yanting 1月25～26日
图例
首都
省级行政中心
其他城市
国界
未定国界
地区界
军事分界线
省、自治区、直辖市界
特别行政区界
常年河
时令河
运河
珊瑚礁
6621 山峰及高程
08时
20时
海拔(m)
6000
5000
4000
降水(mm)
0.1～9.9
10～24.9
25～49.9
50～99.9
>100
0 250 500km
俄 罗 斯
蒙 古
哈萨克斯坦
吉尔吉斯斯坦
塔吉克斯坦
巴基斯坦
尼泊尔
不丹
印度
孟加拉国
缅甸
老挝
泰国
越南
柬埔寨
朝鲜
韩国
日本
菲律宾
北京
天津
石家庄
太原
呼和浩特
沈阳
长春
哈尔滨
济南
郑州
西安
银川
兰州
西宁
乌鲁木齐
拉萨
成都
重庆
贵阳
昆明
南宁
广州
长沙
武汉
南昌
合肥
南京
上海
杭州
福州
台北
香港
澳门
海口
渤海
黄海
东海
南海
日本海
太平洋
台湾岛
海南岛
东沙群岛
西沙群岛
中沙群岛
南沙群岛
黄岩岛
钓鱼岛
赤尾屿
北回归线
南海诸岛

总降水日数图

1月25～26日

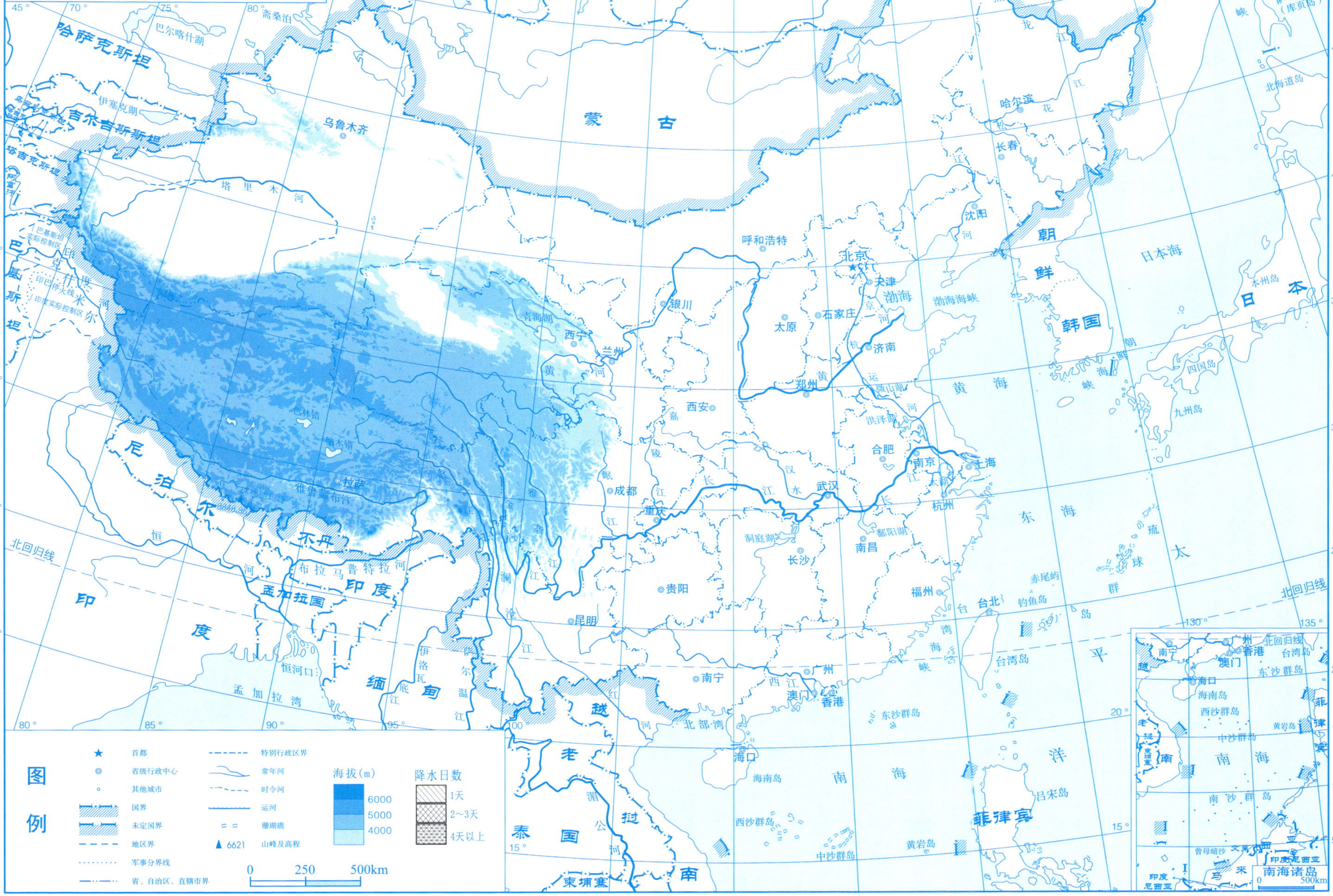

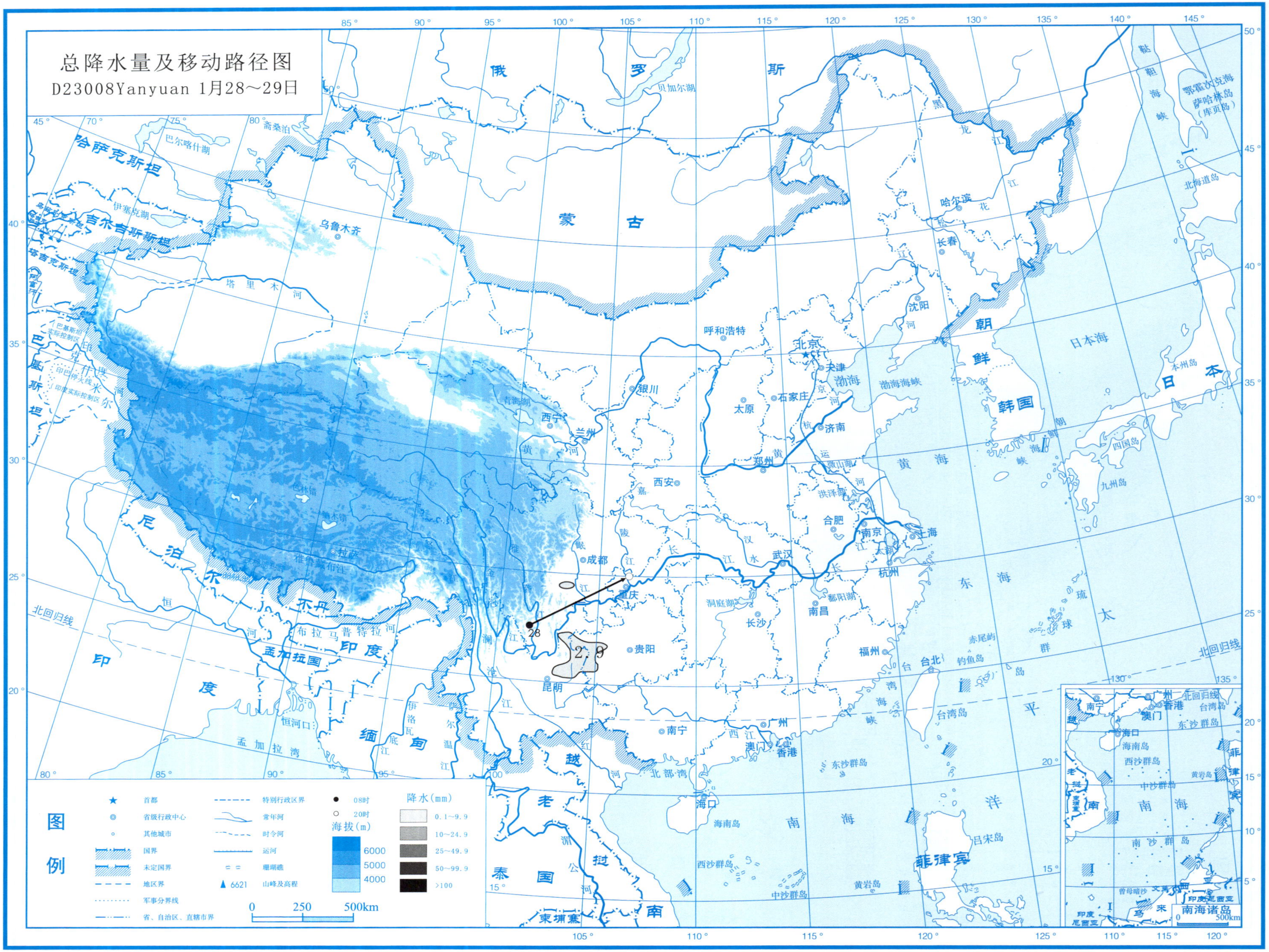
总降水量及移动路径图
D23008Yanyuan 1月28～29日
28
2.9
图例
首都
省级行政中心
其他城市
国界
未定国界
地区界
军事分界线
省、自治区、直辖市界
特别行政区界
常年河
时令河
运河
珊瑚礁
6621 山峰及高程
08时
20时
海拔(m)
6000
5000
4000
降水(mm)
0.1～9.9
10～24.9
25～49.9
50～99.9
>100
0 250 500km
南海诸岛

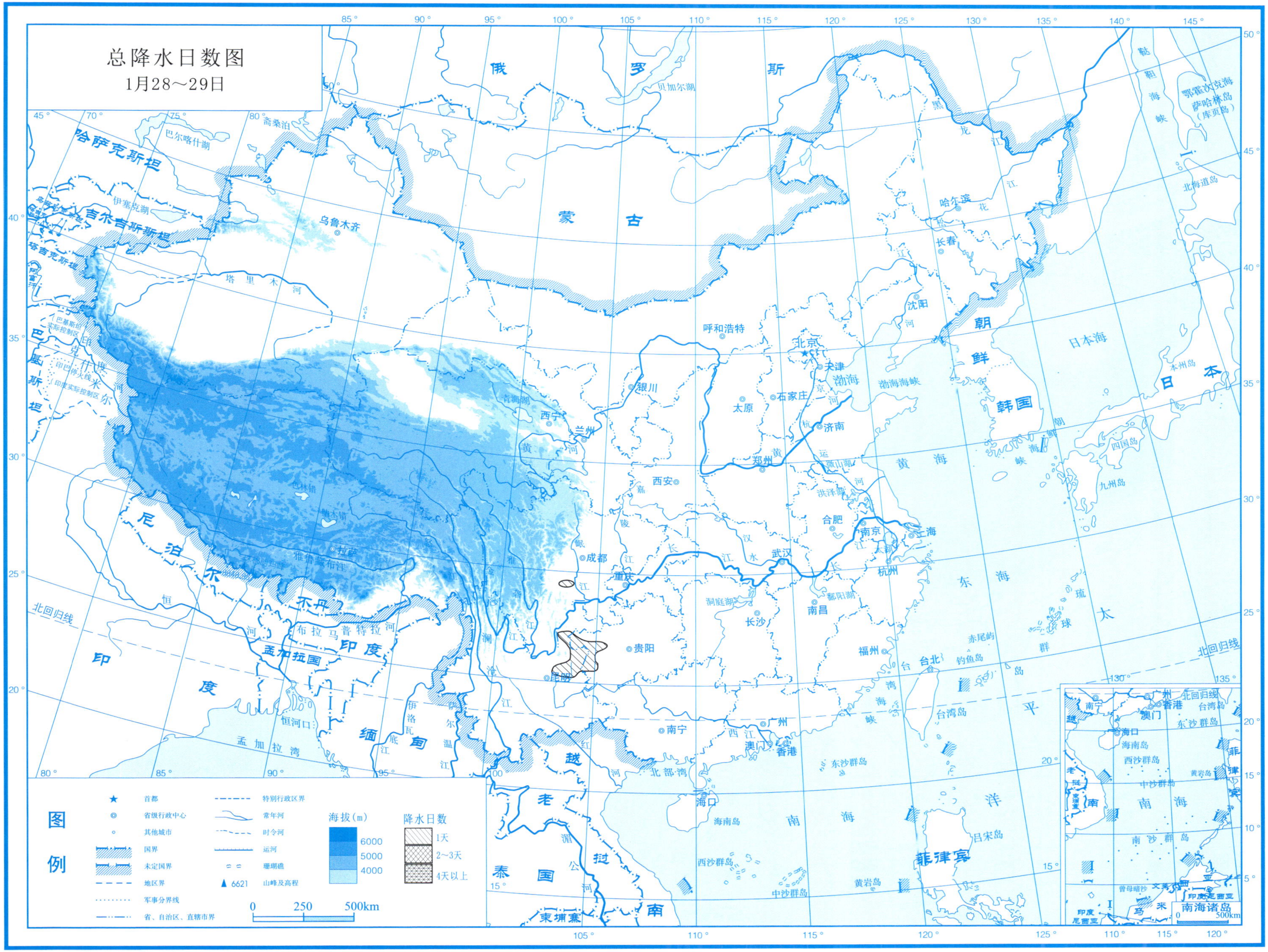
总降水日数图
1月28～29日
图例
首都
省级行政中心
其他城市
国界
未定国界
地区界
军事分界线
省、自治区、直辖市界
特别行政区界
常年河
时令河
运河
珊瑚礁
6621 山峰及高程
海拔（m）
6000
5000
4000
降水日数
1天
2～3天
4天以上
0 250 500km
南海诸岛
俄 罗 斯
蒙 古
哈萨克斯坦
吉尔吉斯斯坦
塔吉克斯坦
巴基斯坦
尼泊尔
不丹
孟加拉国
印度
缅甸
老挝
泰国
柬埔寨
越南
菲律宾
朝鲜
韩国
日本
北京
天津
石家庄
太原
呼和浩特
沈阳
长春
哈尔滨
济南
郑州
西安
银川
兰州
西宁
乌鲁木齐
拉萨
成都
重庆
贵阳
昆明
南宁
广州
长沙
武汉
南昌
合肥
南京
上海
杭州
福州
台北
海口
香港
澳门
渤海
黄海
东海
南海
日本海
太平洋
北回归线

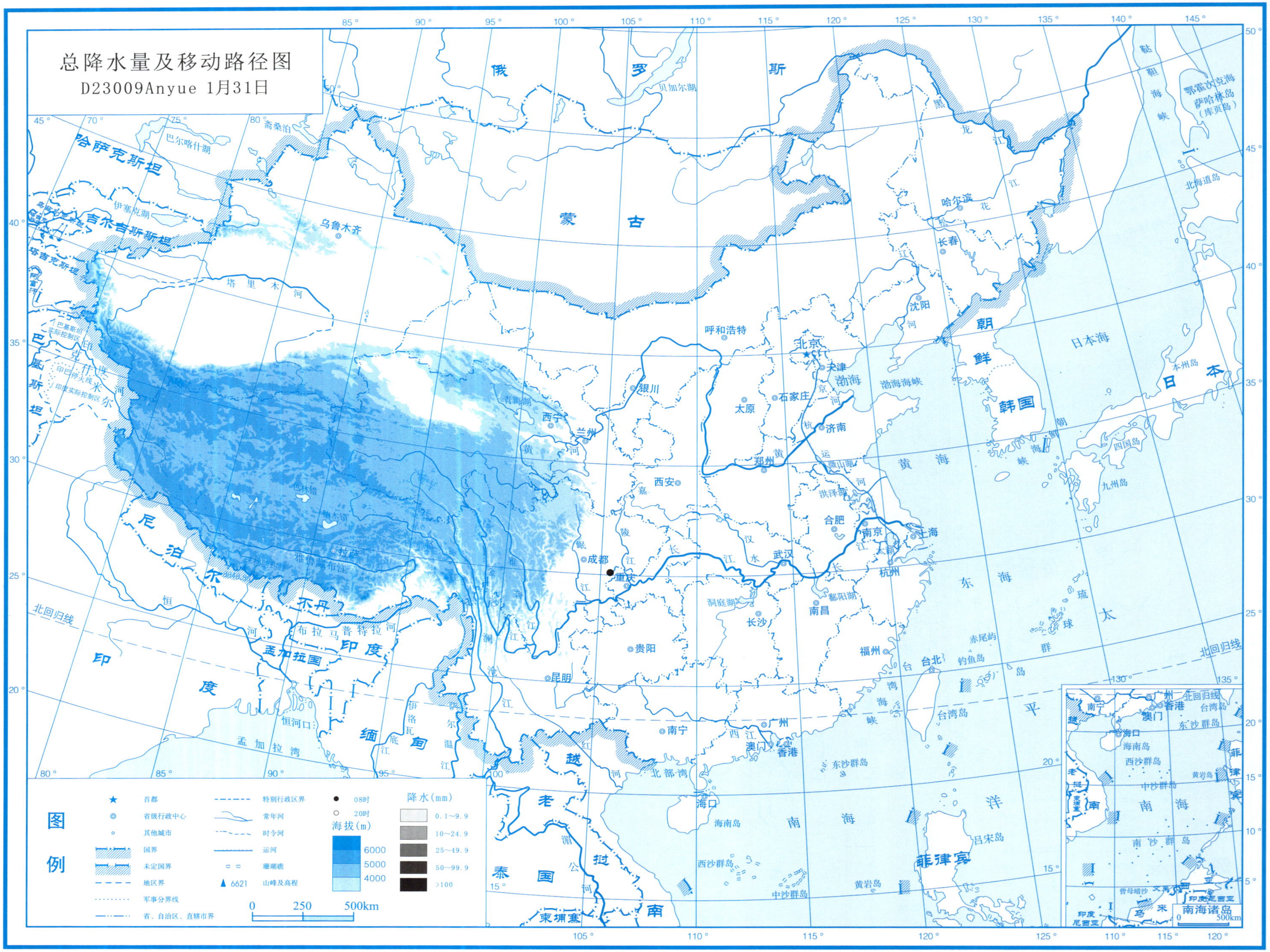
总降水量及移动路径图
D23009Anyue 1月31日
图例
首都
省级行政中心
其他城市
国界
未定国界
地区界
军事分界线
省、自治区、直辖市界
特别行政区界
常年河
时令河
运河
珊瑚礁
6621 山峰及高程
08时
20时
降水(mm)
0.1~9.9
10~24.9
25~49.9
50~99.9
>100
海拔(m)
6000
5000
4000
0 250 500km
南海诸岛
俄罗斯
蒙古
哈萨克斯坦
吉尔吉斯斯坦
塔吉克斯坦
尼泊尔
不丹
孟加拉国
印度
缅甸
老挝
泰国
越南
柬埔寨
朝鲜
韩国
日本
菲律宾
北京
天津
石家庄
太原
呼和浩特
沈阳
长春
哈尔滨
济南
郑州
西安
银川
兰州
西宁
乌鲁木齐
拉萨
成都
重庆
贵阳
昆明
南宁
长沙
武汉
合肥
南京
上海
杭州
南昌
福州
台北
广州
香港
澳门
海口
渤海
黄海
东海
南海
日本海
太平洋
台湾岛
海南岛
东沙群岛
西沙群岛
中沙群岛
南沙群岛
黄岩岛
钓鱼岛
赤尾屿
北回归线

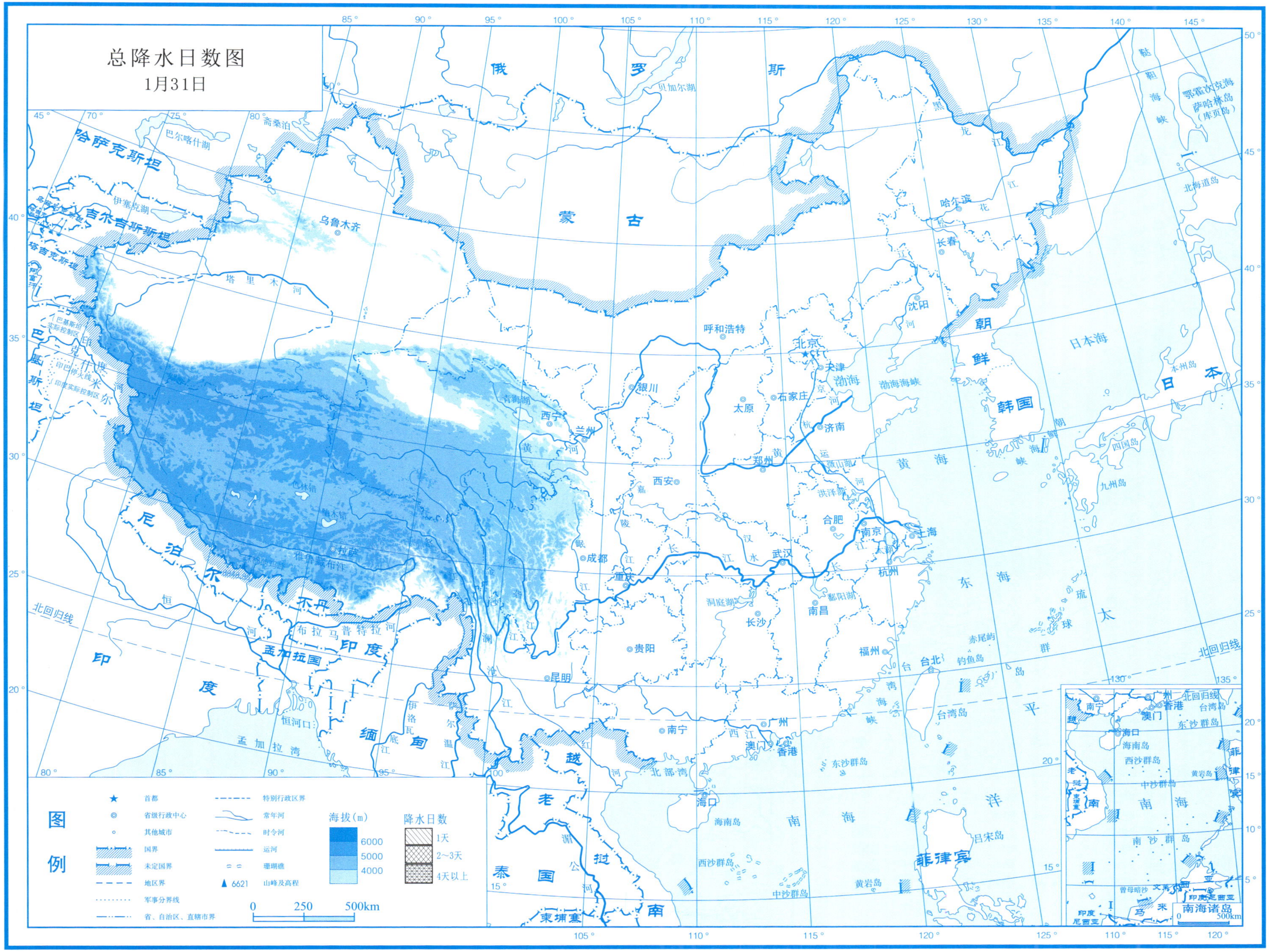
总降水日数图
1月31日
图例
首都
省级行政中心
其他城市
国界
未定国界
地区界
军事分界线
省、自治区、直辖市界
特别行政区界
常年河
时令河
运河
珊瑚礁
6621 山峰及高程
海拔(m)
6000
5000
4000
降水日数
1天
2～3天
4天以上
0 250 500km
俄 罗 斯
蒙 古
哈萨克斯坦
吉尔吉斯斯坦
塔吉克斯坦
巴基斯坦
尼泊尔
不丹
印度
孟加拉国
缅甸
老挝
越南
泰国
柬埔寨
朝鲜
韩国
日本
菲律宾
乌鲁木齐
呼和浩特
北京
天津
石家庄
太原
济南
银川
西宁
兰州
郑州
西安
合肥
南京
上海
杭州
武汉
成都
重庆
拉萨
长沙
南昌
贵阳
福州
台北
昆明
南宁
广州
澳门
香港
海口
哈尔滨
长春
沈阳
渤海
黄海
东海
南海
日本海
台湾岛
海南岛
东沙群岛
西沙群岛
中沙群岛
南沙群岛
黄岩岛
钓鱼岛
赤尾屿
南海诸岛
北回归线

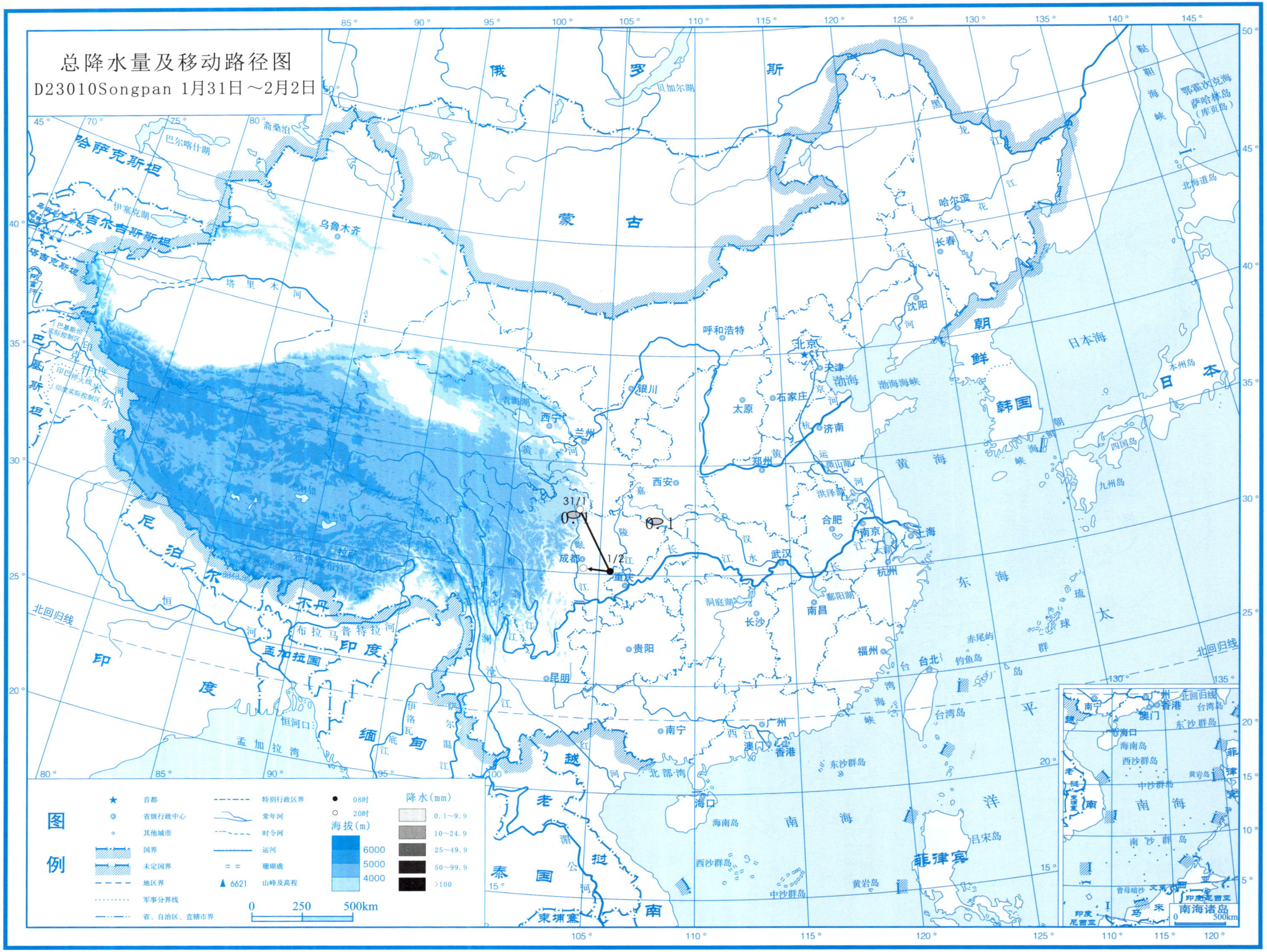
总降水量及移动路径图
D23010Songpan 1月31日～2月2日
31/1
1/2
0.1
0.1
成都
重庆
图例
首都
省级行政中心
其他城市
国界
未定国界
地区界
军事分界线
省、自治区、直辖市界
特别行政区界
常年河
时令河
运河
珊瑚礁
6621 山峰及高程
08时
20时
降水(mm)
0.1～9.9
10～24.9
25～49.9
50～99.9
>100
海拔(m)
6000
5000
4000
0 250 500km
南海诸岛

总降水日数图

1月31日～2月2日

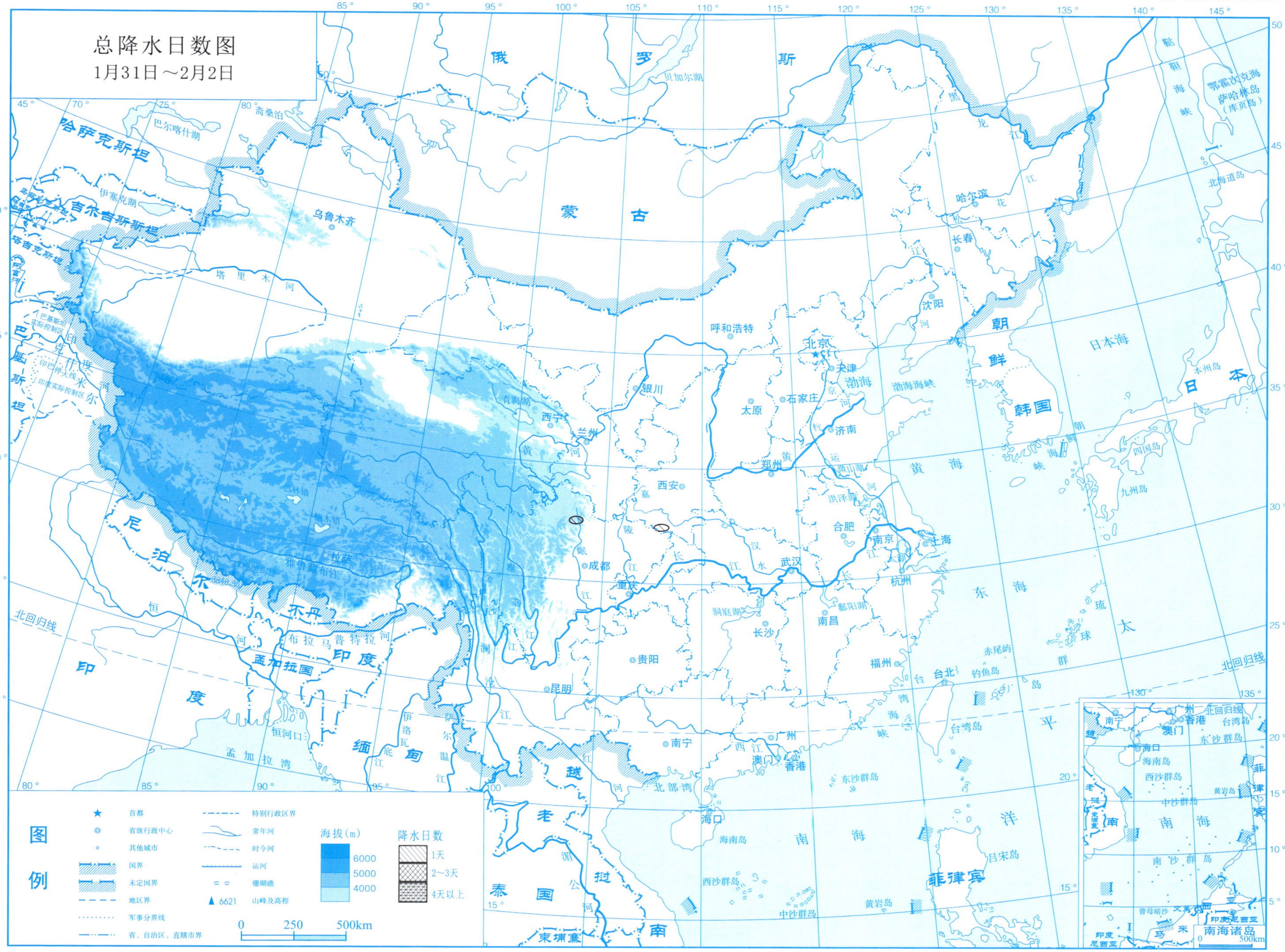

总降水量及移动路径图

D23011Xichong 2月4日

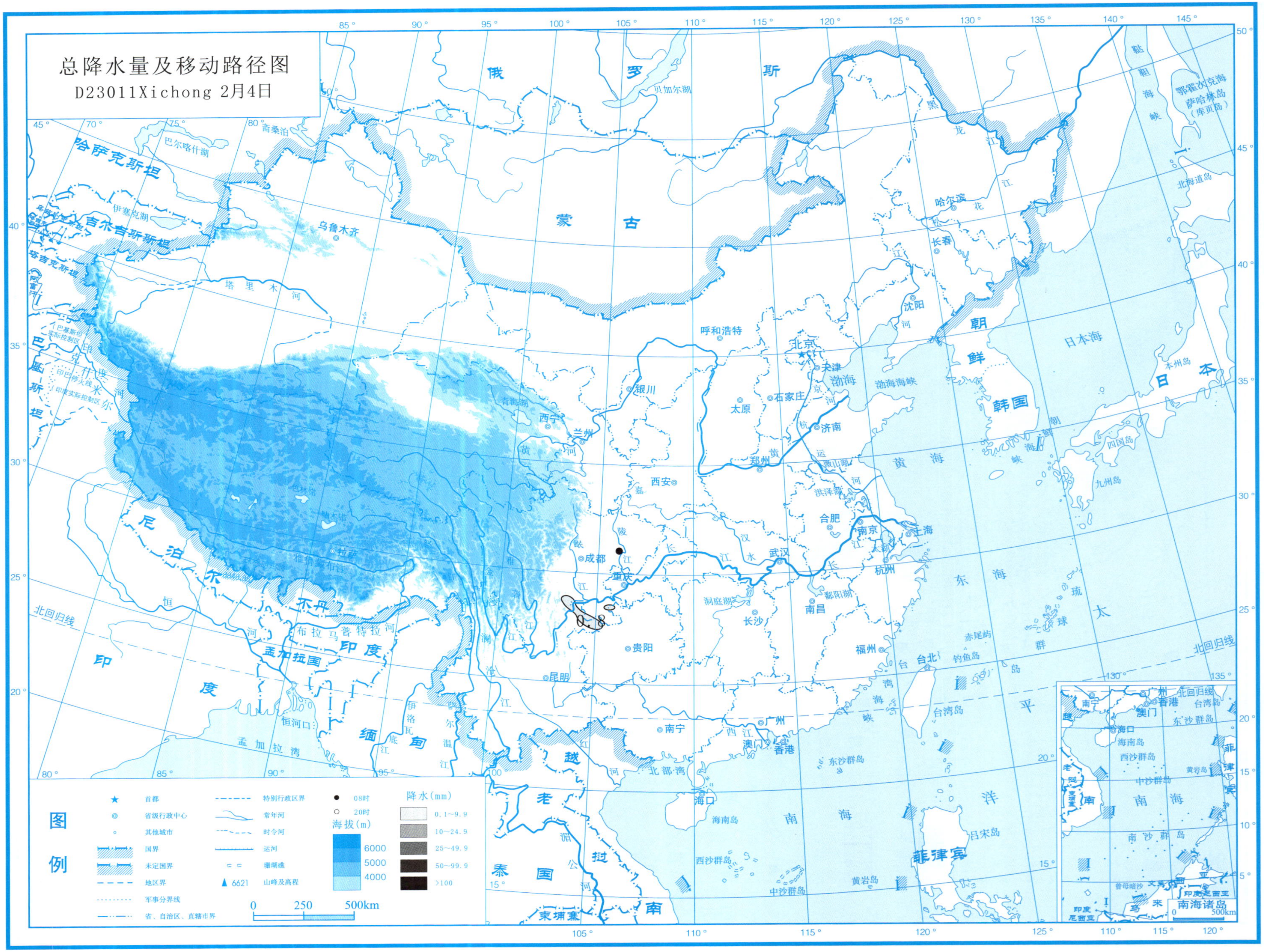

总降水日数图

2月4日

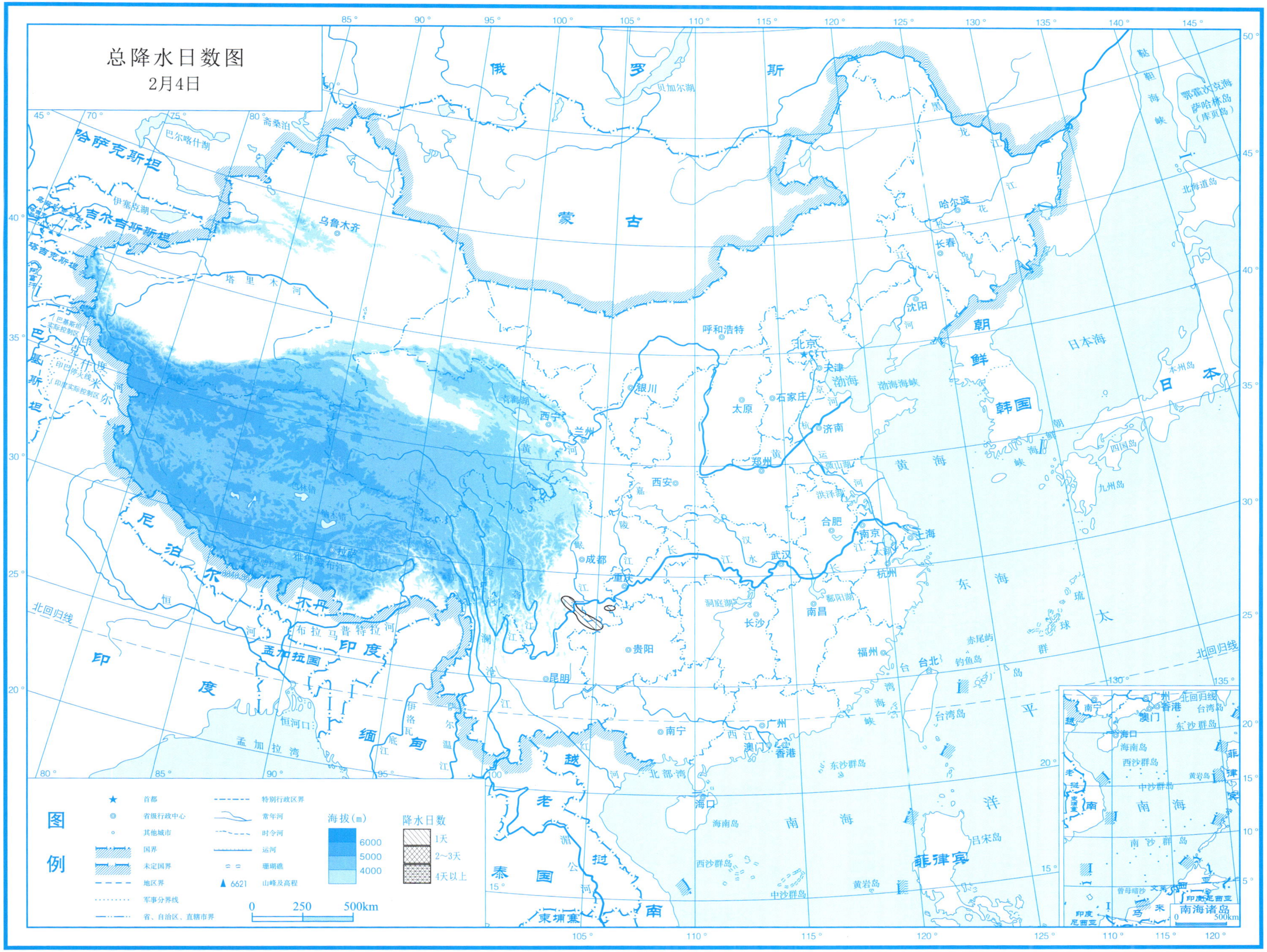

图例
首都
省级行政中心
其他城市
国界
未定国界
地区界
军事分界线
省、自治区、直辖市界
特别行政区界
常年河
时令河
运河
珊瑚礁
6621 山峰及高程
海拔(m)
6000
5000
4000
降水日数
1天
2~3天
4天以上
0 250 500km
俄 罗 斯
蒙 古
哈萨克斯坦
吉尔吉斯斯坦
塔吉克斯坦
巴基斯坦
尼 泊 尔
不丹
印 度
孟加拉国
缅 甸
老 挝
越 南
泰 国
柬埔寨
朝 鲜
韩 国
日 本
菲律宾
北京
天津
石家庄
太原
呼和浩特
沈阳
长春
哈尔滨
济南
郑州
西安
银川
兰州
西宁
乌鲁木齐
拉萨
成都
重庆
贵阳
昆明
南宁
广州
香港
澳门
海口
长沙
南昌
武汉
合肥
南京
上海
杭州
福州
台北
贝加尔湖
斋桑泊
巴尔喀什湖
伊塞克湖
青海湖
洞庭湖
鄱阳湖
洪泽湖
塔 里 木 河
雅鲁藏布江
黄 河
长 江
黑 龙 江
渤海
渤海海峡
黄 海
东 海
日本海
南 海
北 部 湾
台湾岛
海南岛
东沙群岛
西沙群岛
中沙群岛
黄岩岛
赤尾屿
钓鱼岛
吕宋岛
北海道岛
本州岛
四国岛
九州岛
鄂霍次克海
萨哈林岛(库页岛)
鞑 靼 海 峡
孟 加 拉 湾
北回归线
南海诸岛

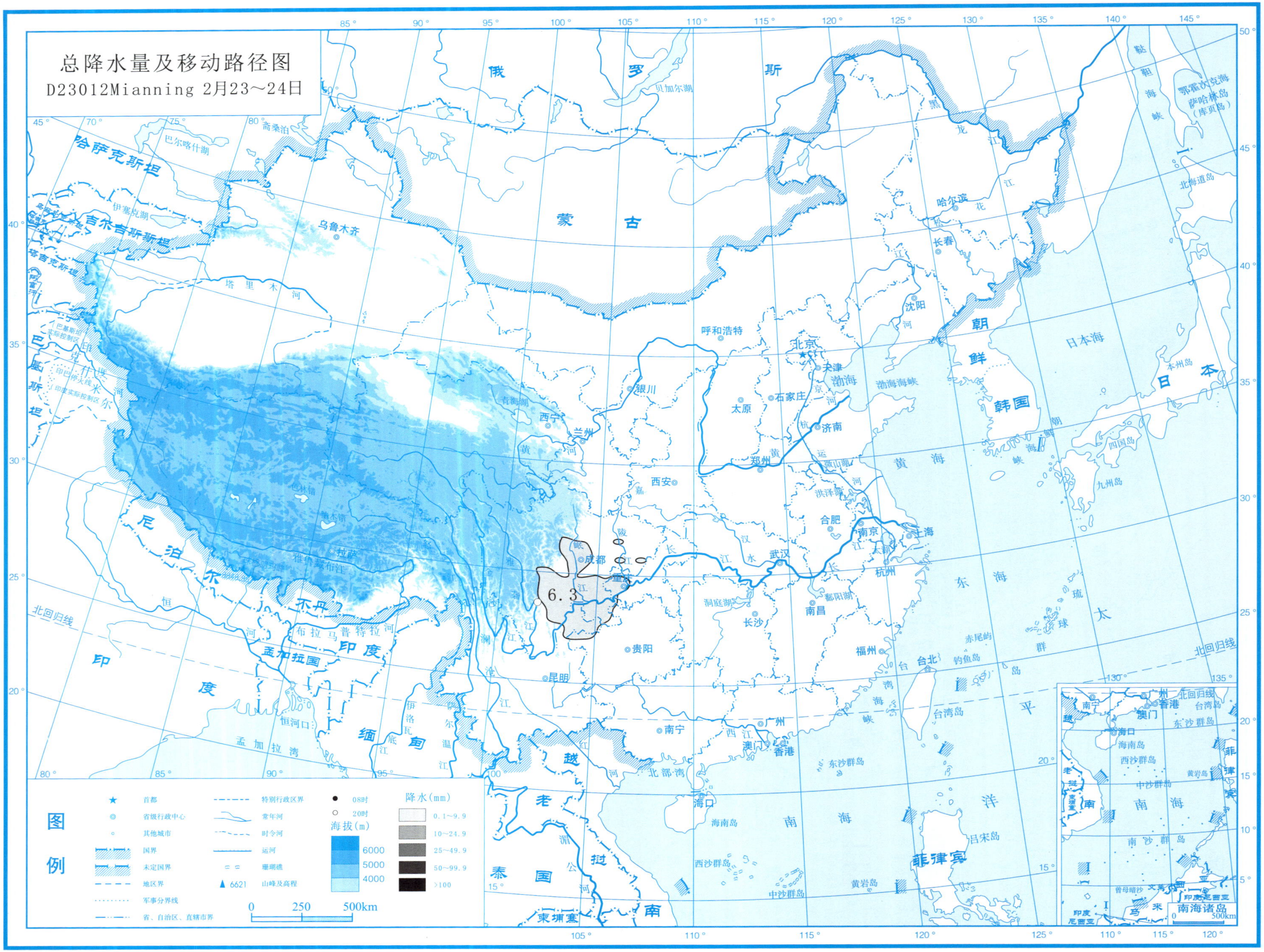
总降水量及移动路径图
D23012Mianning 2月23～24日
6.3
图例
首都
省级行政中心
其他城市
国界
未定国界
地区界
军事分界线
省、自治区、直辖市界
特别行政区界
常年河
时令河
运河
珊瑚礁
6621 山峰及高程
08时
20时
海拔(m)
6000
5000
4000
降水(mm)
0.1～9.9
10～24.9
25～49.9
50～99.9
>100
0 250 500km
南海诸岛

总降水日数图

2月23～24日

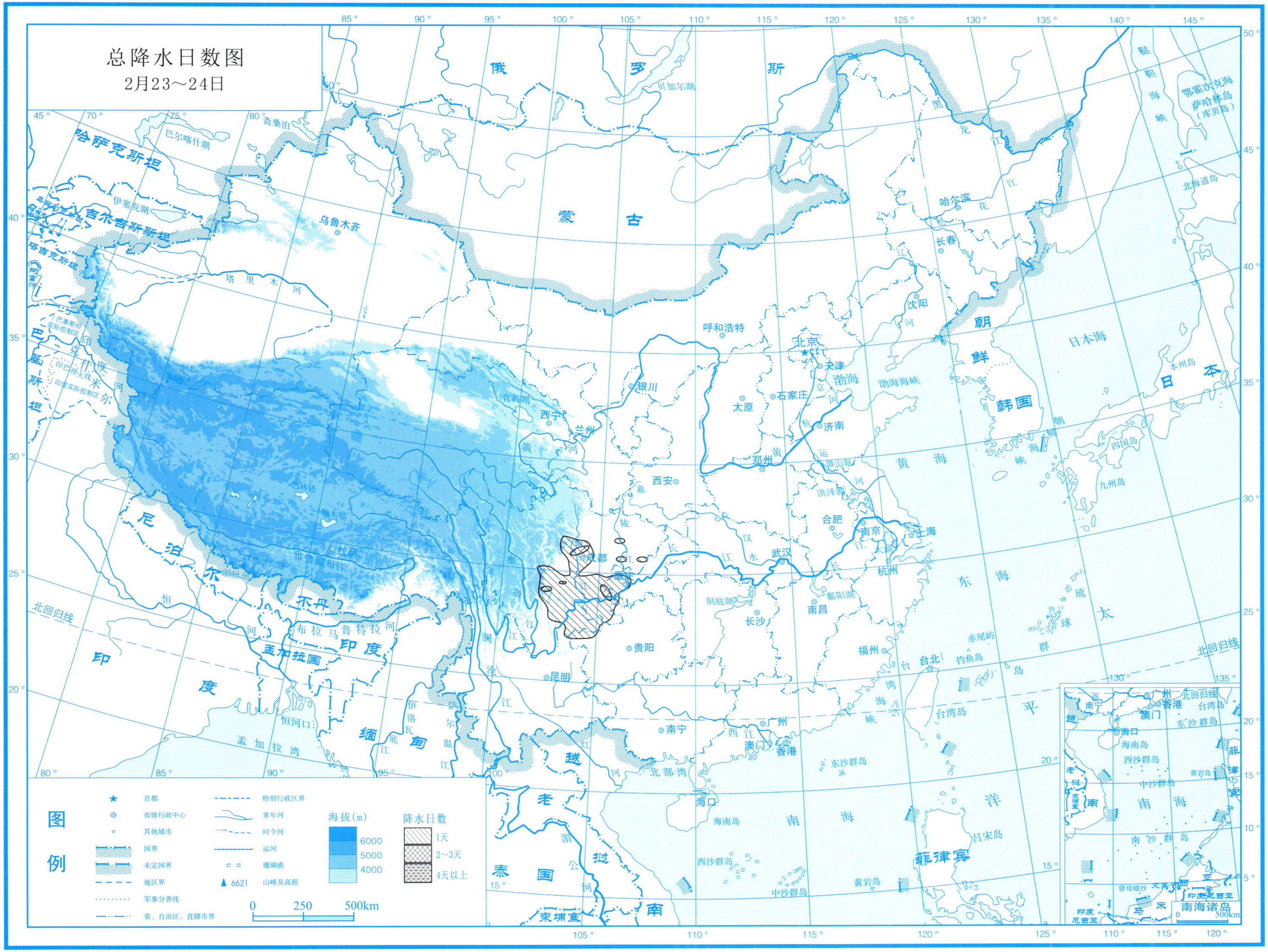

总降水量及移动路径图
D23013Yanyuan 2月24～25日

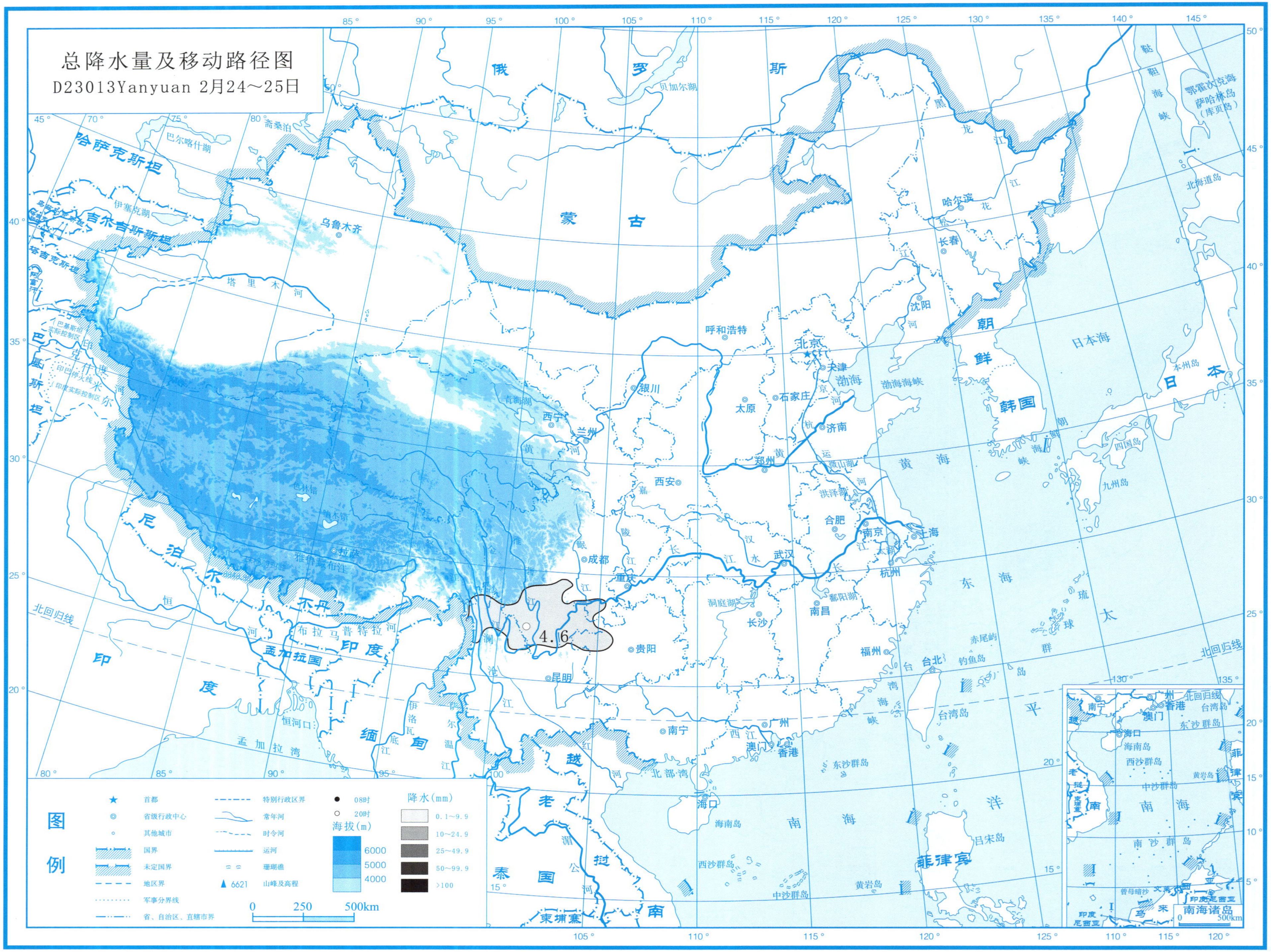

总降水日数图

2月24～25日

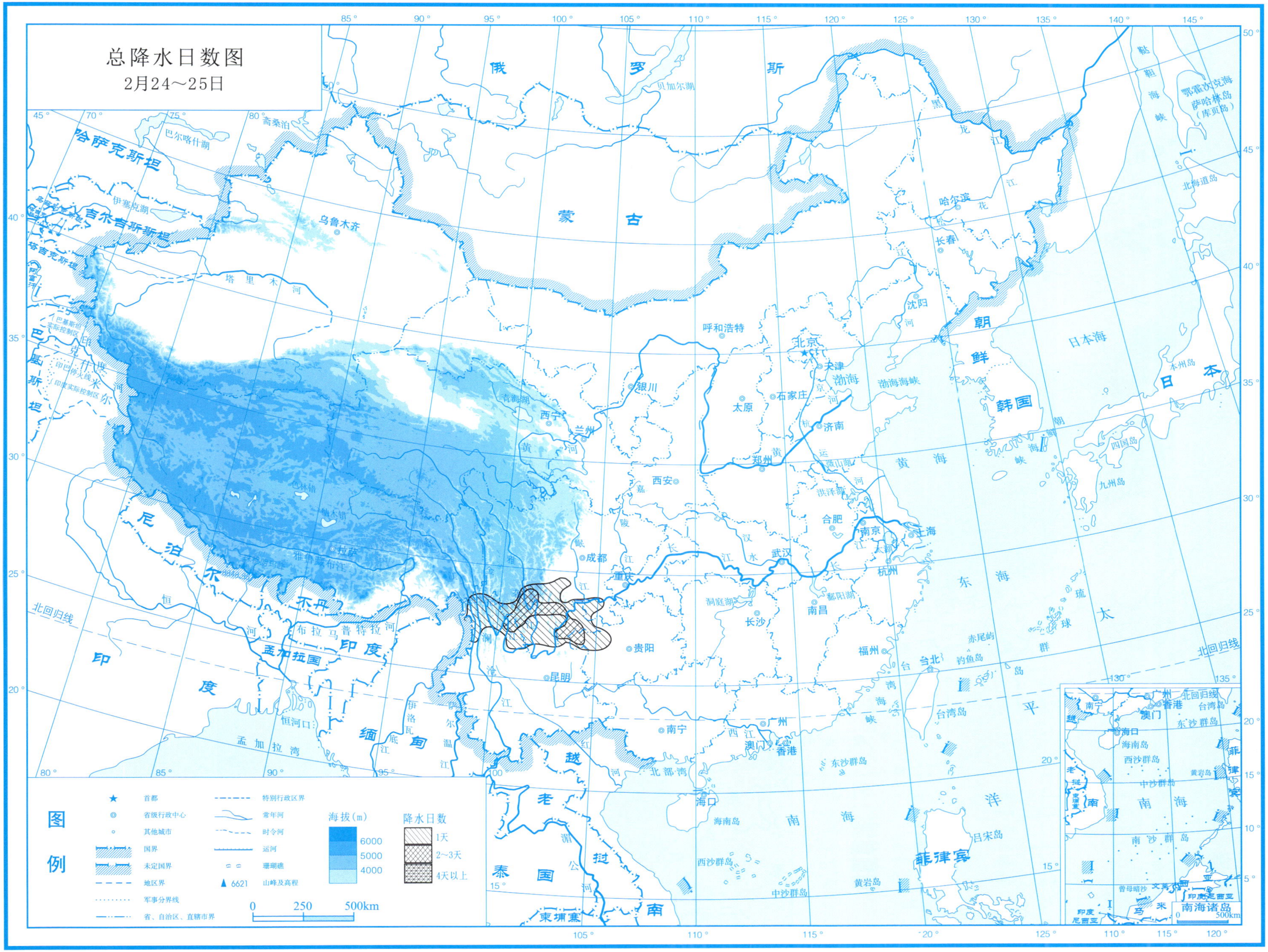

总降水量及移动路径图
D23014Luding 2月28日～3月1日

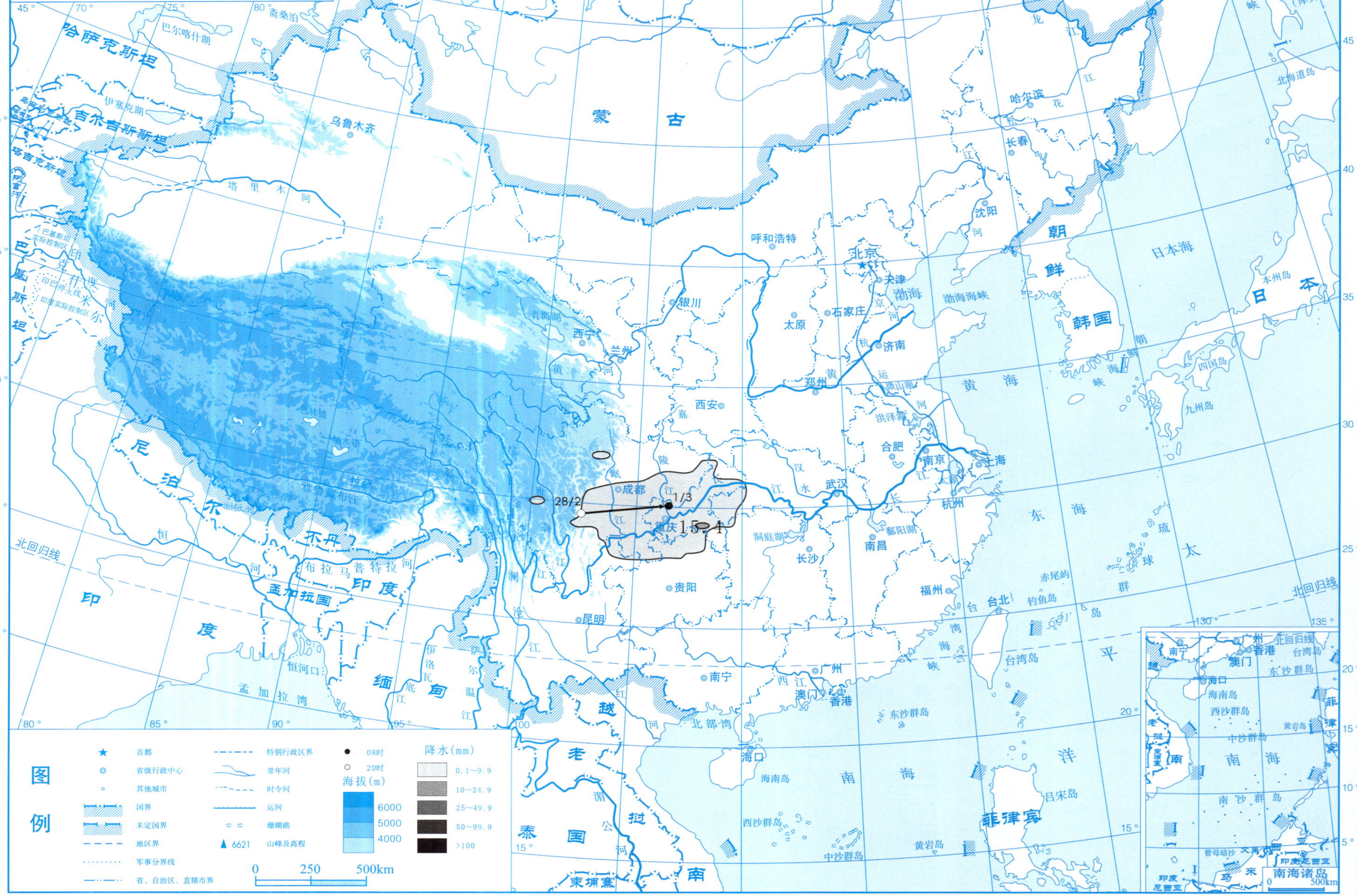

总降水日数图

2月28日～3月1日

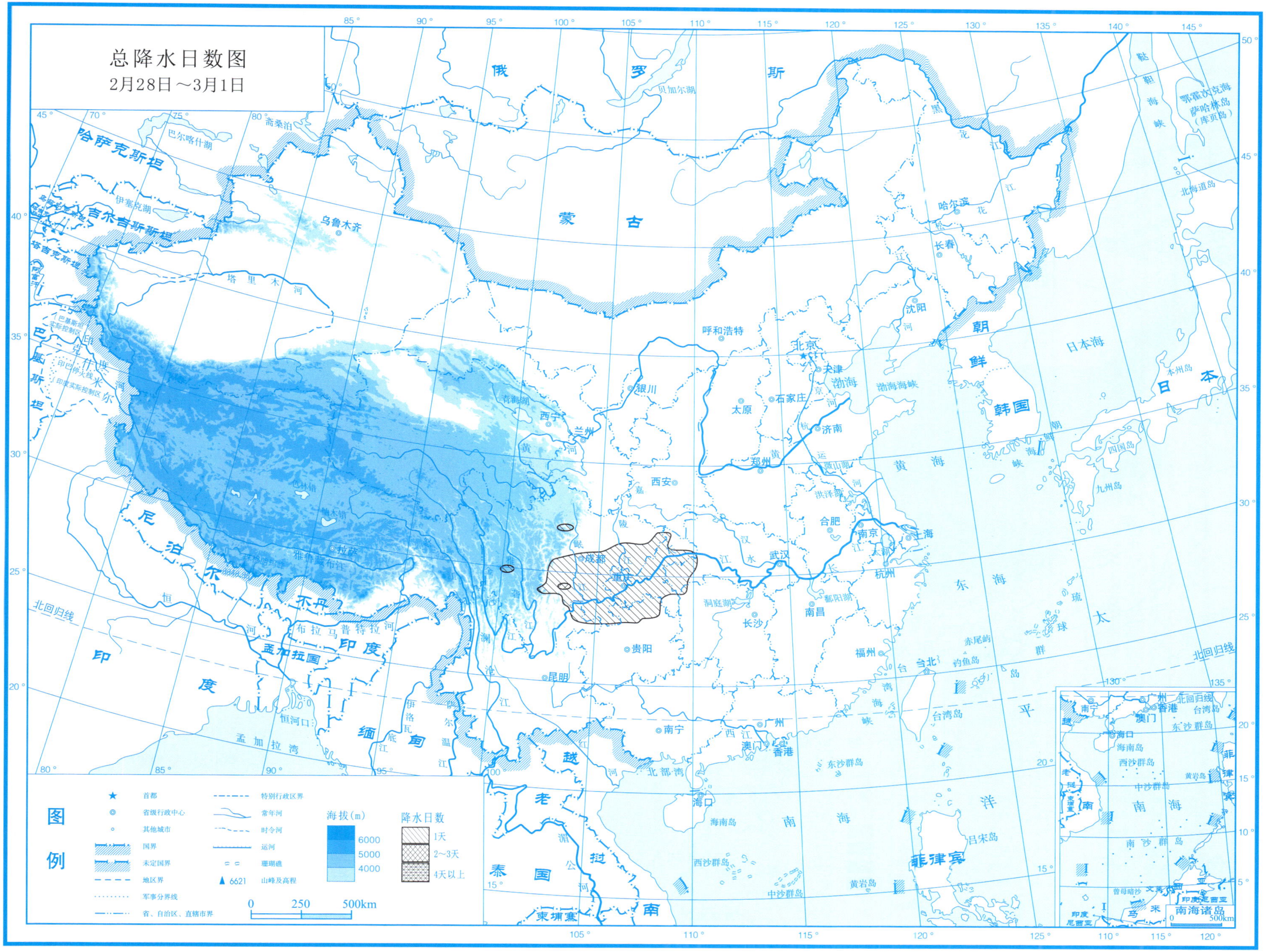

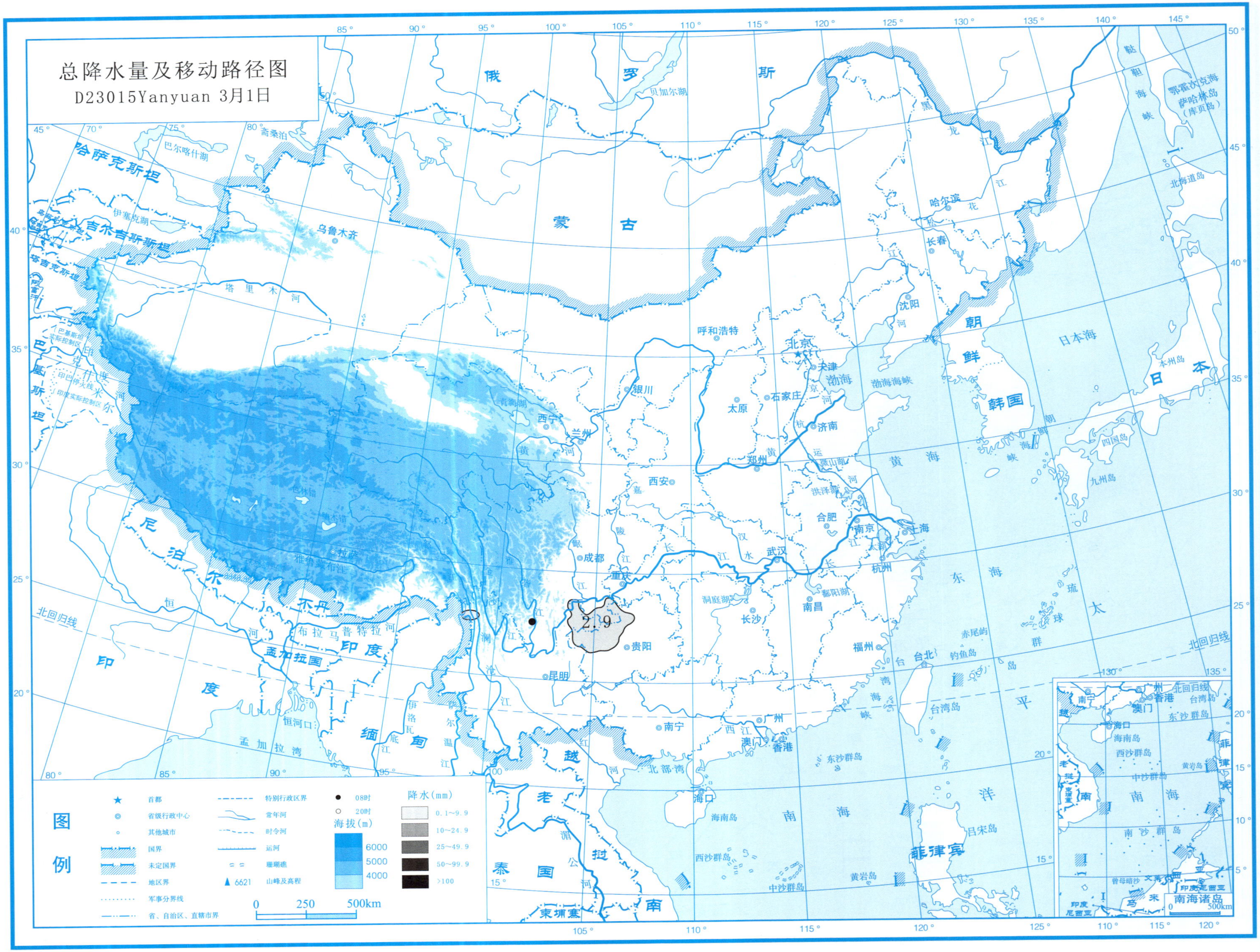
总降水量及移动路径图
D23015Yanyuan 3月1日
2.9
图例
首都
省级行政中心
其他城市
国界
未定国界
地区界
军事分界线
省、自治区、直辖市界
特别行政区界
常年河
时令河
运河
珊瑚礁
6621 山峰及高程
08时
20时
海拔(m)
6000
5000
4000
降水(mm)
0.1~9.9
10~24.9
25~49.9
50~99.9
>100
0 250 500km
南海诸岛

总降水日数图

3月1日

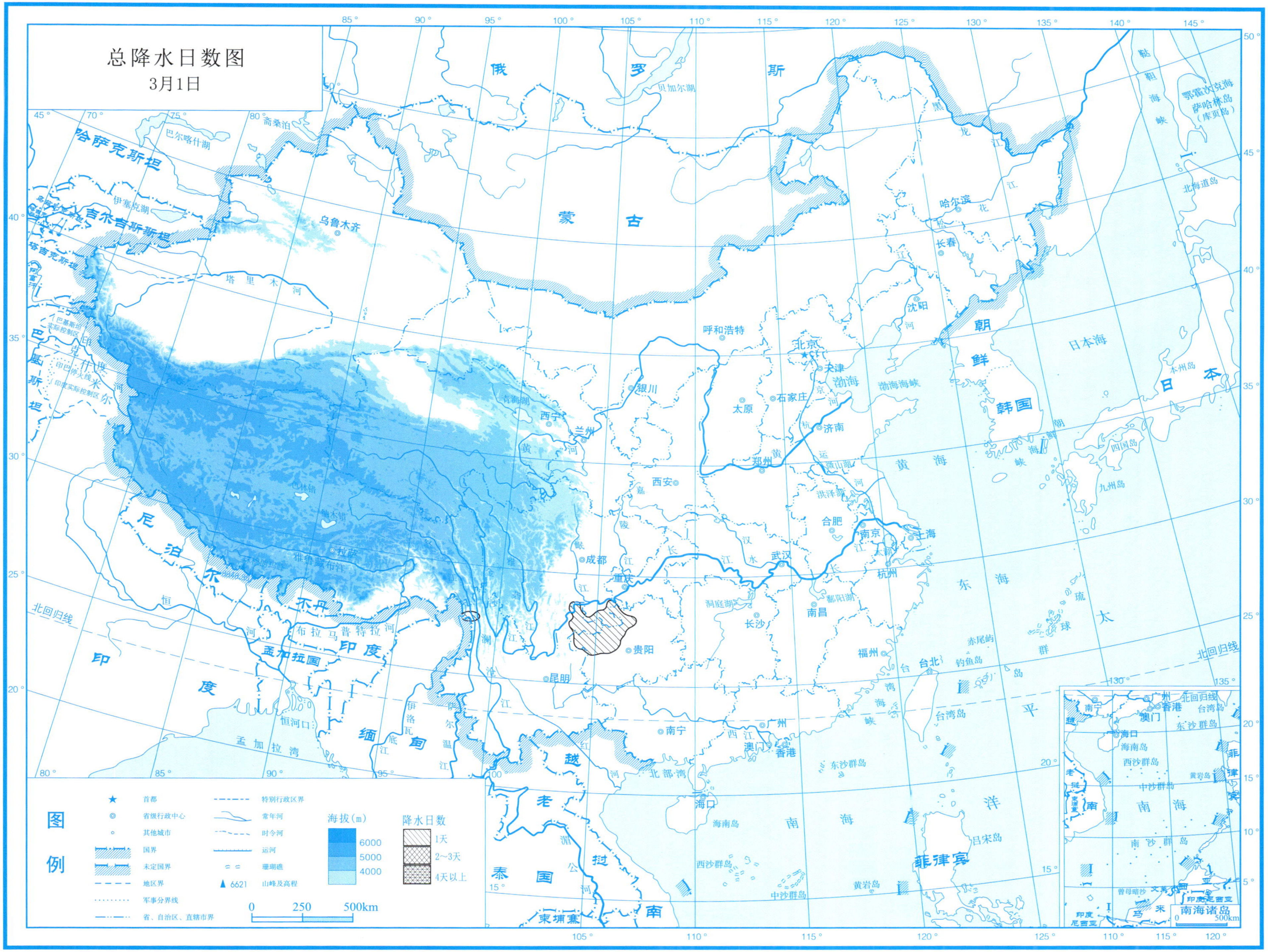

图例
首都
省级行政中心
其他城市
国界
未定国界
地区界
军事分界线
省、自治区、直辖市界
特别行政区界
常年河
时令河
运河
珊瑚礁
6621 山峰及高程
海拔(m)
6000
5000
4000
降水日数
1天
2~3天
4天以上
0 250 500km
俄 罗 斯
蒙 古
哈萨克斯坦
吉尔吉斯斯坦
塔吉克斯坦
阿富汗
巴基斯坦
印 度
尼 泊 尔
不丹
孟加拉国
缅 甸
老 挝
泰 国
柬埔寨
越 南
朝 鲜
韩国
日 本
菲律宾
北京
天津
石家庄
太原
呼和浩特
沈阳
长春
哈尔滨
济南
郑州
西安
银川
兰州
西宁
乌鲁木齐
拉萨
成都
重庆
贵阳
昆明
南宁
广州
香港
澳门
海口
长沙
武汉
南昌
合肥
南京
上海
杭州
福州
台北
渤海
黄 海
东 海
南 海
日本海
太 平 洋
孟加拉湾
北部湾
台湾岛
海南岛
东沙群岛
西沙群岛
中沙群岛
黄岩岛
钓鱼岛
赤尾屿
南海诸岛
北回归线

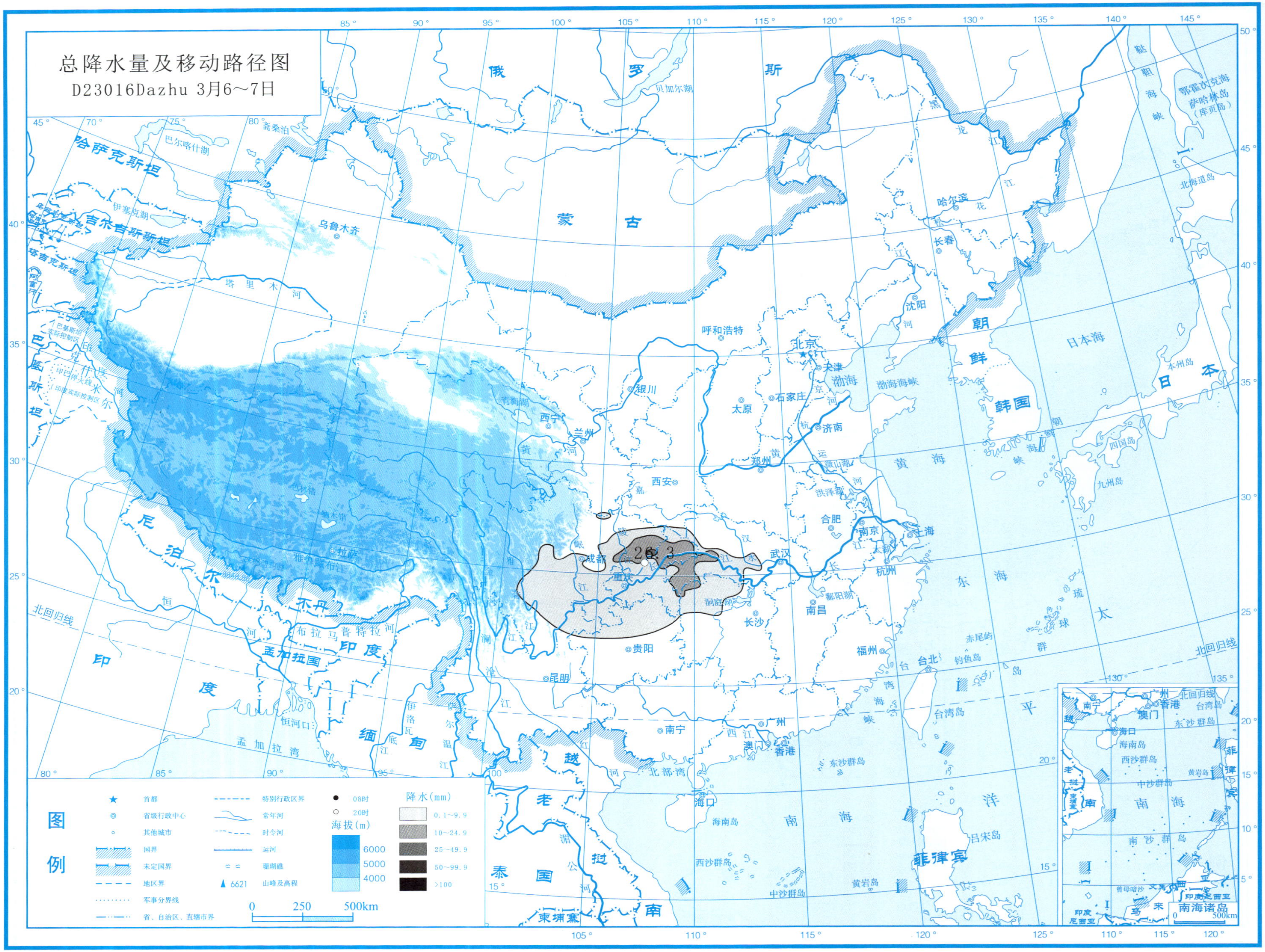

总降水量及移动路径图
D23016Dazhu 3月6~7日

总降水日数图

3月6～7日

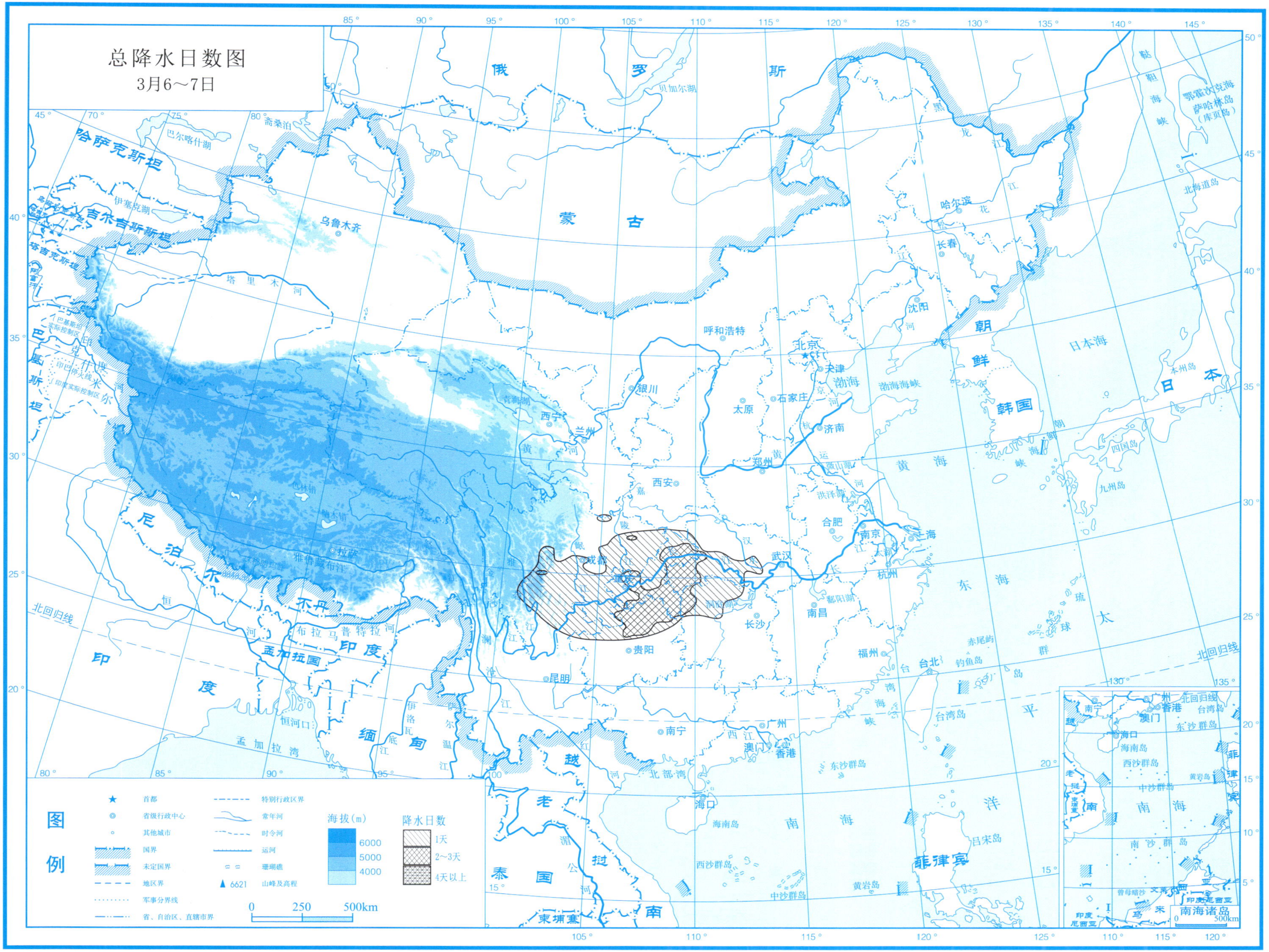

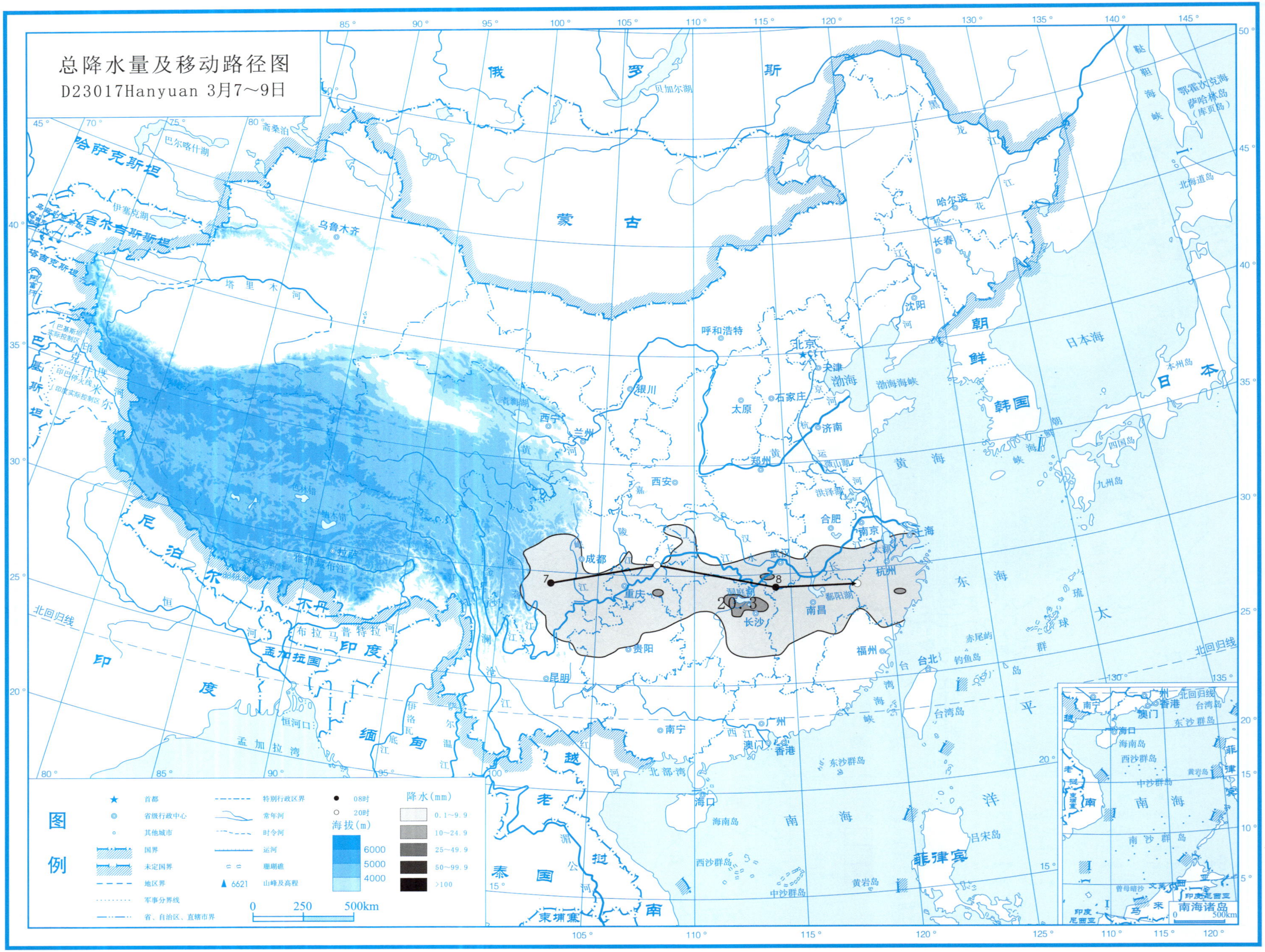

总降水量及移动路径图
D23017Hanyuan 3月7~9日

总降水日数图

3月7～9日

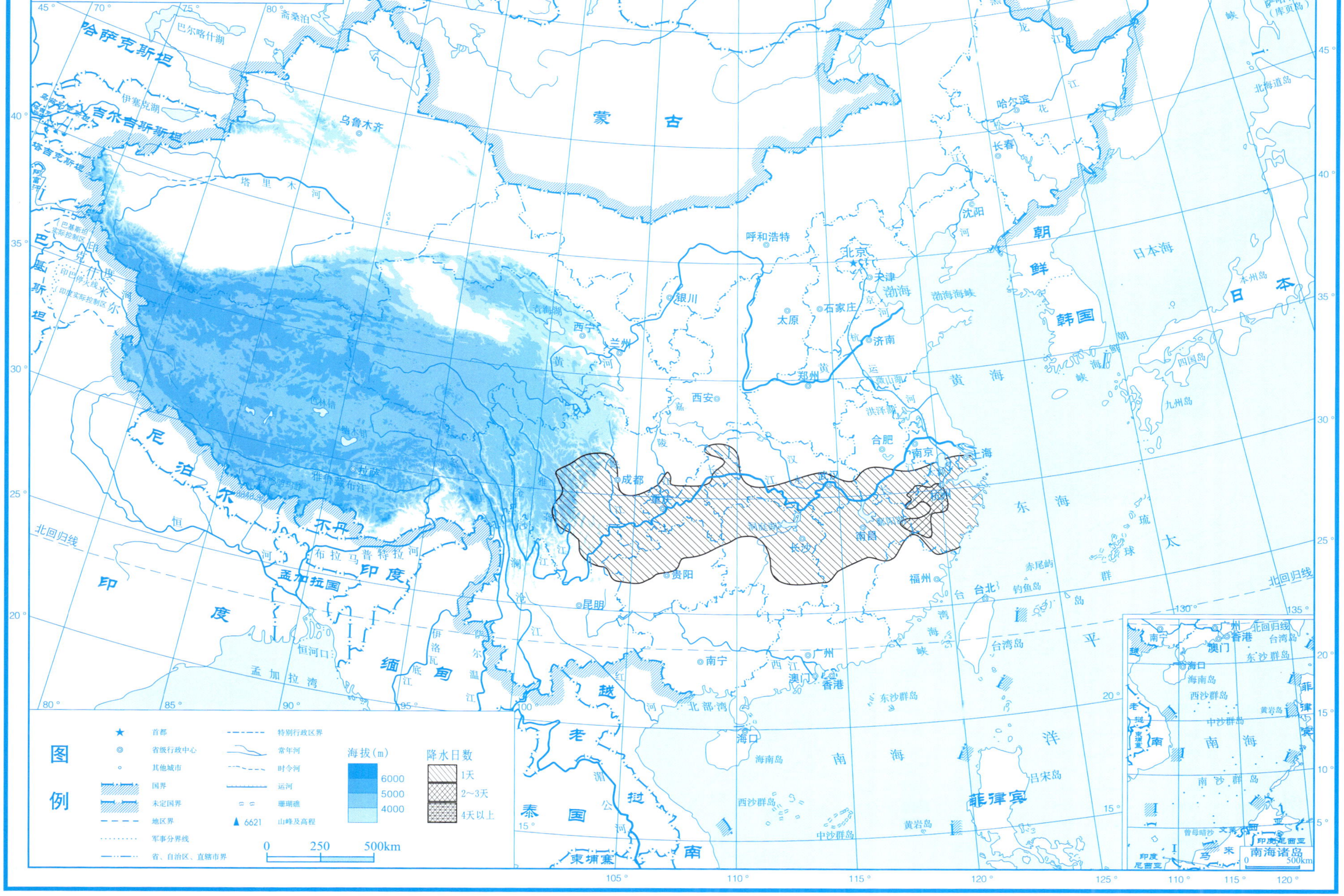

总降水量及移动路径图
D23018Nanbu 3月10～11日

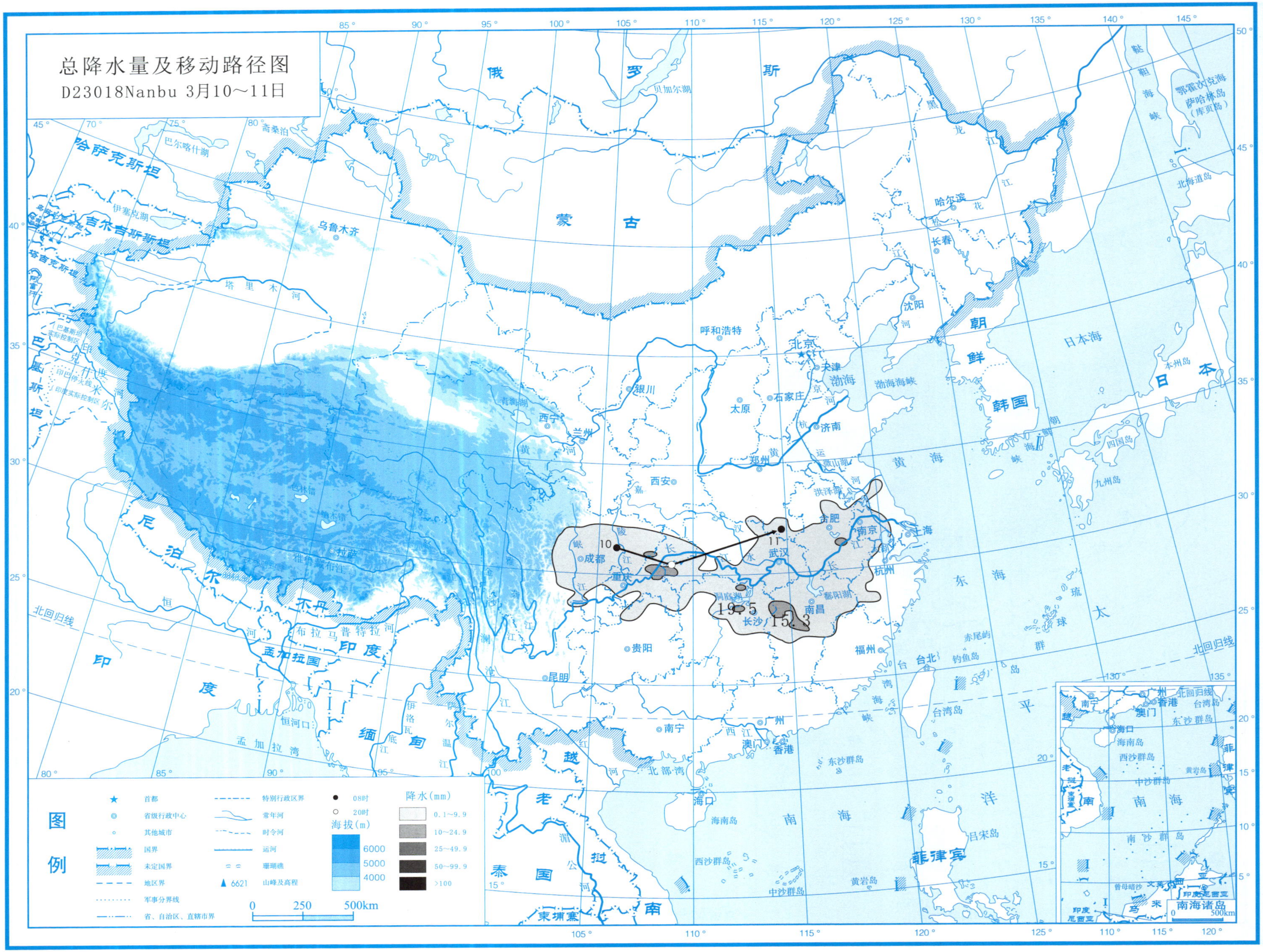

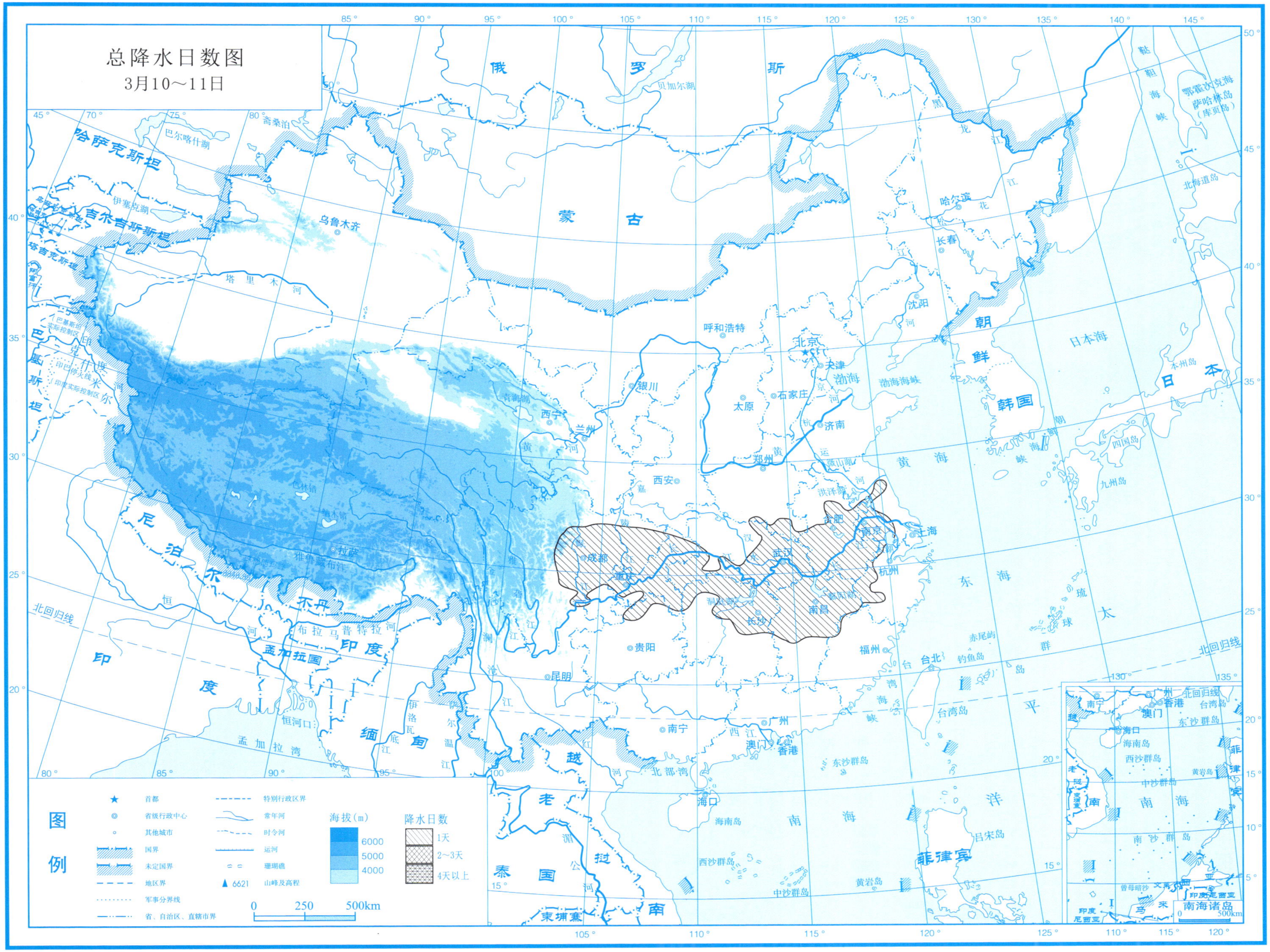
总降水日数图
3月10～11日
图例
首都
省级行政中心
其他城市
国界
未定国界
地区界
军事分界线
省、自治区、直辖市界
特别行政区界
常年河
时令河
运河
珊瑚礁
6621 山峰及高程
海拔(m)
6000
5000
4000
降水日数
1天
2～3天
4天以上
0 250 500km
俄罗斯
蒙古
哈萨克斯坦
吉尔吉斯斯坦
塔吉克斯坦
巴基斯坦
尼泊尔
不丹
印度
孟加拉国
缅甸
老挝
泰国
柬埔寨
越南
朝鲜
韩国
日本
菲律宾
北京
天津
石家庄
太原
呼和浩特
沈阳
长春
哈尔滨
乌鲁木齐
银川
兰州
西宁
西安
郑州
济南
合肥
南京
上海
杭州
武汉
长沙
南昌
成都
重庆
贵阳
昆明
拉萨
南宁
广州
福州
台北
海口
香港
澳门
贝加尔湖
巴尔喀什湖
伊塞克湖
斋桑泊
青海湖
洞庭湖
鄱阳湖
洪泽湖
微山湖
塔里木河
雅鲁藏布江
黄河
长江
渤海
渤海海峡
黄海
东海
南海
日本海
北部湾
孟加拉湾
台湾海峡
台湾岛
海南岛
东沙群岛
西沙群岛
中沙群岛
南沙群岛
黄岩岛
钓鱼岛
赤尾屿
太平洋
北回归线
南海诸岛

总降水量及移动路径图
D23019Muli 3月11～13日

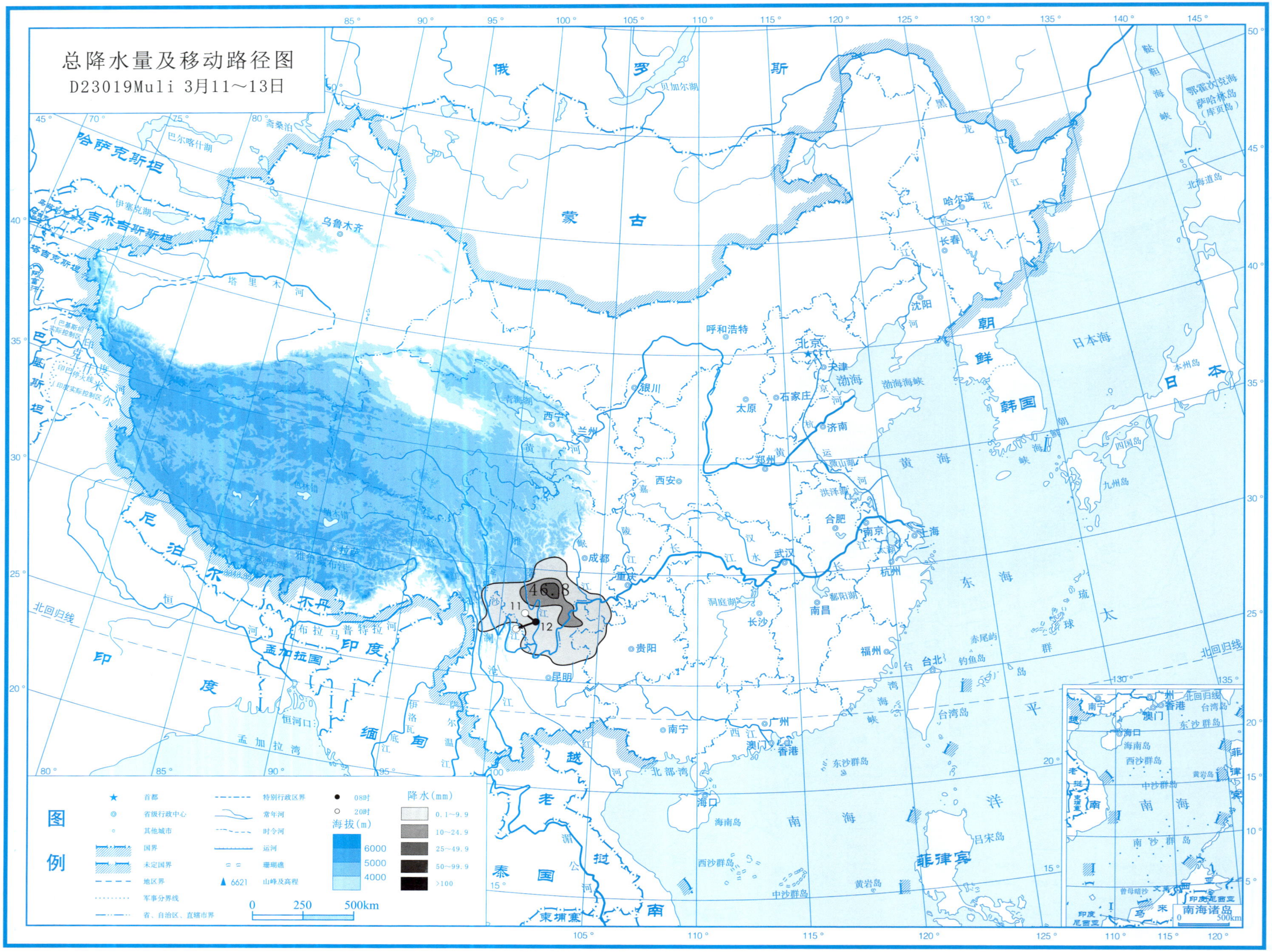

总降水日数图
3月11～13日

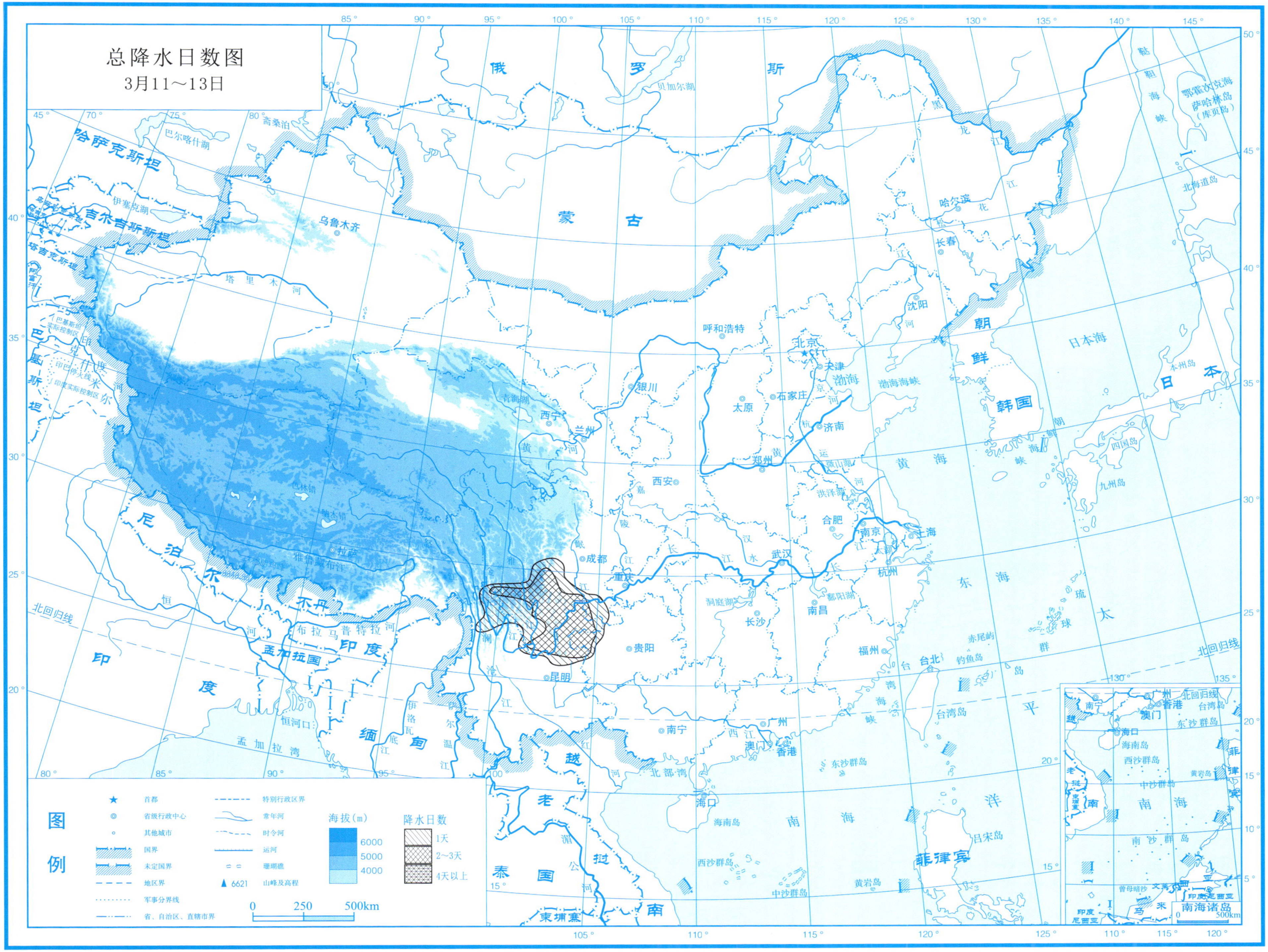

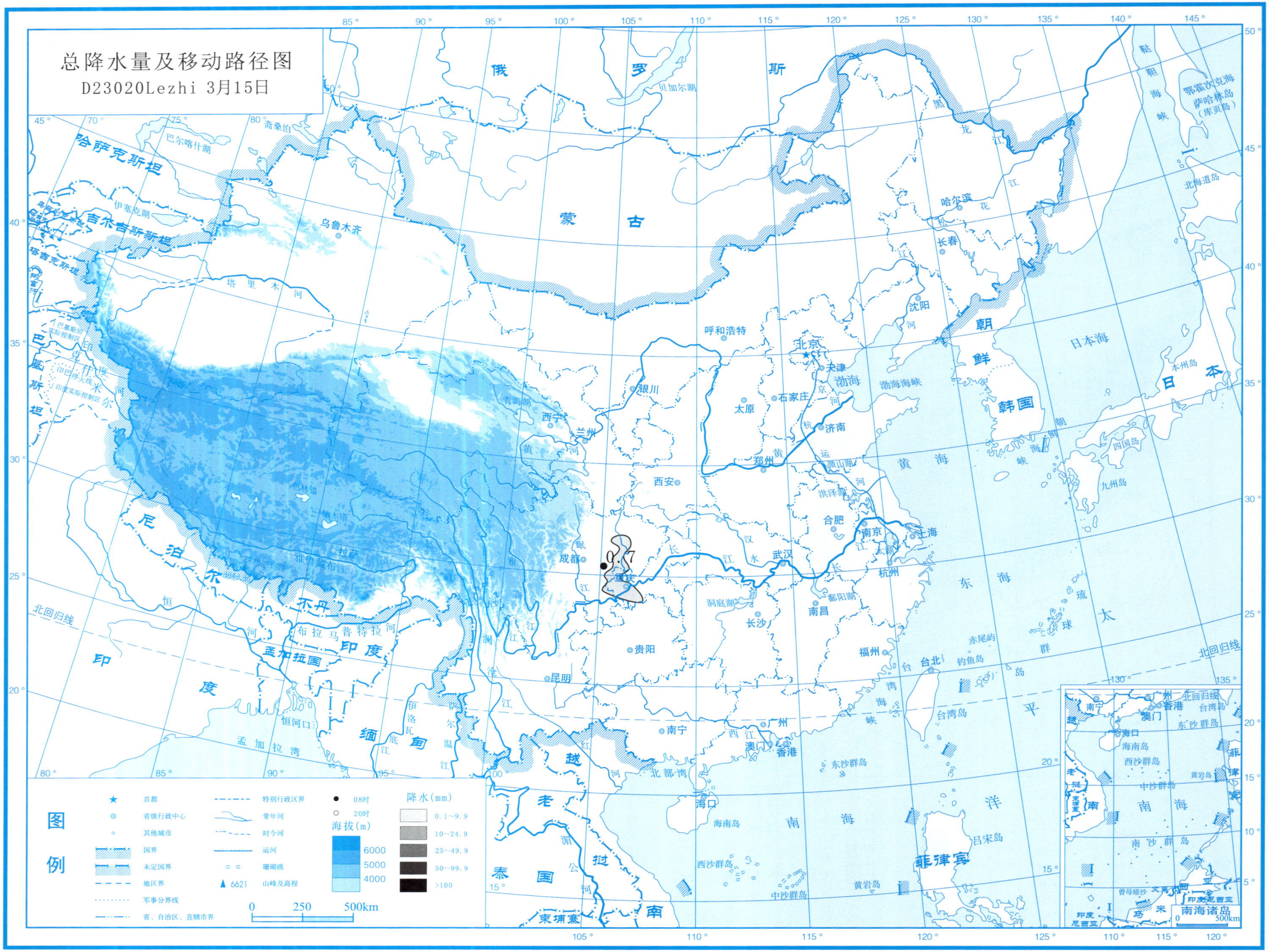
总降水量及移动路径图
D23020Lezhi 3月15日
图例
首都
省级行政中心
其他城市
国界
未定国界
地区界
军事分界线
省、自治区、直辖市界
特别行政区界
常年河
时令河
运河
珊瑚礁
6621 山峰及高程
08时
20时
海拔(m)
6000
5000
4000
降水(mm)
0.1~9.9
10~24.9
25~49.9
50~99.9
>100
0 250 500km
南海诸岛

总降水日数图

3月15日

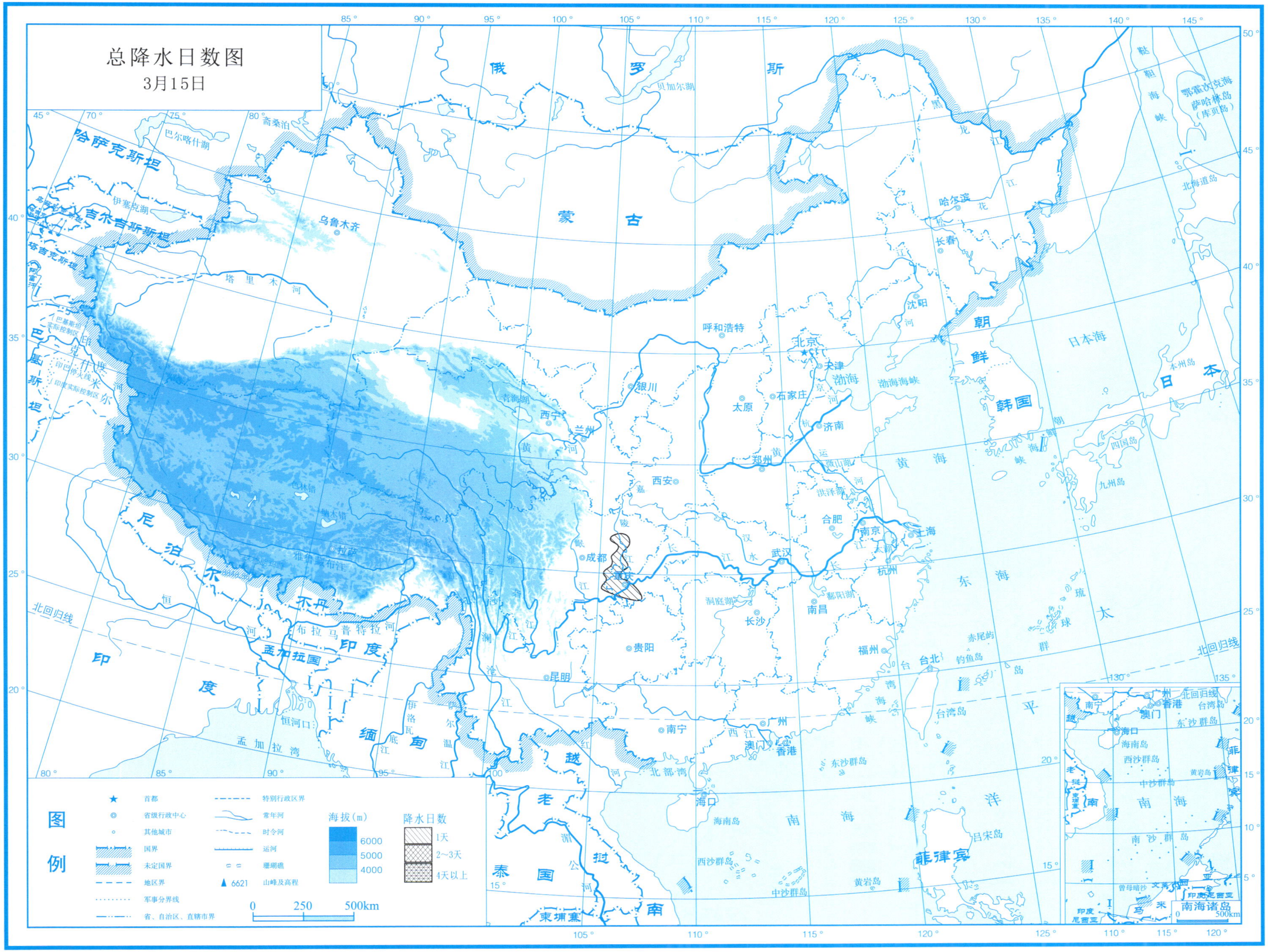

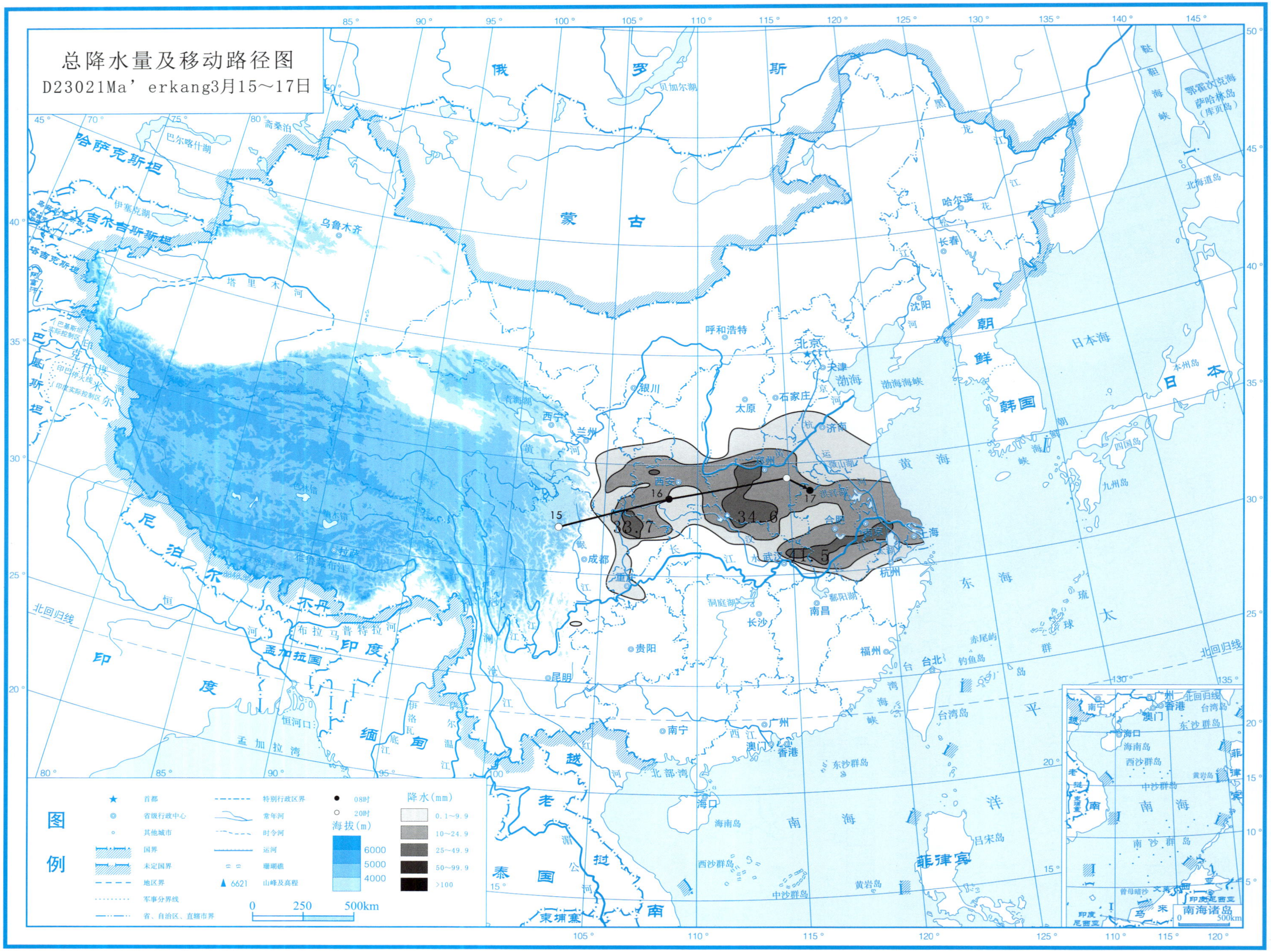
总降水量及移动路径图
D23021Ma’erkang3月15～17日
图例
首都
省级行政中心
其他城市
国界
未定国界
地区界
军事分界线
省、自治区、直辖市界
特别行政区界
常年河
时令河
运河
珊瑚礁
6621 山峰及高程
08时
20时
海拔(m)
6000
5000
4000
降水(mm)
0.1～9.9
10～24.9
25～49.9
50～99.9
>100
0 250 500km
33.7
34.6
41.5
15
16
17
南海诸岛

总降水日数图

3月15～17日

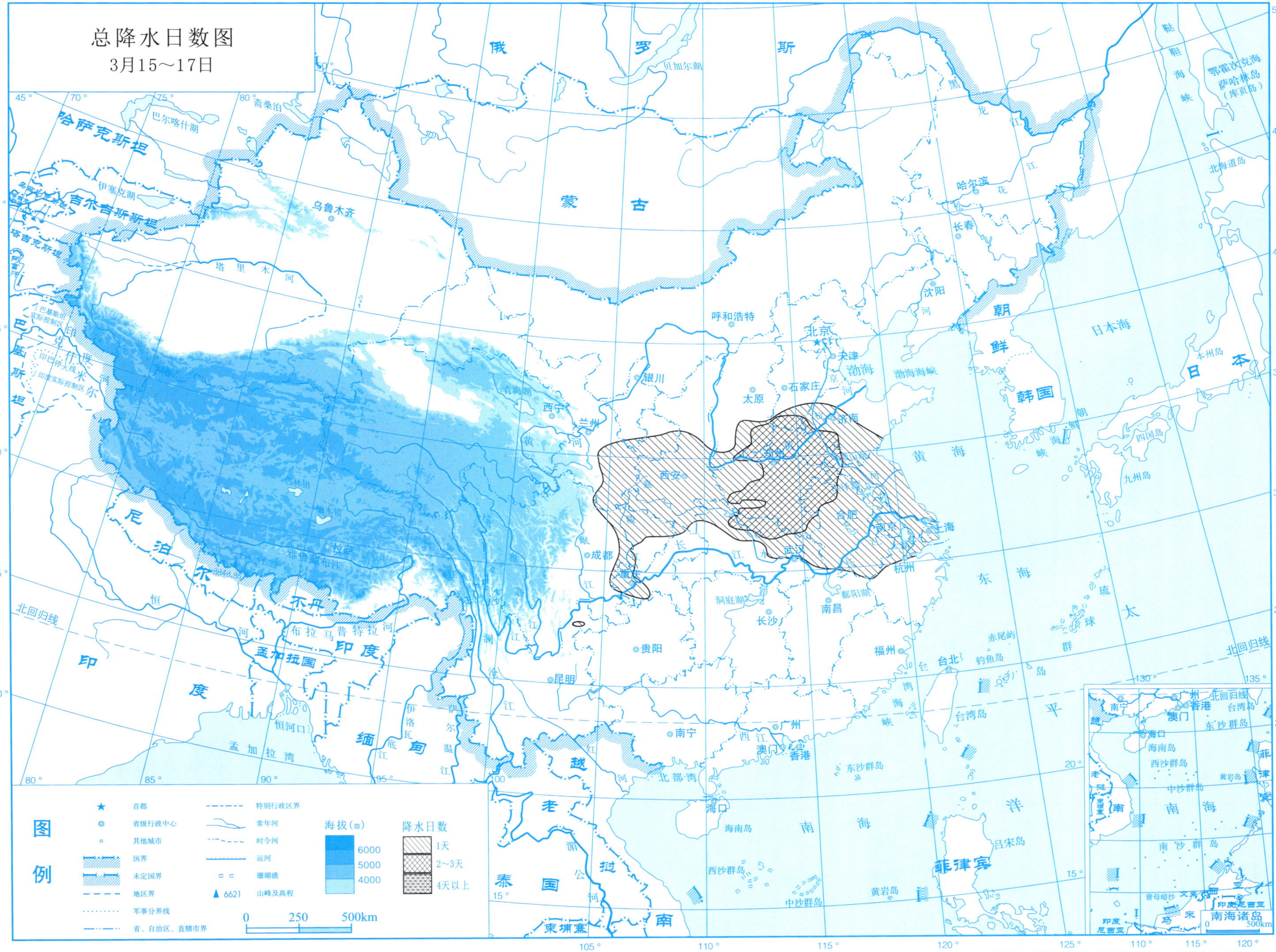

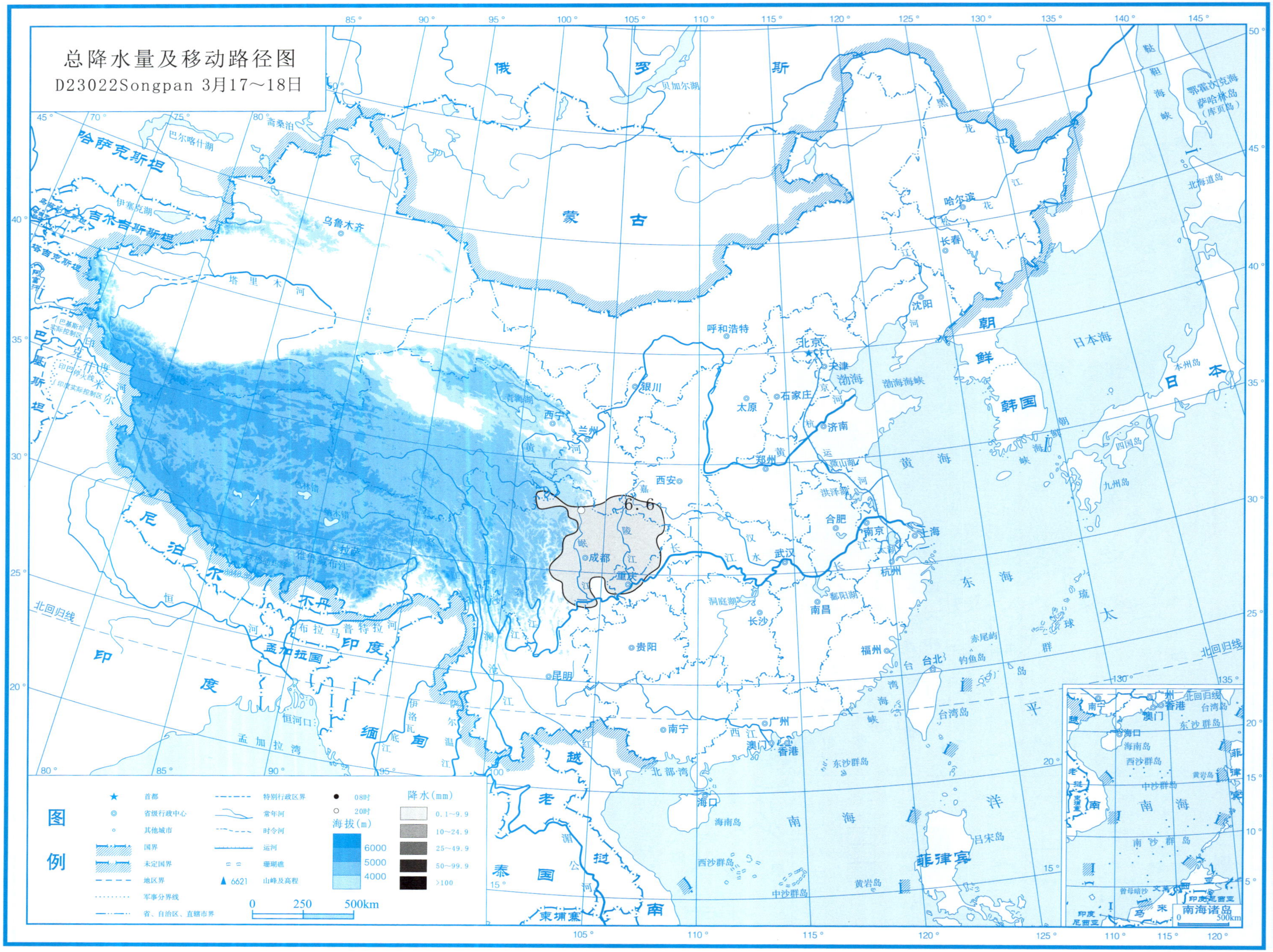
总降水量及移动路径图
D23022Songpan 3月17～18日
6.6
图例
首都
省级行政中心
其他城市
国界
未定国界
地区界
军事分界线
省、自治区、直辖市界
特别行政区界
常年河
时令河
运河
珊瑚礁
6621 山峰及高程
08时
20时
海拔(m)
6000
5000
4000
降水(mm)
0.1～9.9
10～24.9
25～49.9
50～99.9
>100
0 250 500km
南海诸岛

总降水日数图

3月17～18日

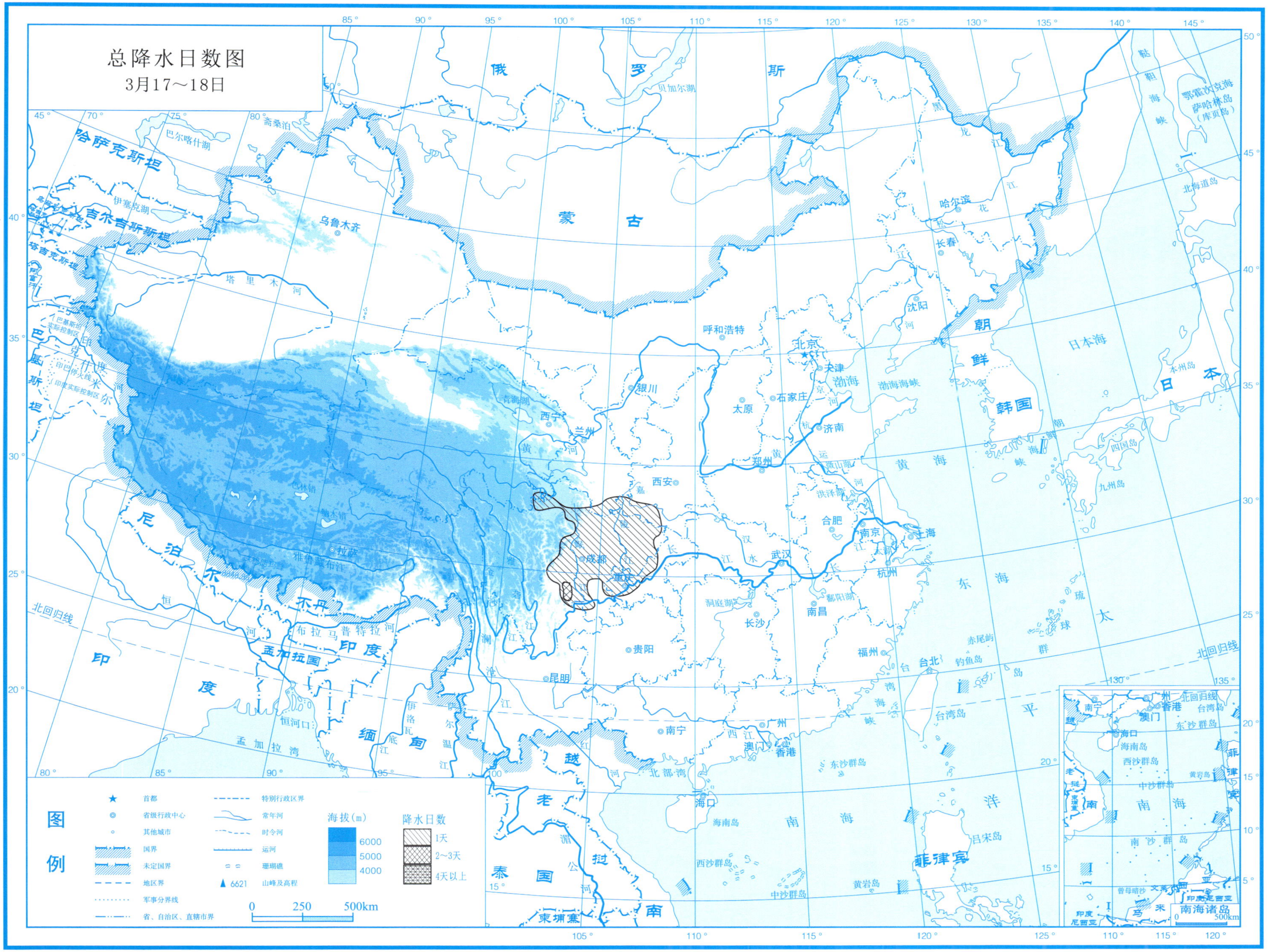

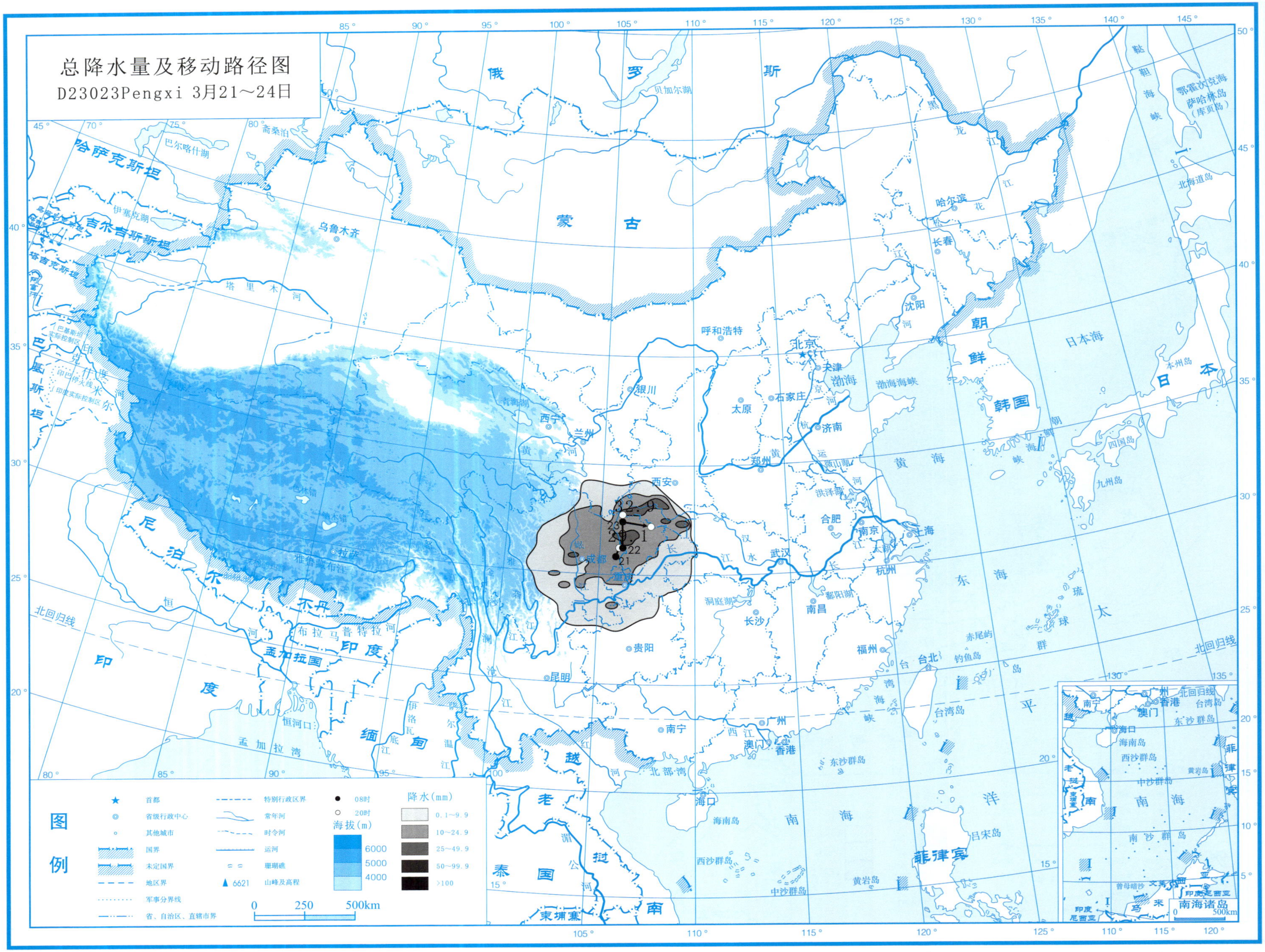

总降水量及移动路径图

D23023Pengxi 3月21～24日

总降水日数图

3月21～24日

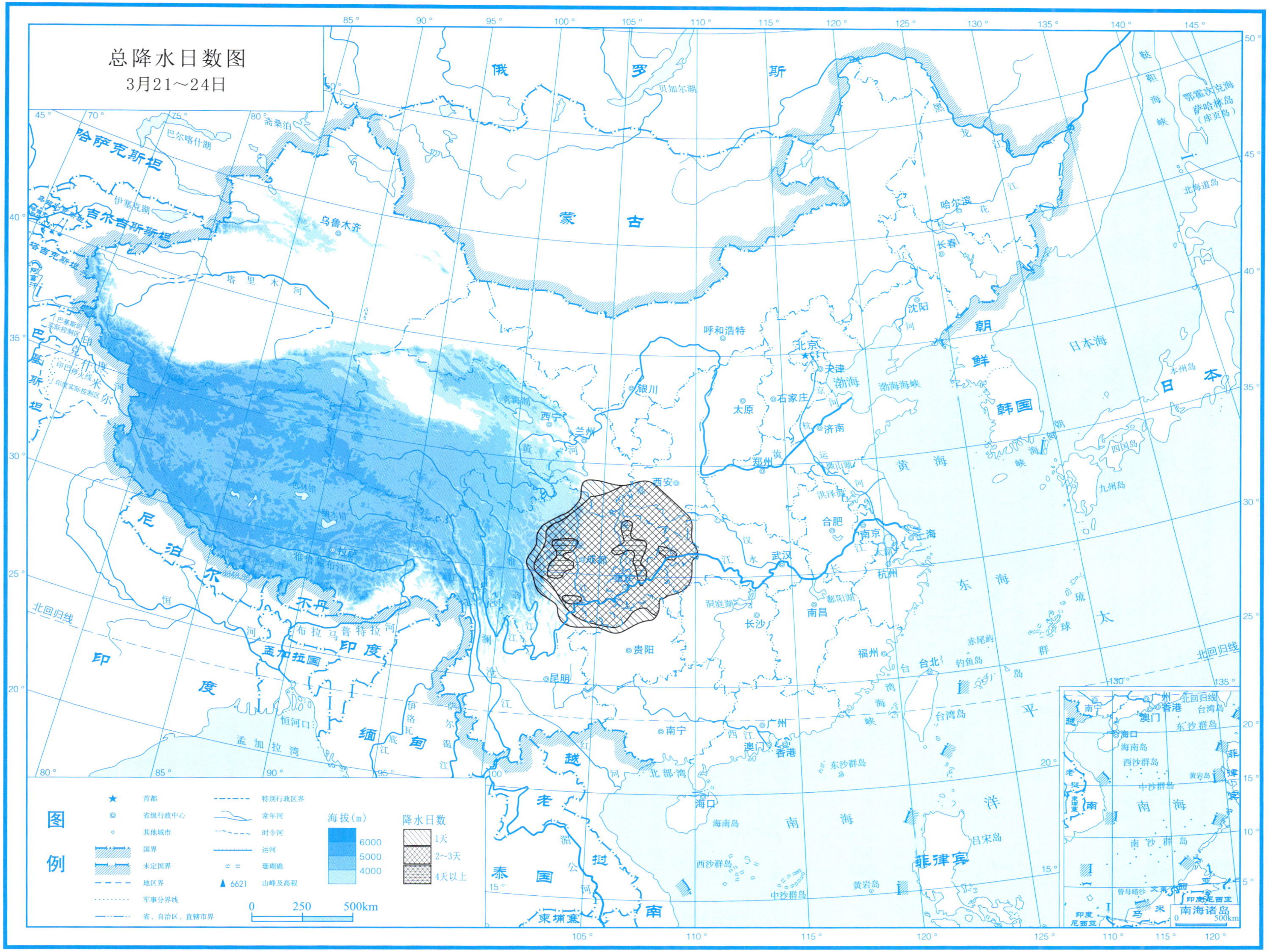

总降水量及移动路径图

D23024Wanzhou 3月26～27日

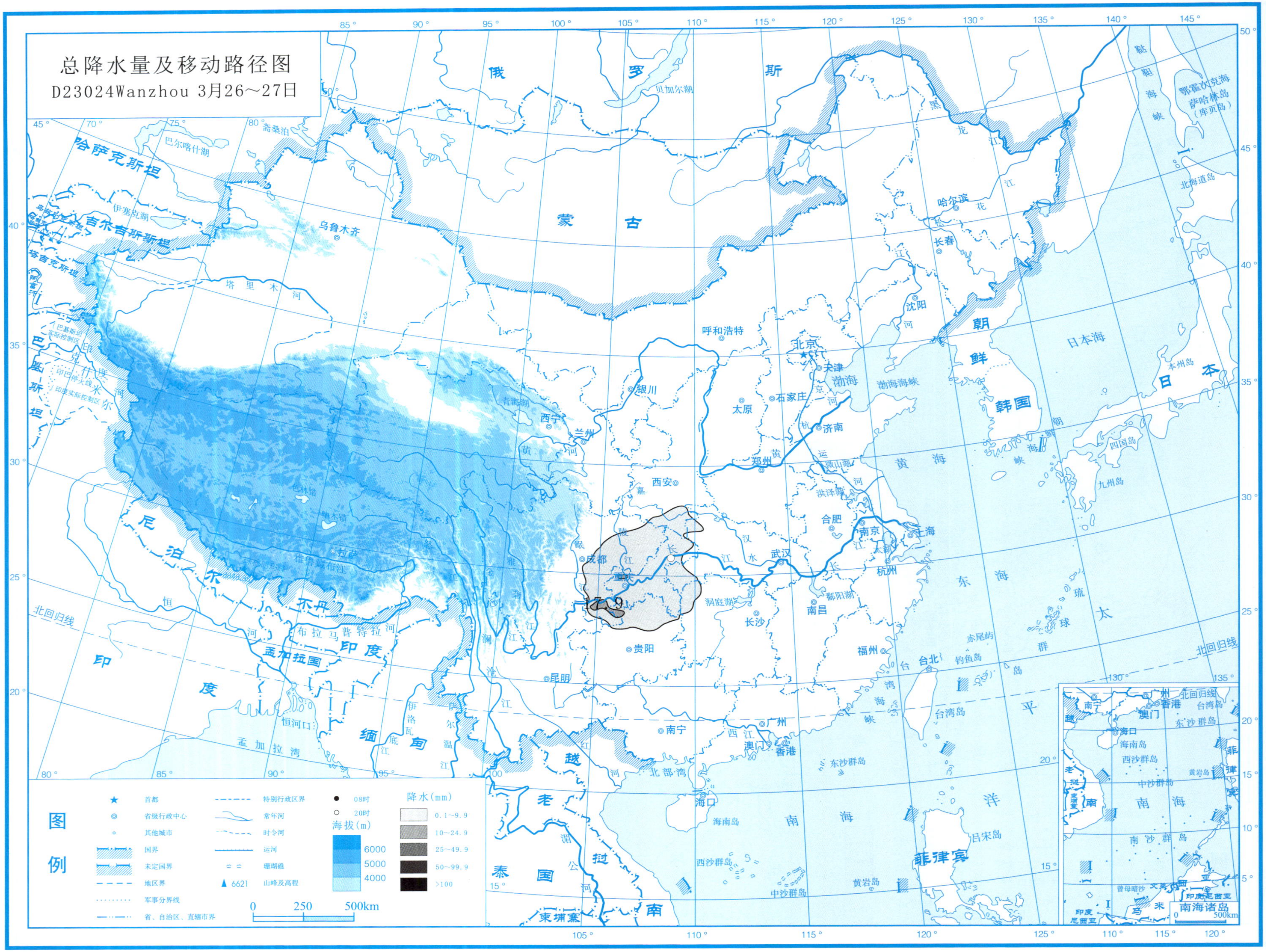

总降水日数图

3月26~27日

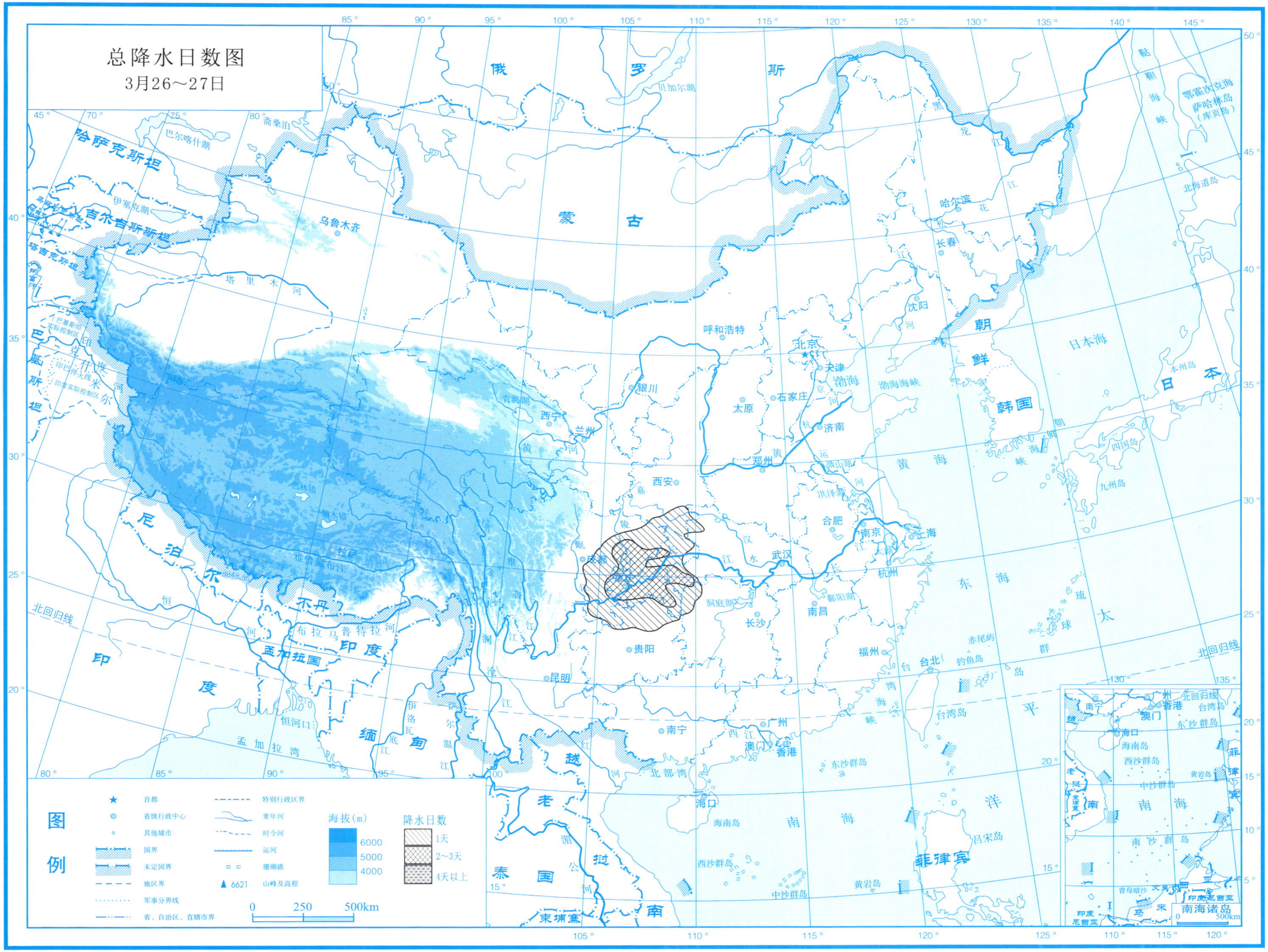

总降水量及移动路径图

D23025Anyue 3月27～30日

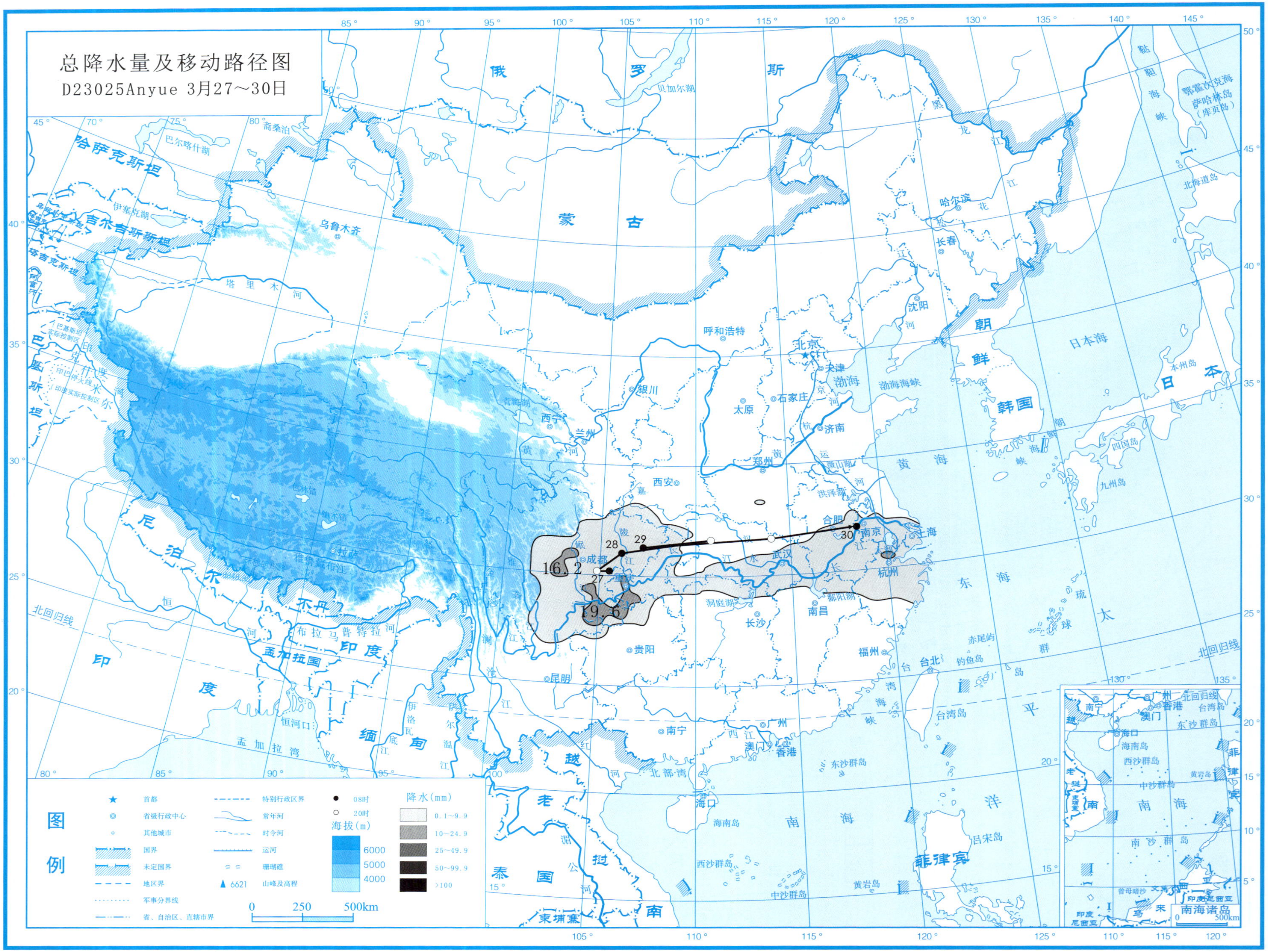

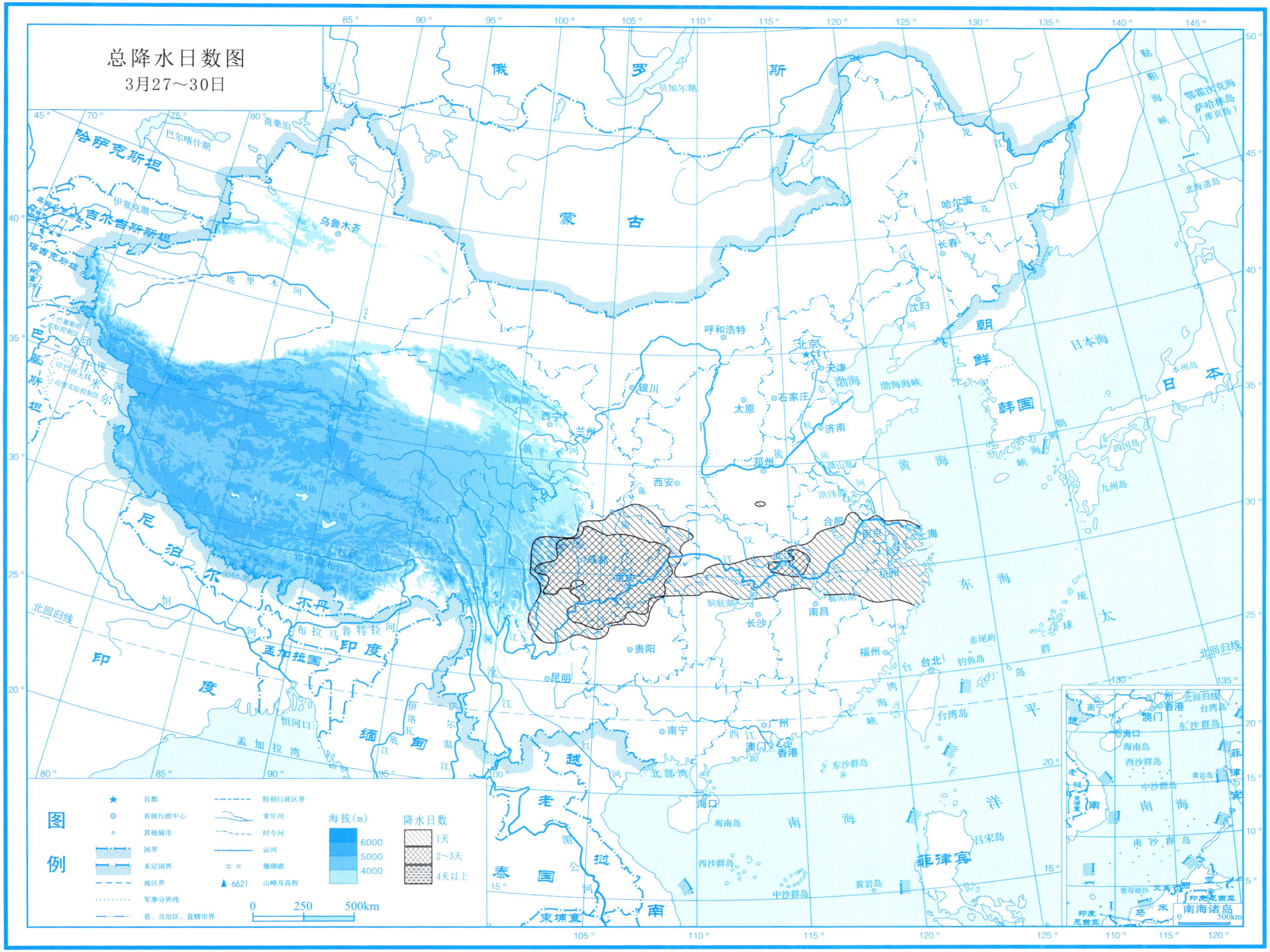
总降水日数图
3月27～30日
图
例
首都
省级行政中心
其他城市
国界
未定国界
地区界
军事分界线
省、自治区、直辖市界
特别行政区界
常年河
时令河
运河
珊瑚礁
6621 山峰及高程
海拔(m)
6000
5000
4000
降水日数
1天
2~3天
4天以上
0 250 500km
俄 罗 斯
蒙 古
哈萨克斯坦
吉尔吉斯斯坦
塔吉克斯坦
巴基斯坦
尼泊尔
不丹
印度
孟加拉国
缅甸
老挝
泰国
越南
柬埔寨
朝鲜
韩国
日本
菲律宾
乌鲁木齐
拉萨
西宁
兰州
银川
呼和浩特
北京
天津
石家庄
太原
济南
郑州
西安
成都
重庆
武汉
合肥
南京
上海
杭州
南昌
长沙
贵阳
昆明
南宁
广州
福州
台北
香港
澳门
海口
哈尔滨
长春
沈阳
渤海
黄海
东海
南海
日本海
太平洋
北回归线
南海诸岛

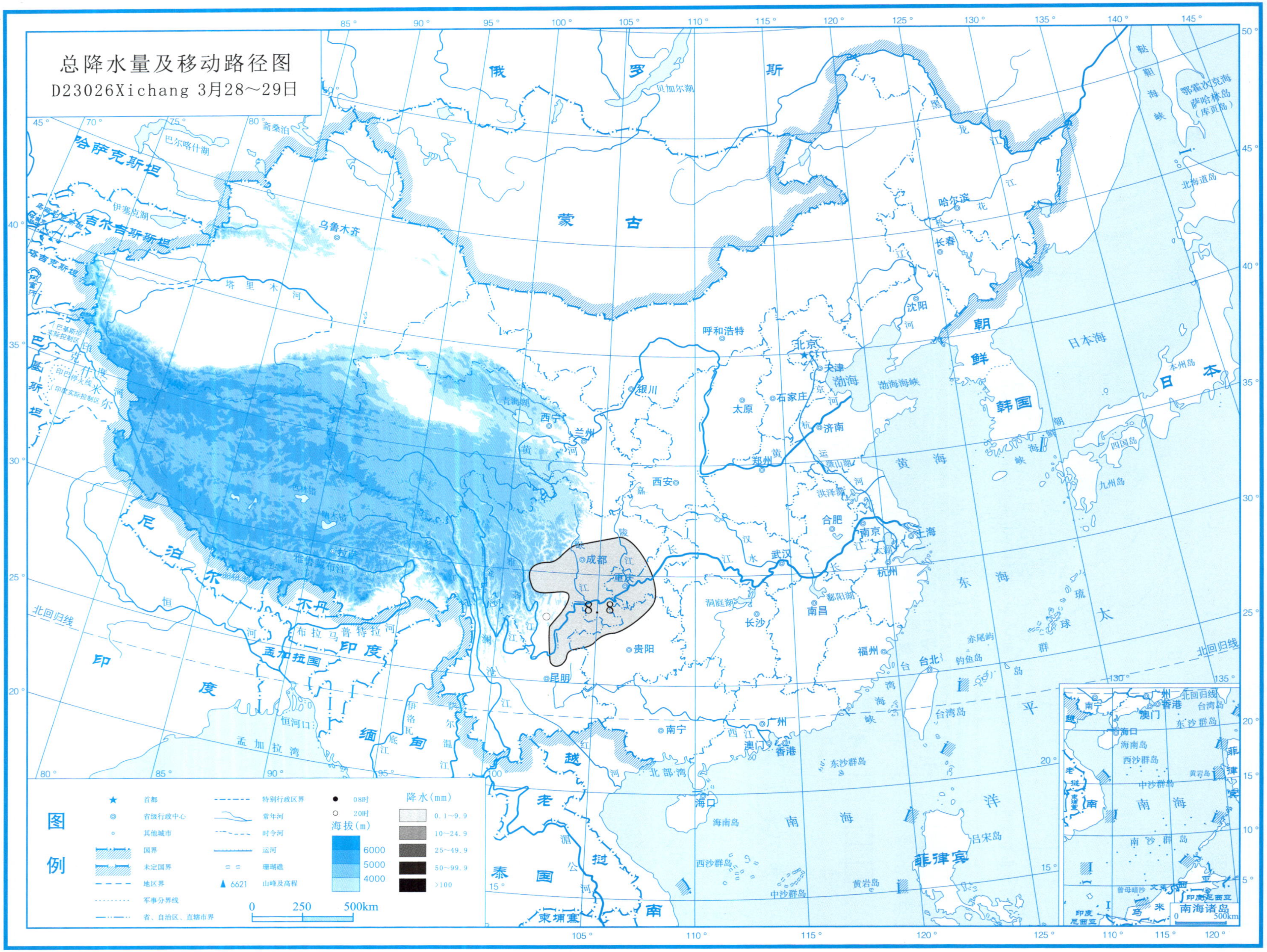
总降水量及移动路径图
D23026Xichang 3月28～29日
8.8
图例
首都
省级行政中心
其他城市
国界
未定国界
地区界
军事分界线
省、自治区、直辖市界
特别行政区界
常年河
时令河
运河
珊瑚礁
6621 山峰及高程
08时
20时
海拔(m)
6000
5000
4000
降水(mm)
0.1～9.9
10～24.9
25～49.9
50～99.9
>100
0 250 500km
俄 罗 斯
蒙 古
哈萨克斯坦
吉尔吉斯斯坦
塔吉克斯坦
巴基斯坦
尼泊尔
不丹
孟加拉国
印度
缅甸
老挝
越南
泰国
柬埔寨
菲律宾
朝鲜
韩国
日本
北京
天津
石家庄
太原
呼和浩特
沈阳
长春
哈尔滨
济南
郑州
西安
银川
兰州
西宁
乌鲁木齐
拉萨
成都
重庆
贵阳
昆明
南宁
广州
香港
澳门
海口
长沙
武汉
南昌
合肥
南京
上海
杭州
福州
台北
黄海
东海
渤海
日本海
南海
太平洋
南海诸岛

总降水日数图
3月28～29日

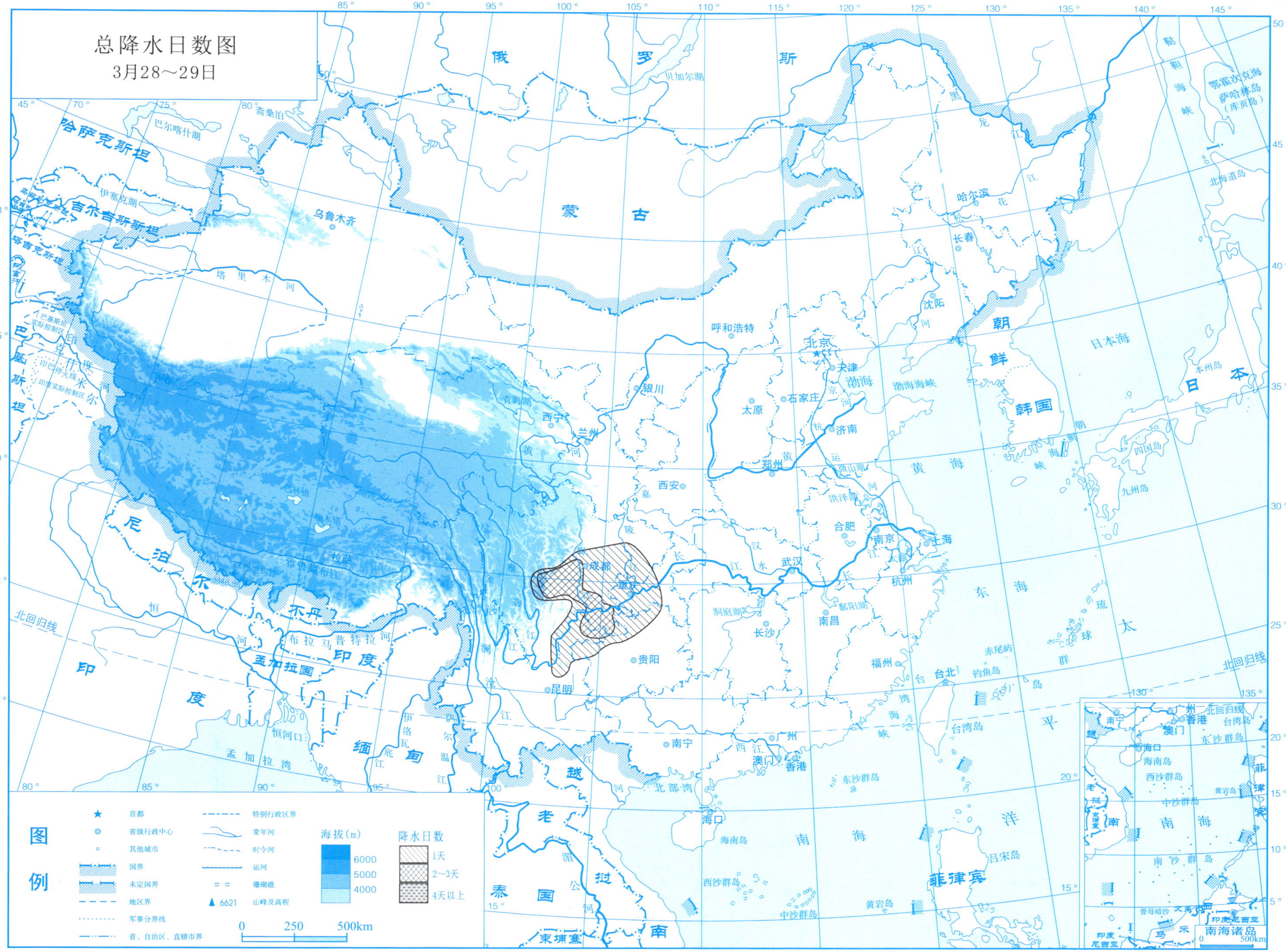

总降水量及移动路径图

D23027Yilong 4月5～6日

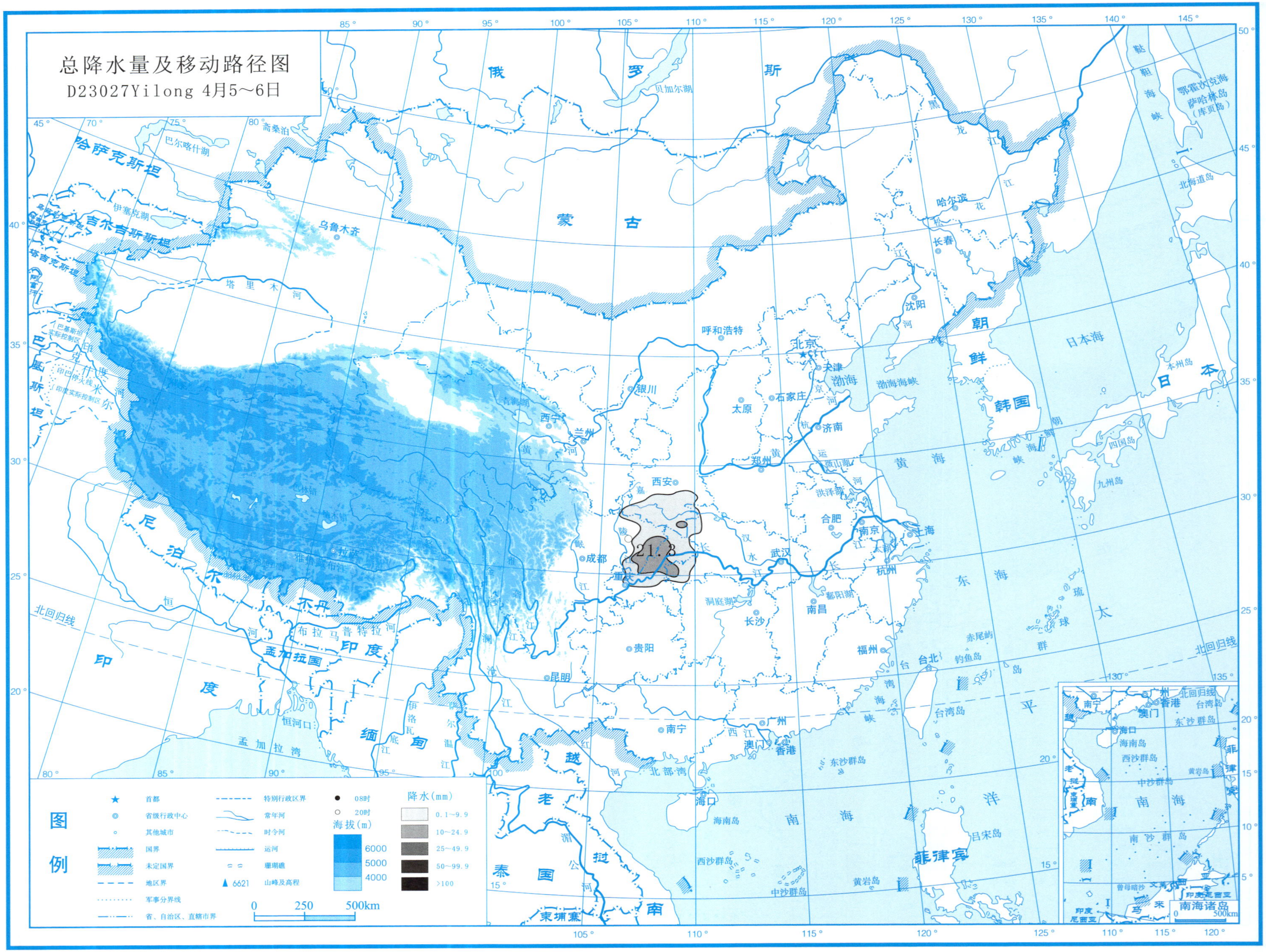

总降水日数图

4月5～6日

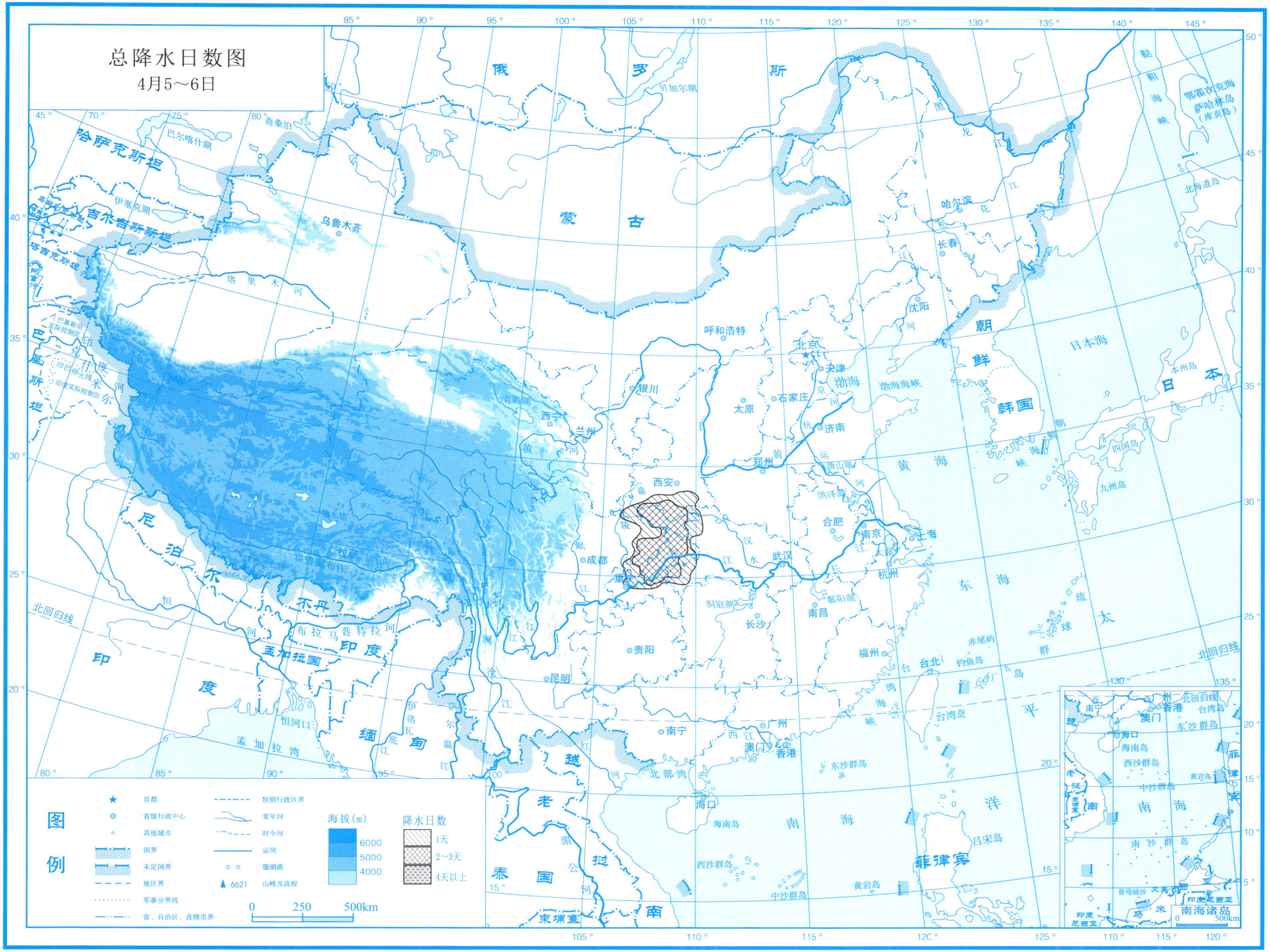

总降水量及移动路径图

D23028Songpan 4月7～8日

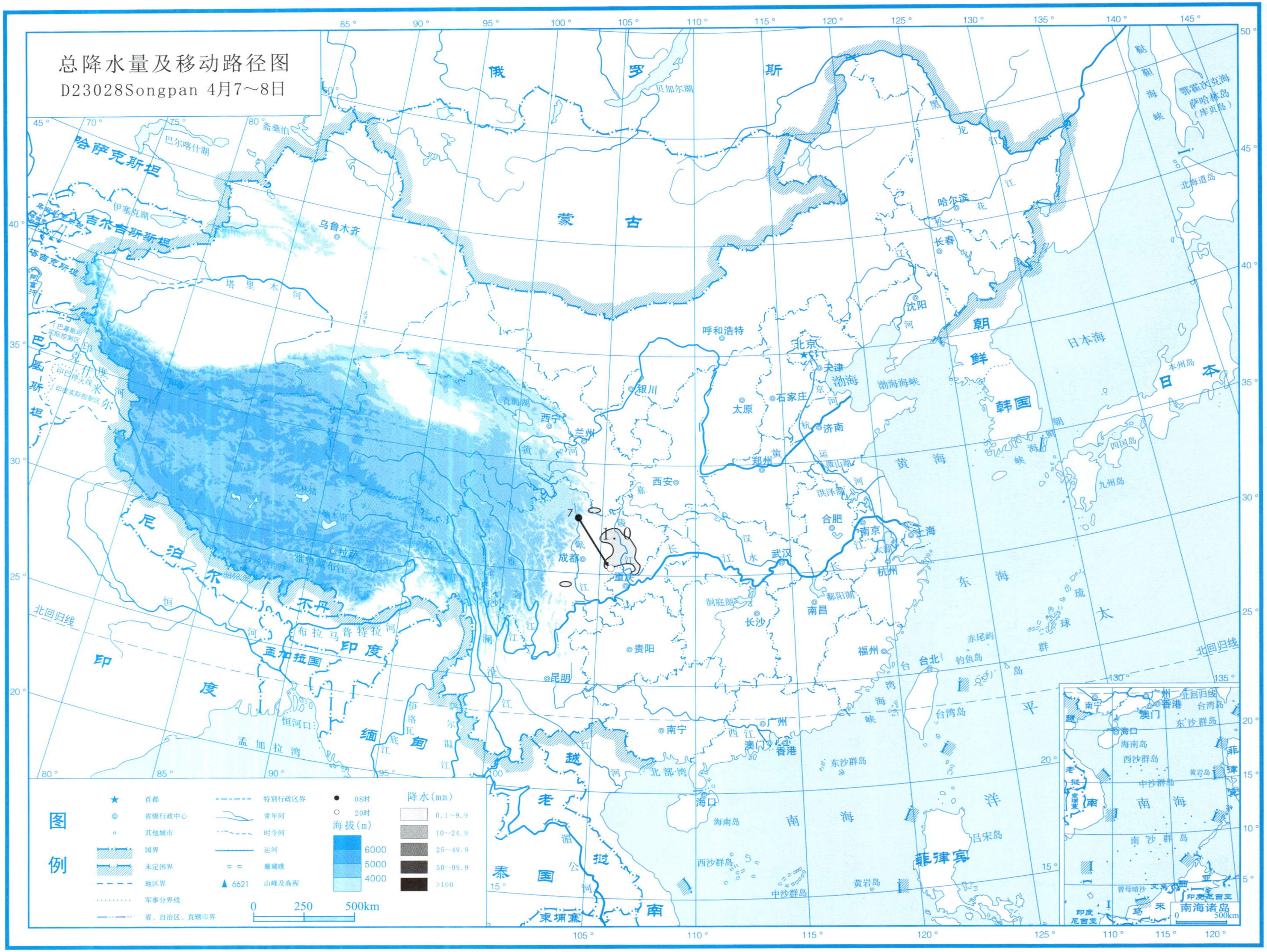

总降水日数图

4月7～8日

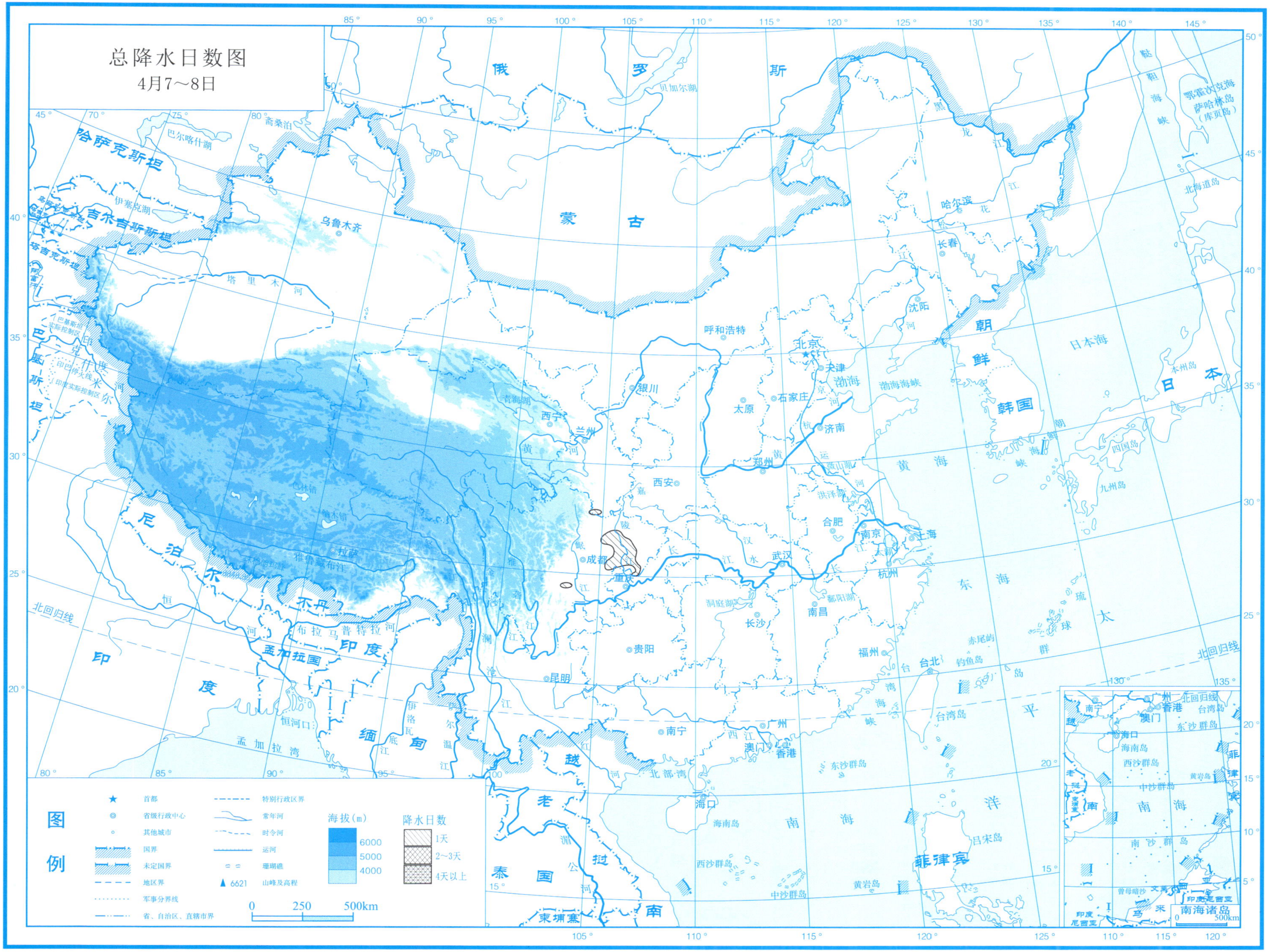

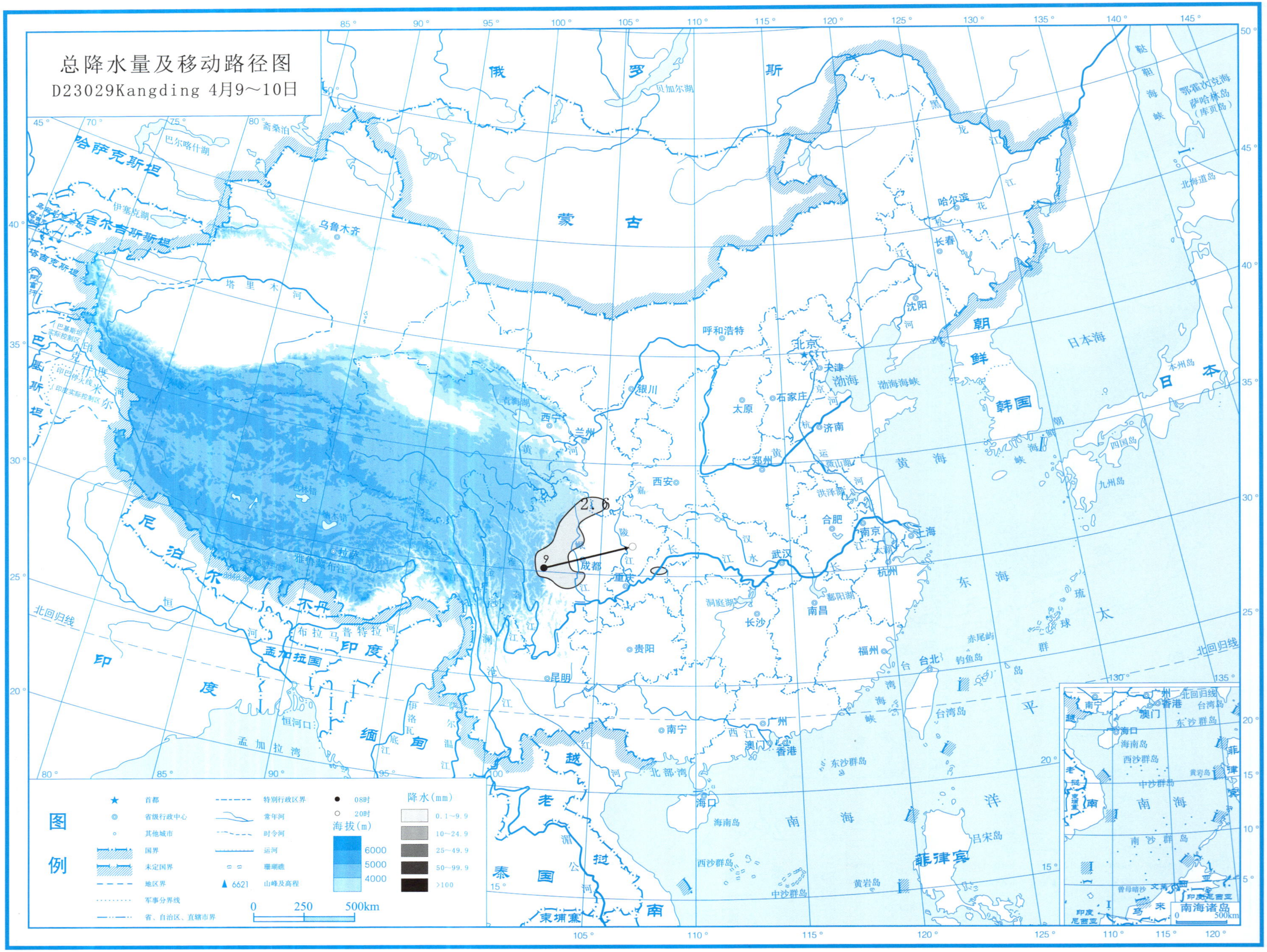

总降水量及移动路径图
D23029Kangding 4月9～10日
图例
首都
省级行政中心
其他城市
国界
未定国界
地区界
军事分界线
省、自治区、直辖市界
特别行政区界
常年河
时令河
运河
珊瑚礁
6621 山峰及高程
08时
20时
海拔(m)
6000
5000
4000
降水(mm)
0.1～9.9
10～24.9
25～49.9
50～99.9
>100
0 250 500km

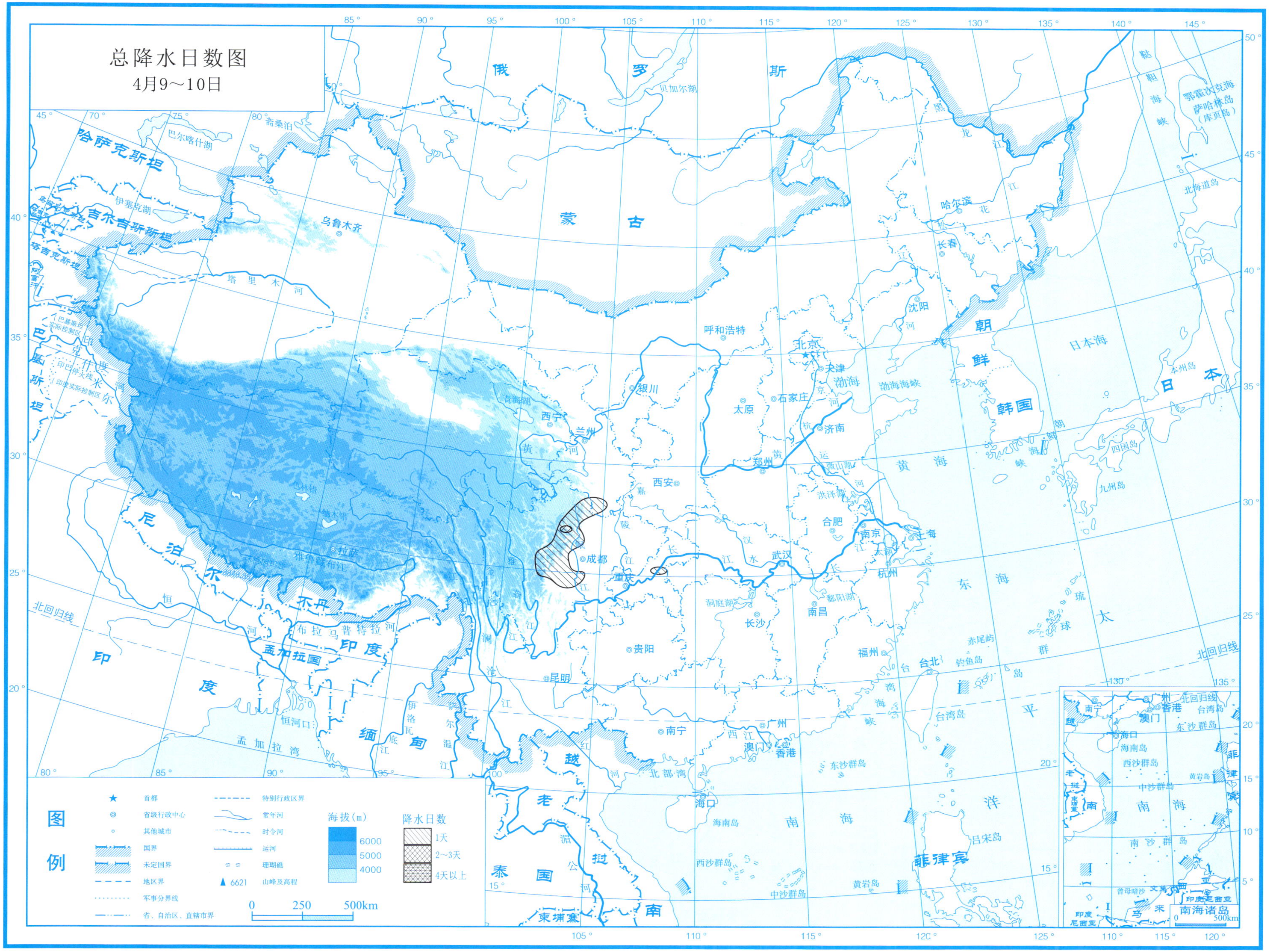
总降水日数图
4月9～10日
图例
首都
省级行政中心
其他城市
国界
未定国界
地区界
军事分界线
省、自治区、直辖市界
特别行政区界
常年河
时令河
运河
珊瑚礁
6621 山峰及高程
海拔（m）
6000
5000
4000
降水日数
1天
2～3天
4天以上
0 250 500km
俄罗斯
蒙古
哈萨克斯坦
吉尔吉斯斯坦
塔吉克斯坦
巴基斯坦
尼泊尔
不丹
孟加拉国
印度
缅甸
老挝
泰国
越南
柬埔寨
朝鲜
韩国
日本
菲律宾
北京
天津
石家庄
太原
呼和浩特
沈阳
长春
哈尔滨
济南
郑州
合肥
南京
上海
杭州
武汉
南昌
长沙
福州
台北
广州
香港
澳门
南宁
海口
贵阳
昆明
重庆
成都
西安
兰州
西宁
银川
乌鲁木齐
拉萨
渤海
黄海
东海
南海
日本海
太平洋
南海诸岛
北回归线

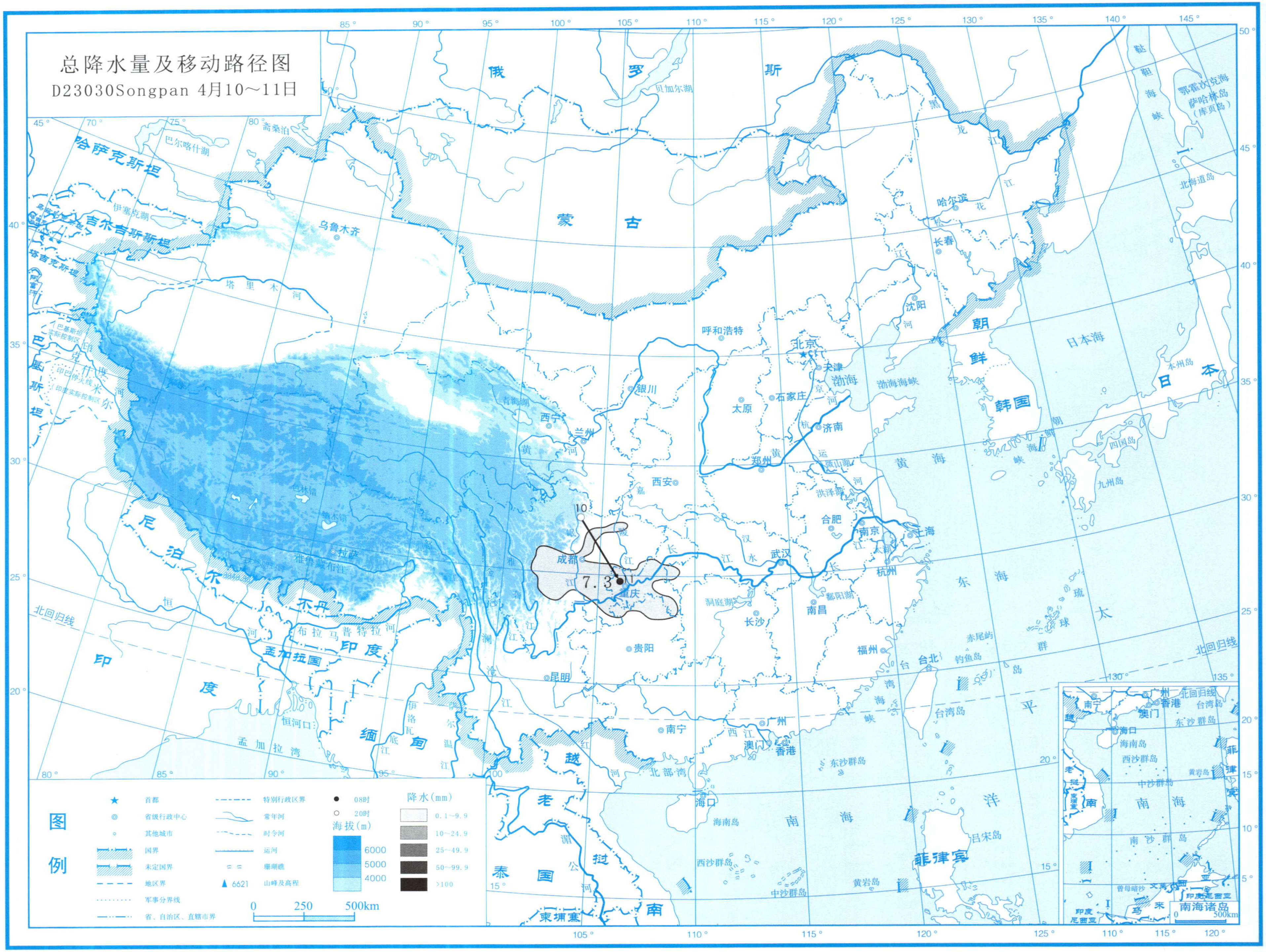

总降水量及移动路径图
D23030Songpan 4月10～11日

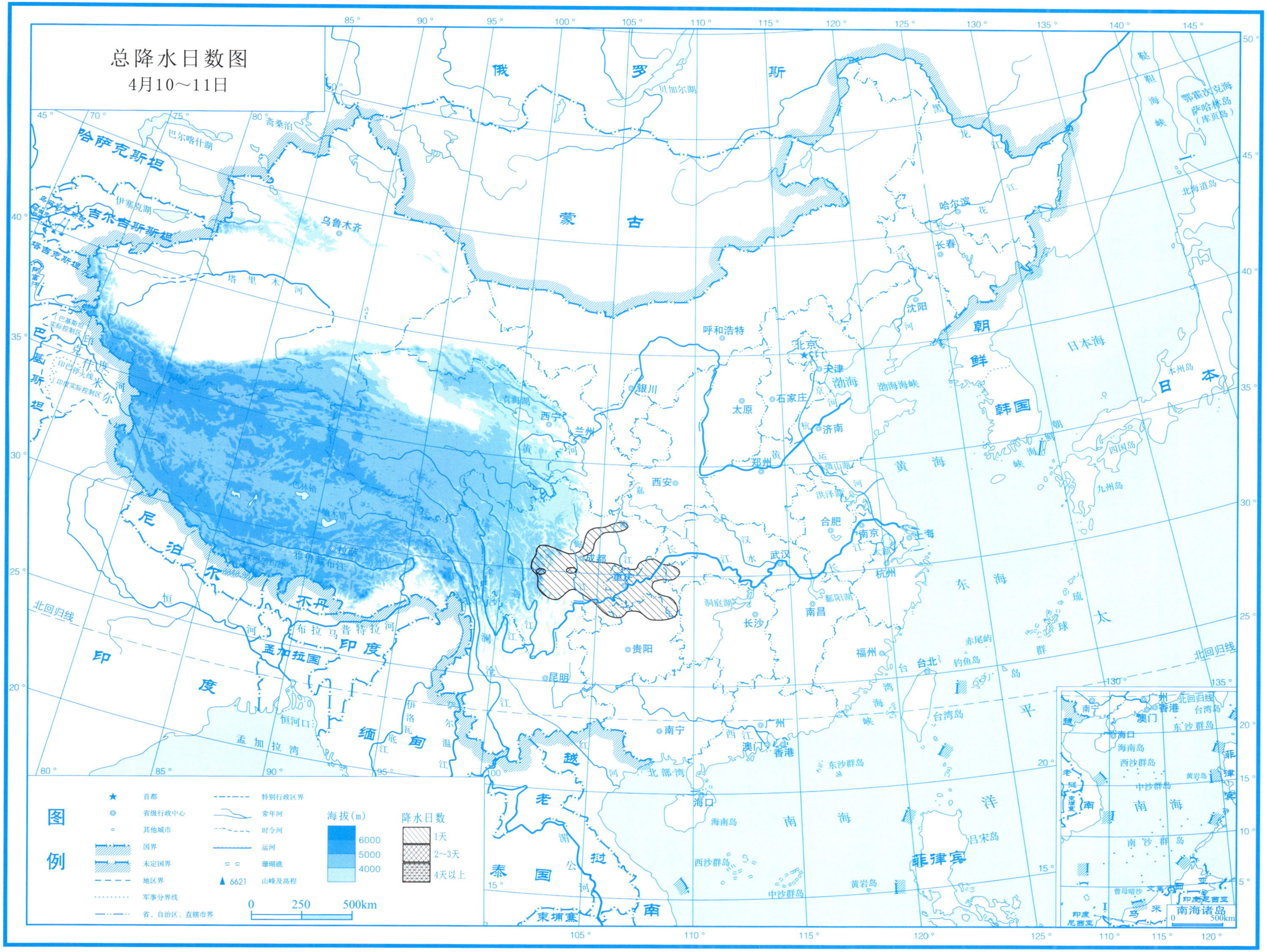
总降水日数图
4月10～11日
图例
首都
省级行政中心
其他城市
国界
未定国界
地区界
军事分界线
省、自治区、直辖市界
特别行政区界
常年河
时令河
运河
珊瑚礁
6621 山峰及高程
海拔（m）
6000
5000
4000
降水日数
1天
2～3天
4天以上
0 250 500km
俄 罗 斯
蒙 古
哈萨克斯坦
吉尔吉斯斯坦
塔吉克斯坦
巴基斯坦
尼泊尔
不丹
孟加拉国
印度
缅甸
老挝
泰国
越南
柬埔寨
朝鲜
韩国
日本
菲律宾
日本海
黄海
东海
渤海
南海
太平洋
北京
天津
石家庄
太原
呼和浩特
沈阳
长春
哈尔滨
济南
郑州
西安
银川
兰州
西宁
乌鲁木齐
成都
重庆
武汉
合肥
南京
上海
杭州
南昌
长沙
贵阳
昆明
南宁
广州
福州
台北
香港
澳门
海口
南海诸岛
北回归线

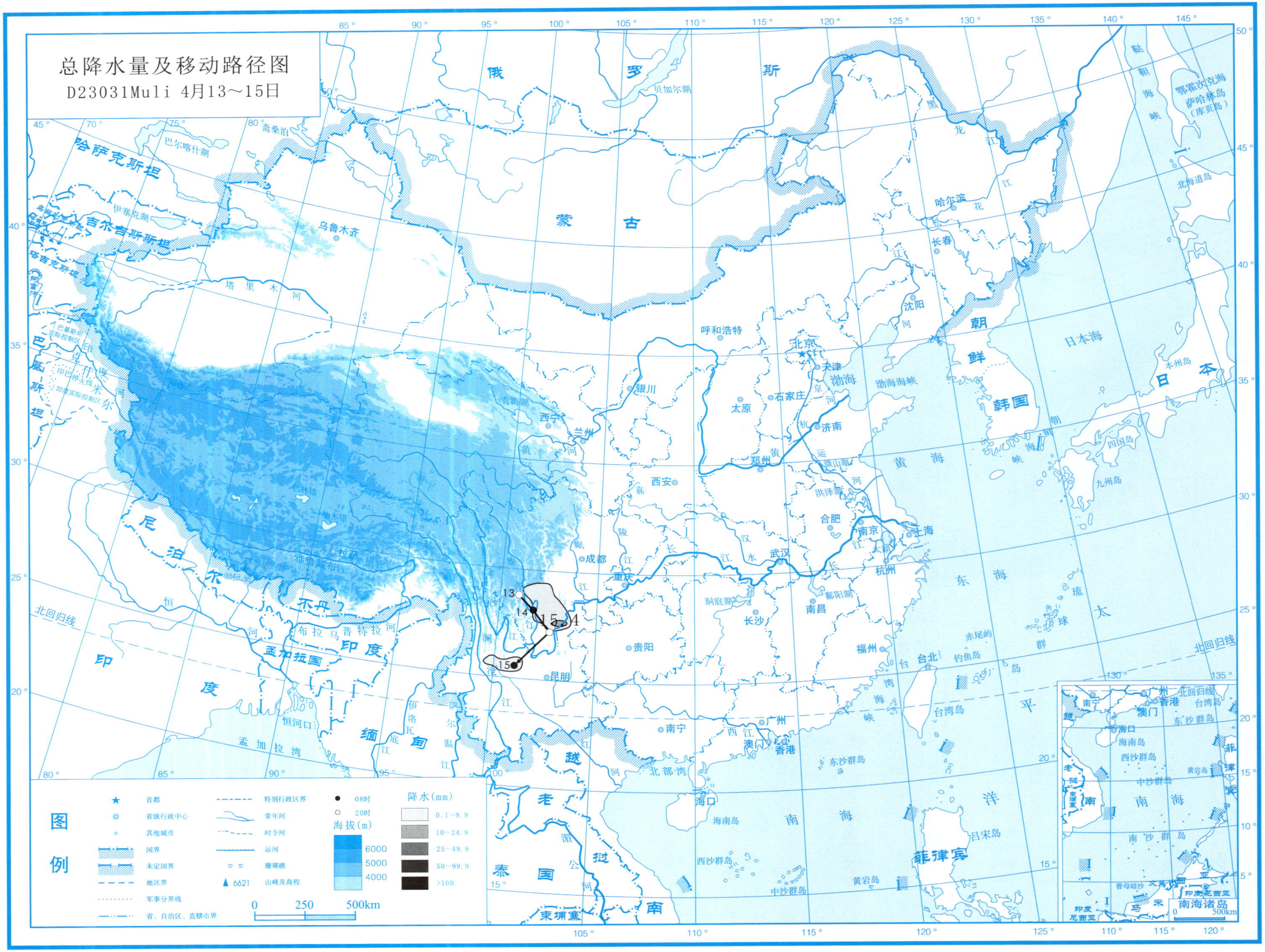
总降水量及移动路径图
D23031Muli 4月13～15日
图例
首都
省级行政中心
其他城市
国界
未定国界
地区界
军事分界线
省、自治区、直辖市界
特别行政区界
常年河
时令河
运河
珊瑚礁
6621 山峰及高程
08时
20时
海拔(m)
6000
5000
4000
降水(mm)
0.1～9.9
10～24.9
25～49.9
50～99.9
>100
0 250 500km
13
14
15
15
南海诸岛

总降水日数图
4月13～15日

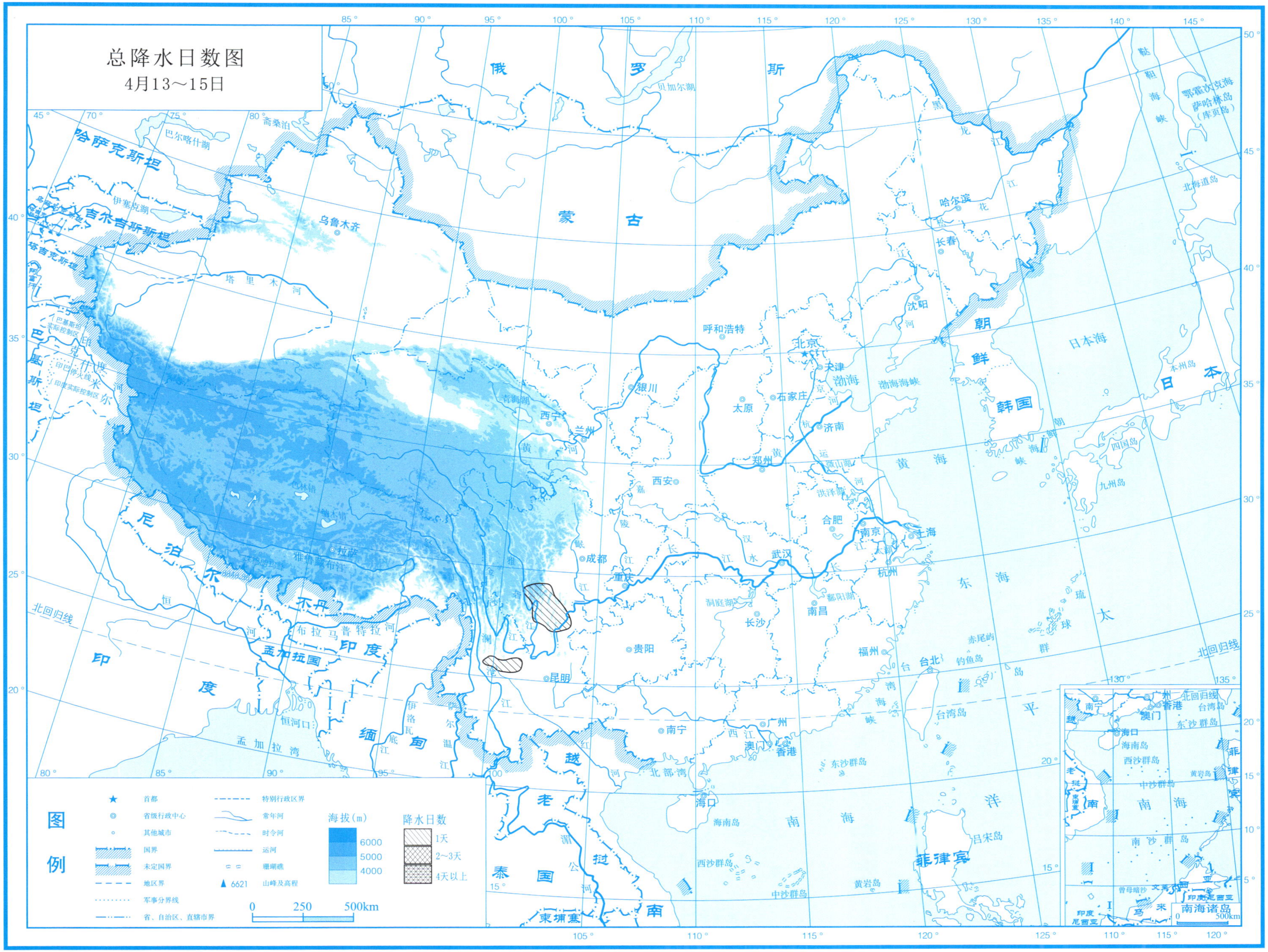

总降水量及移动路径图

D23032Hanyuan 4月20～21日

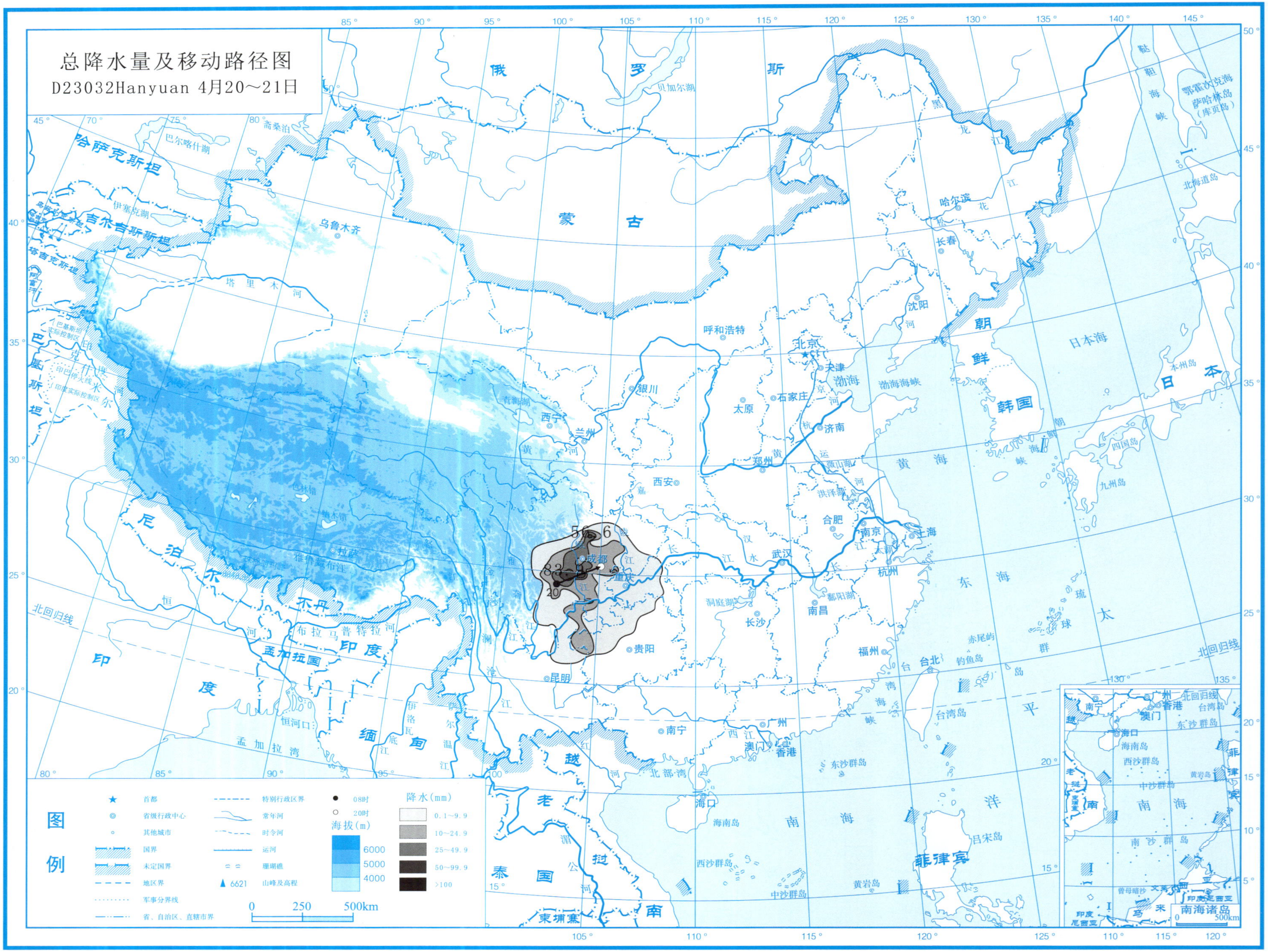

总降水日数图

4月20～21日

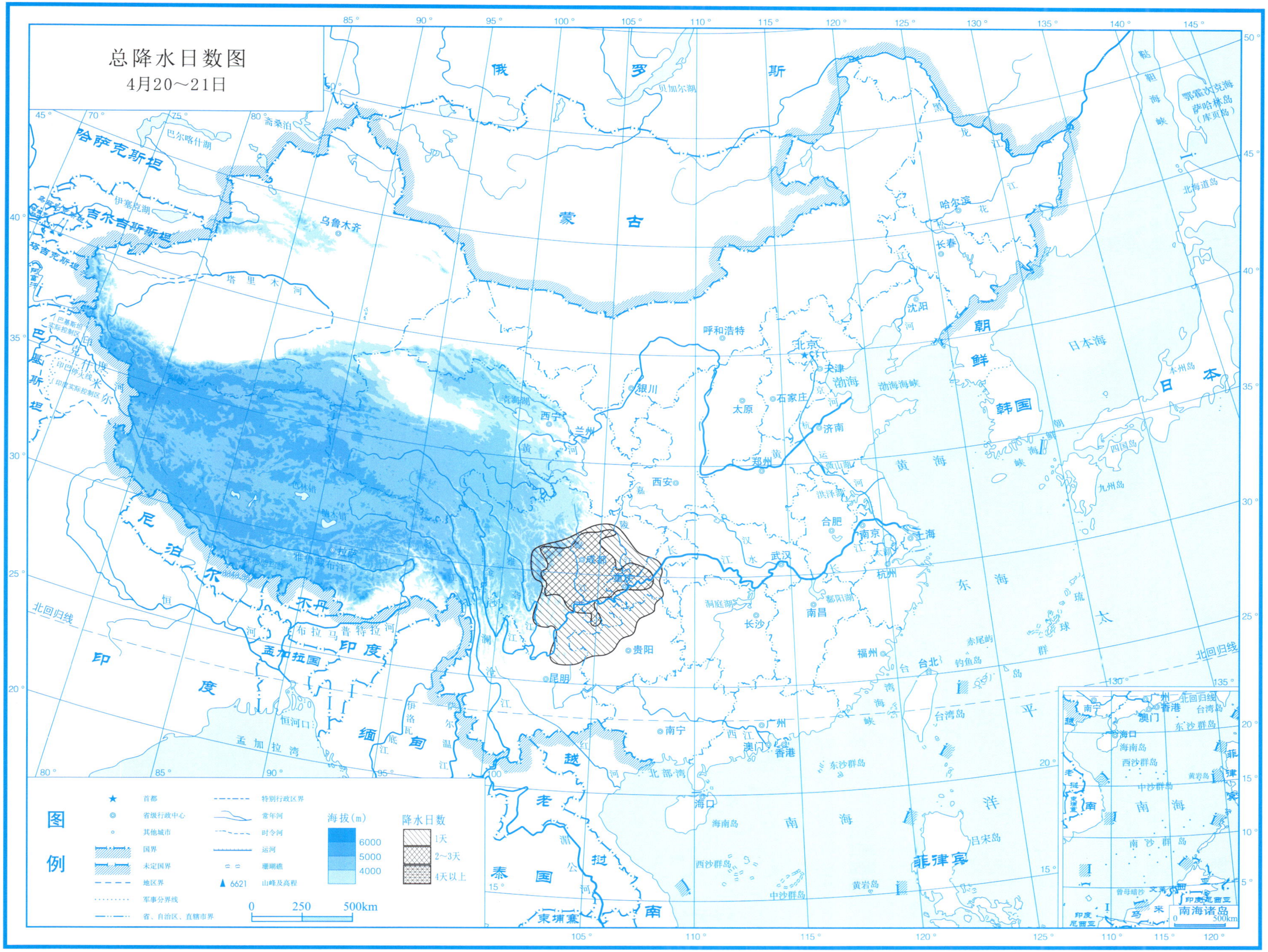

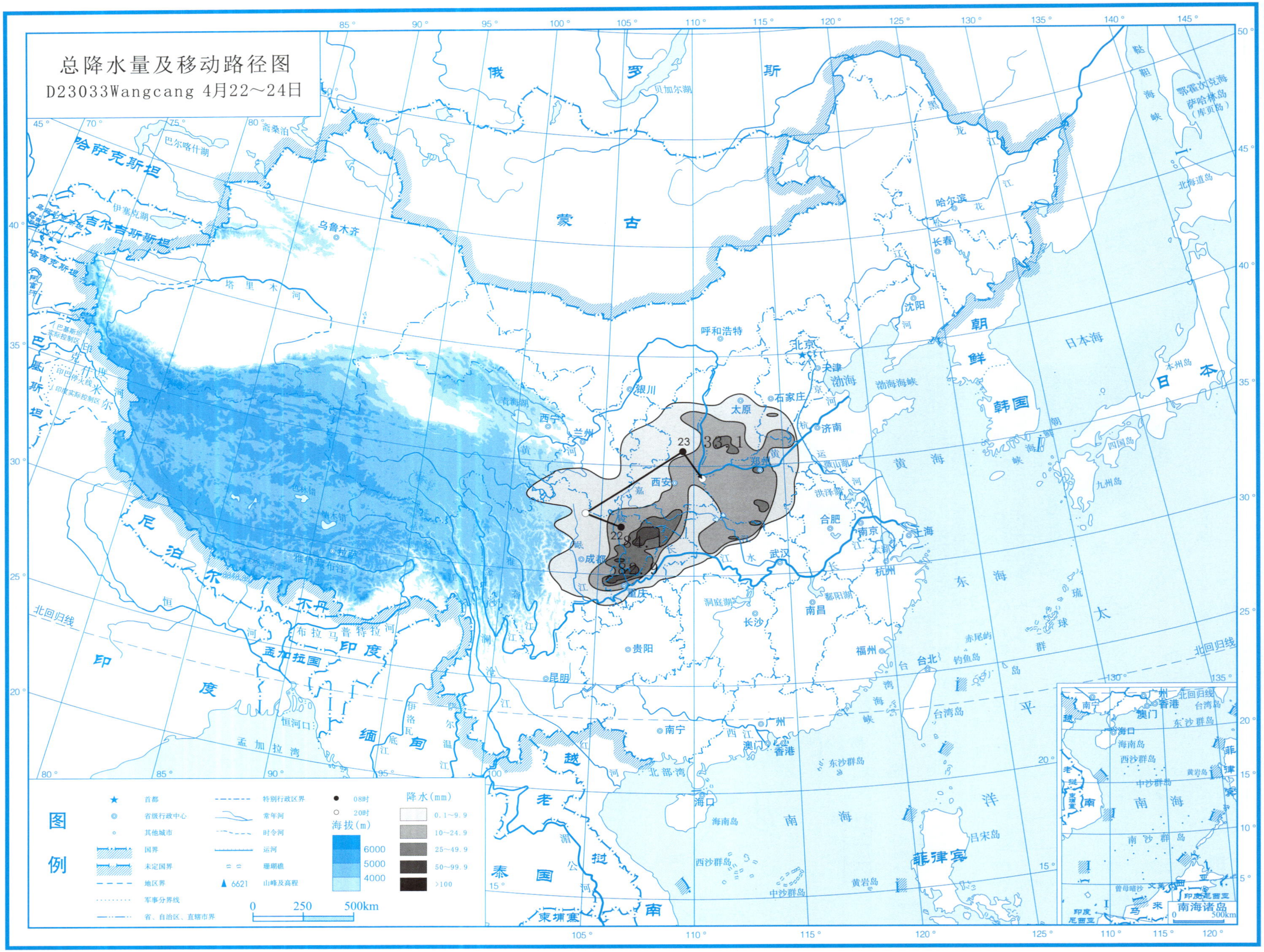
总降水量及移动路径图
D23033Wangcang 4月22～24日
23
22
33.1
84.1
82.9
俄 罗 斯
蒙 古
哈萨克斯坦
吉尔吉斯斯坦
塔吉克斯坦
尼 泊 尔
不丹
印 度
孟加拉国
缅 甸
越 南
老 挝
泰 国
柬埔寨
菲律宾
朝 鲜
韩国
日 本
乌鲁木齐
呼和浩特
北京
天津
石家庄
太原
济南
银川
西宁
兰州
西安
郑州
成都
重庆
武汉
合肥
南京
上海
杭州
南昌
长沙
贵阳
昆明
南宁
广州
福州
台北
香港
澳门
海口
拉萨
沈阳
长春
哈尔滨
渤海
黄 海
东 海
南 海
日本海
太 平 洋
北回归线
图 例
首都
省级行政中心
其他城市
国界
未定国界
地区界
军事分界线
省、自治区、直辖市界
特别行政区界
常年河
时令河
运河
珊瑚礁
6621 山峰及高程
08时
20时
海拔(m)
6000
5000
4000
降水(mm)
0.1～9.9
10～24.9
25～49.9
50～99.9
>100
0 250 500km
南海诸岛

总降水日数图

4月22～24日

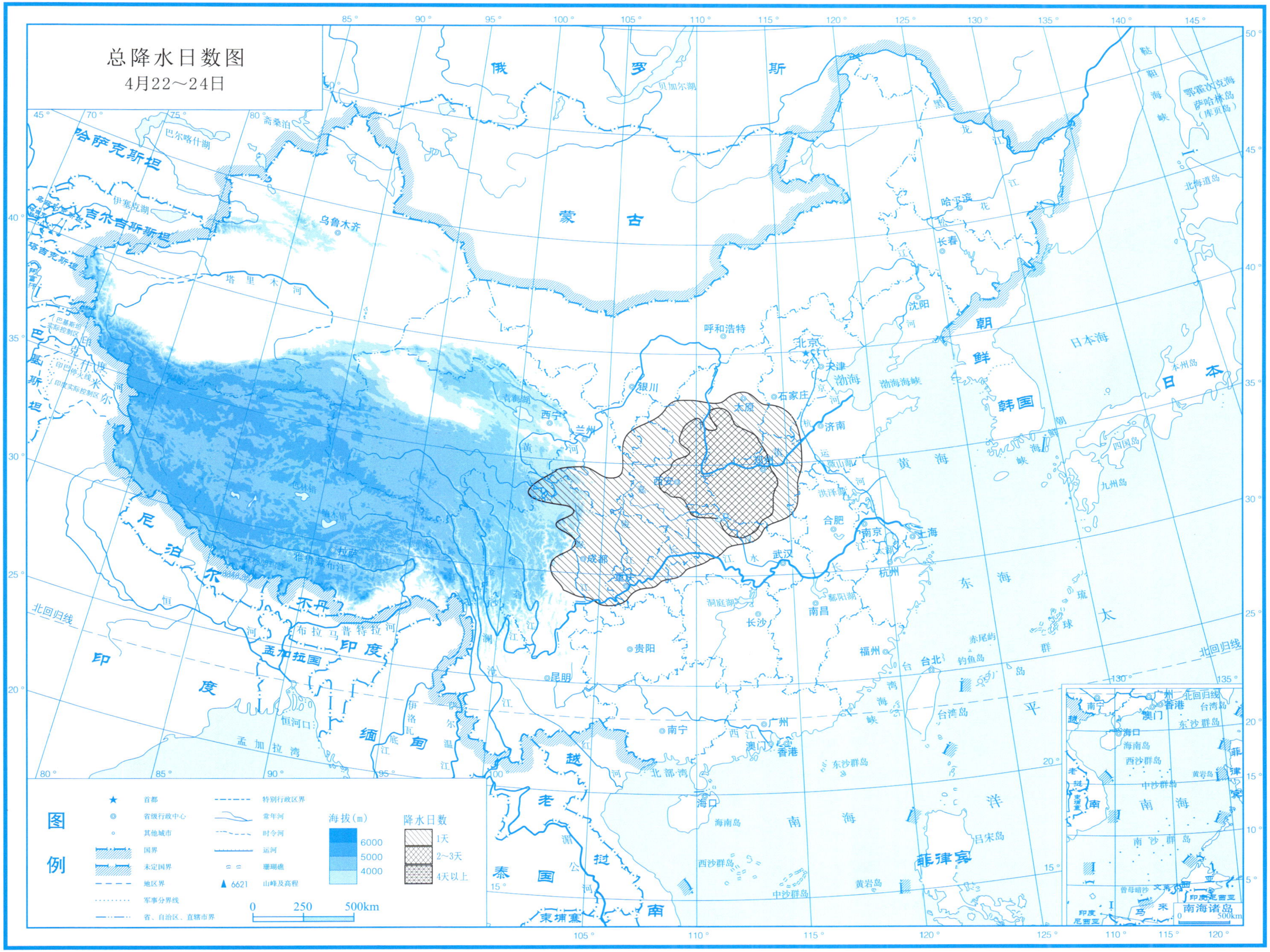

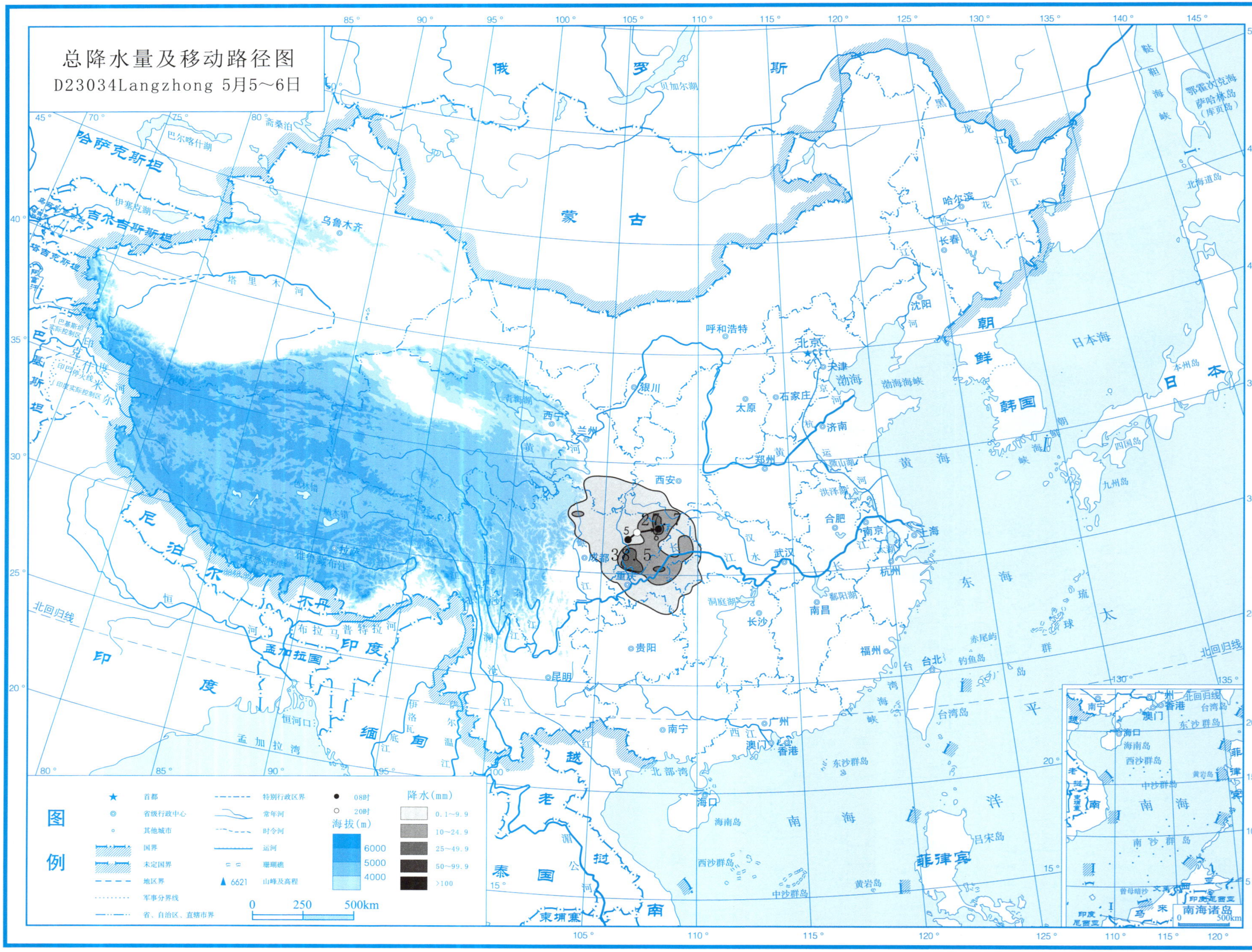
总降水量及移动路径图
D23034Langzhong 5月5～6日
图例
首都
省级行政中心
其他城市
国界
未定国界
地区界
军事分界线
省、自治区、直辖市界
特别行政区界
常年河
时令河
运河
珊瑚礁
6621 山峰及高程
08时
20时
海拔(m)
6000
5000
4000
降水(mm)
0.1～9.9
10～24.9
25～49.9
50～99.9
>100
0 250 500km
38.5
20.7
南海诸岛
俄 罗 斯
蒙 古
哈萨克斯坦
吉尔吉斯斯坦
塔吉克斯坦
印 度
尼 泊 尔
不丹
孟加拉国
缅 甸
老 挝
越 南
泰 国
柬埔寨
朝 鲜
韩国
日 本
菲律宾
北京
天津
石家庄
太原
呼和浩特
沈阳
长春
哈尔滨
济南
郑州
西安
银川
兰州
西宁
乌鲁木齐
拉萨
成都
重庆
贵阳
昆明
南宁
广州
长沙
武汉
南昌
合肥
南京
上海
杭州
福州
台北
海口
香港
澳门
渤海
黄 海
东 海
南 海
日本海
太 平 洋
北回归线

总降水日数图

5月5～6日

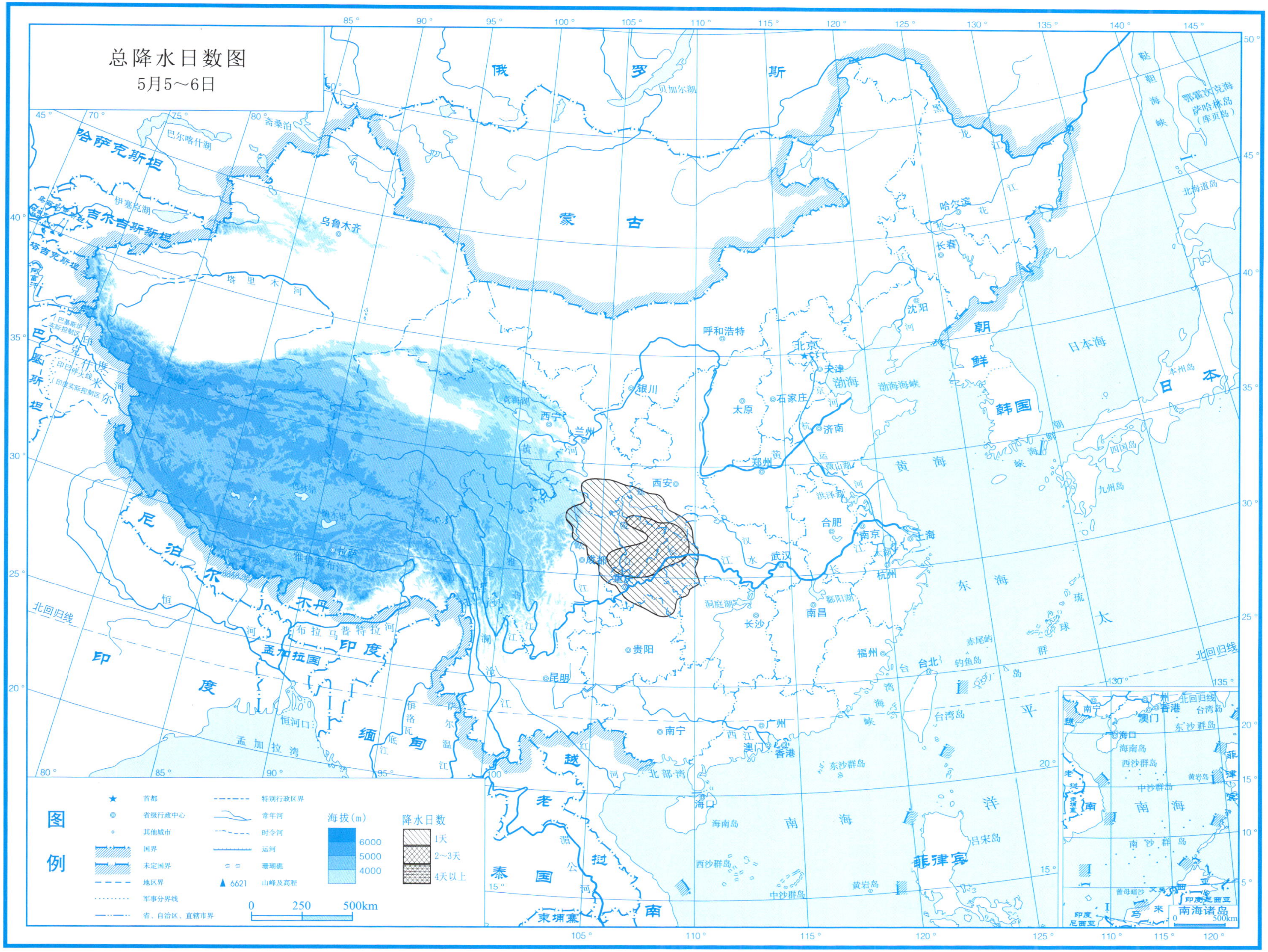

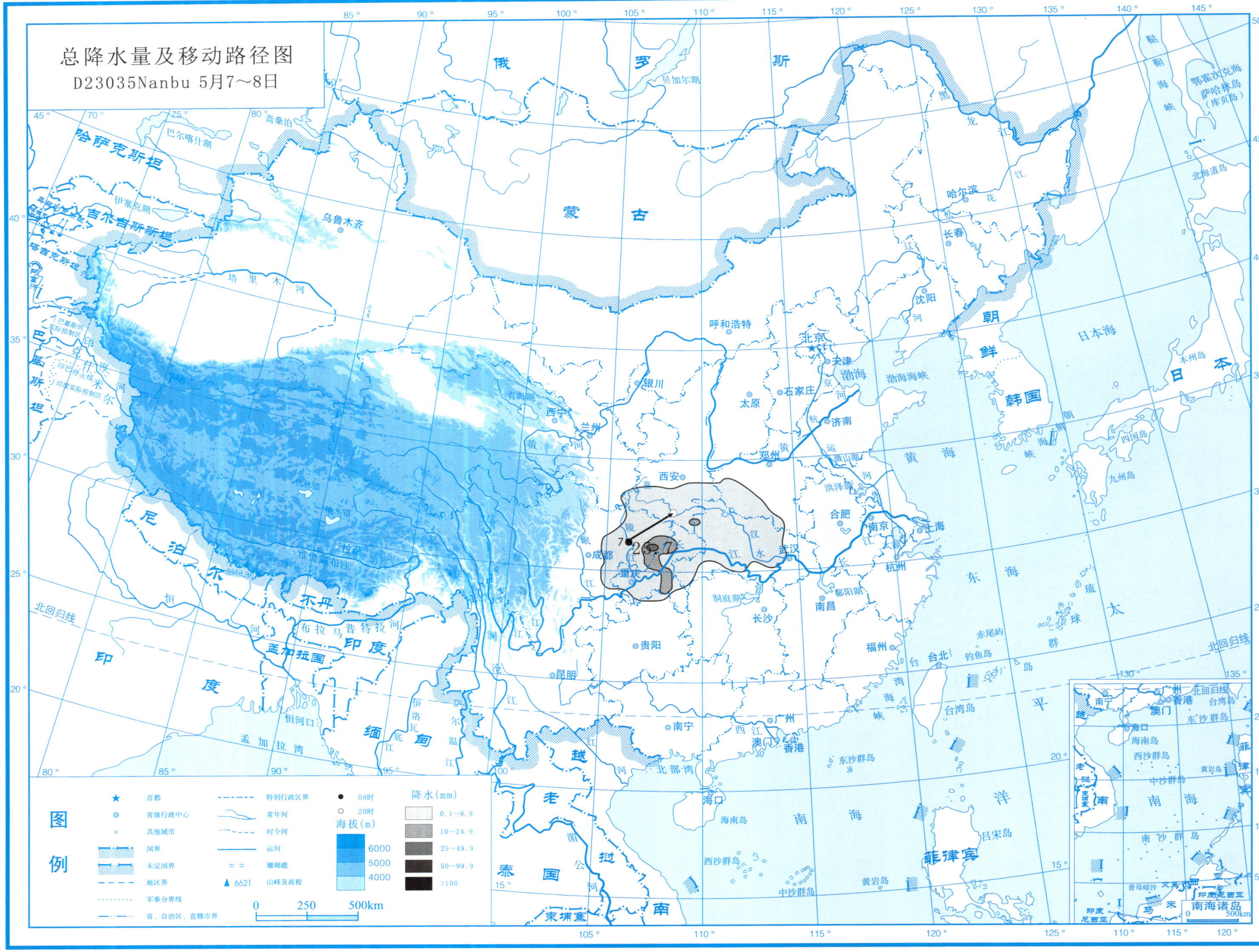
总降水量及移动路径图
D23035Nanbu 5月7～8日
图例
首都
省级行政中心
其他城市
国界
未定国界
地区界
军事分界线
省、自治区、直辖市界
特别行政区界
常年河
时令河
运河
珊瑚礁
6621 山峰及高程
08时
20时
海拔(m)
6000
5000
4000
降水(mm)
0.1～9.9
10～24.9
25～49.9
50～99.9
>100
0 250 500km
南海诸岛

总降水日数图

5月7～8日

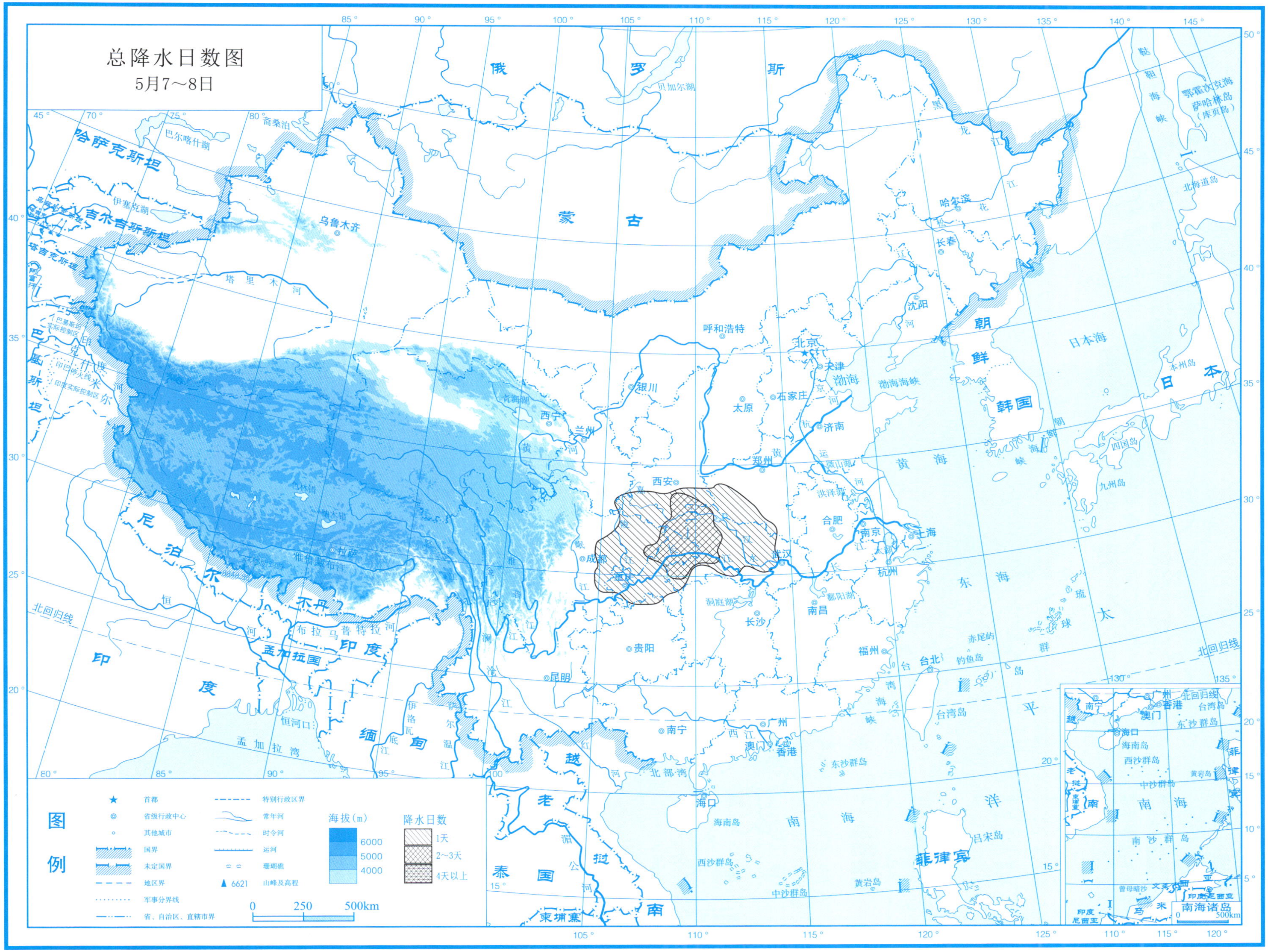

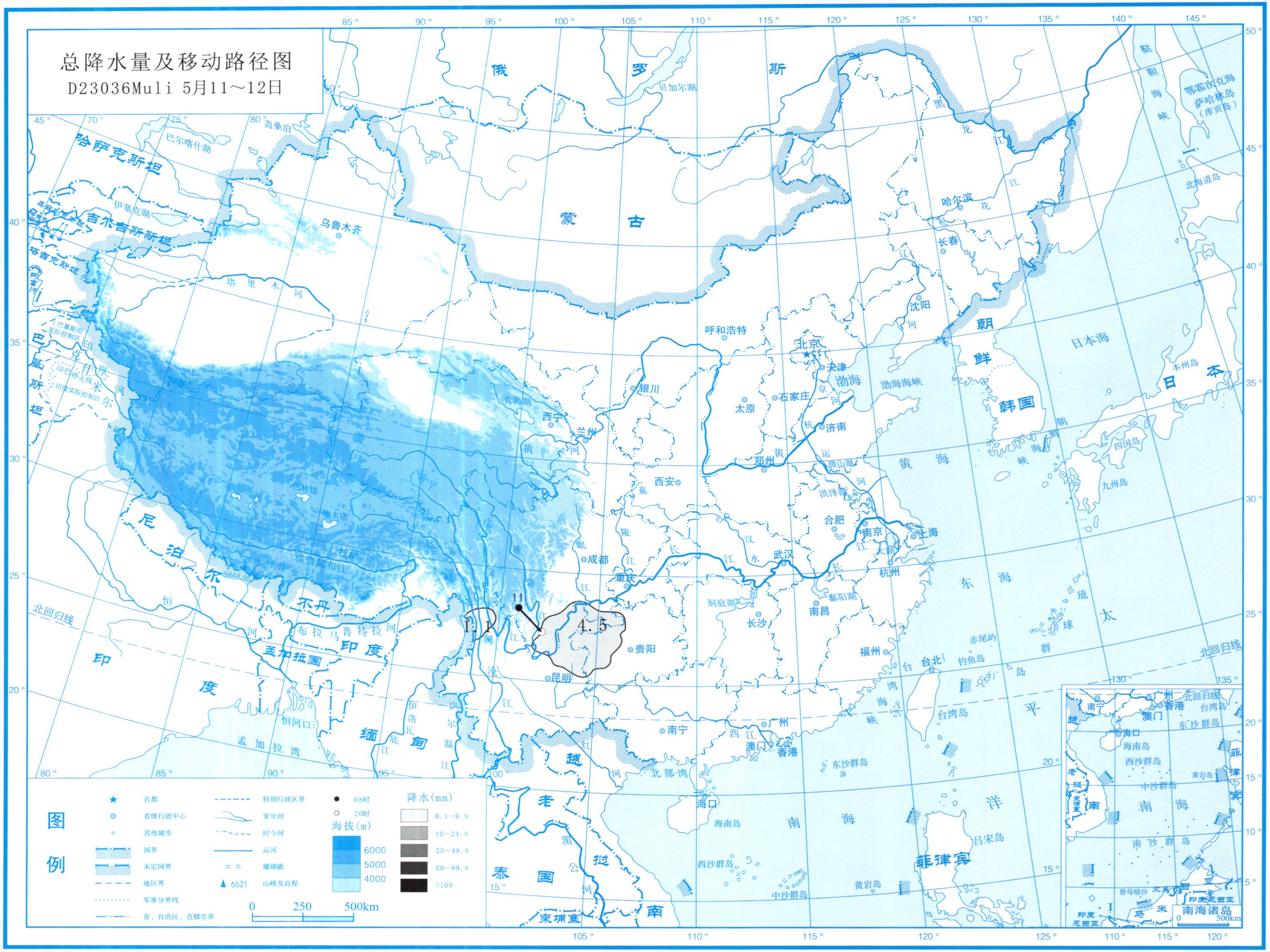
总降水量及移动路径图
D23036Muli 5月11～12日
11
1.1
4.5
图例
首都
省级行政中心
其他城市
国界
未定国界
地区界
军事分界线
省、自治区、直辖市界
特别行政区界
常年河
时令河
运河
珊瑚礁
6621 山峰及高程
08时
20时
海拔(m)
6000
5000
4000
降水(mm)
0.1～9.9
10～24.9
25～49.9
50～99.9
>100
0 250 500km
南海诸岛

总降水日数图

5月11～12日

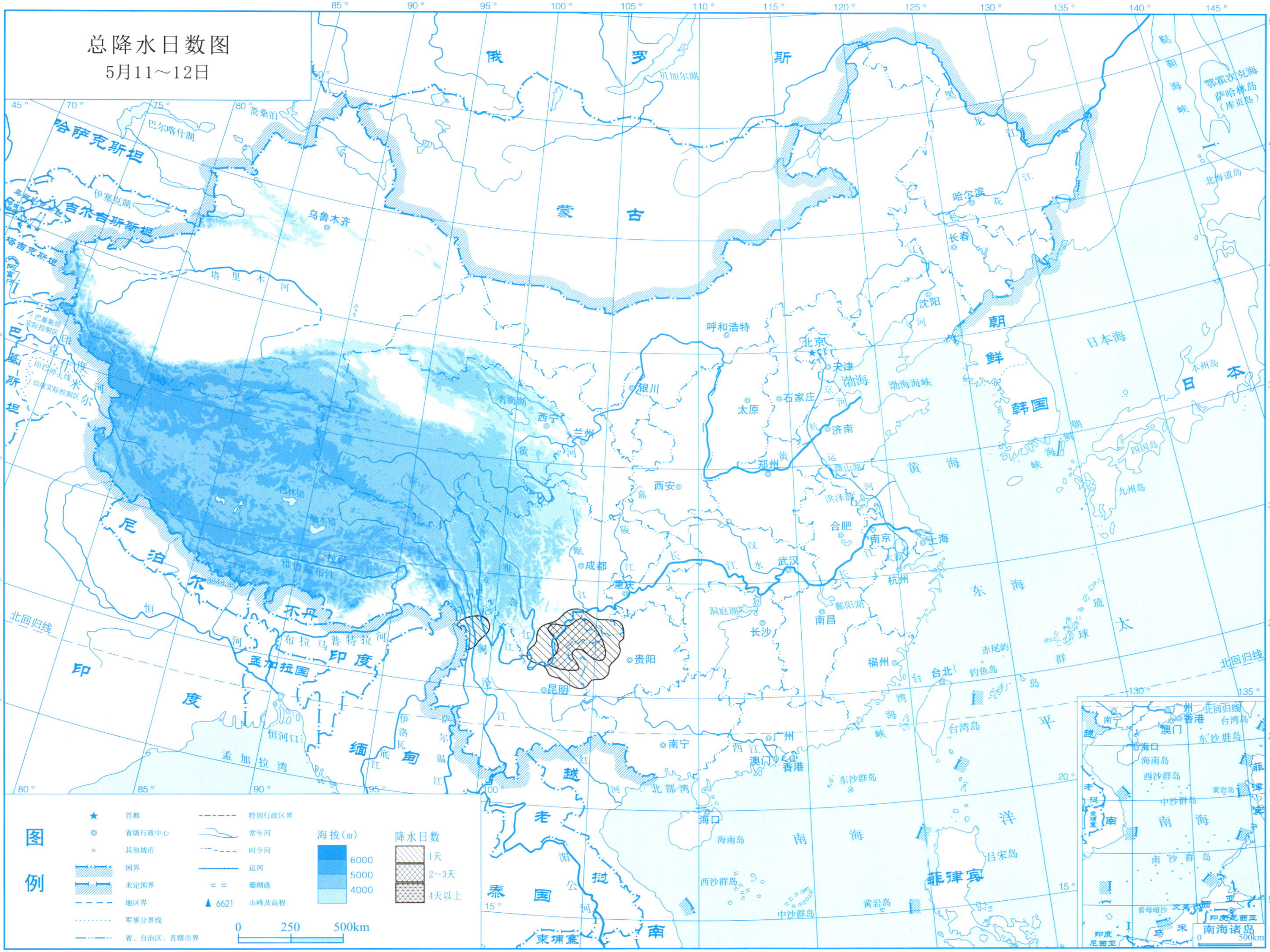

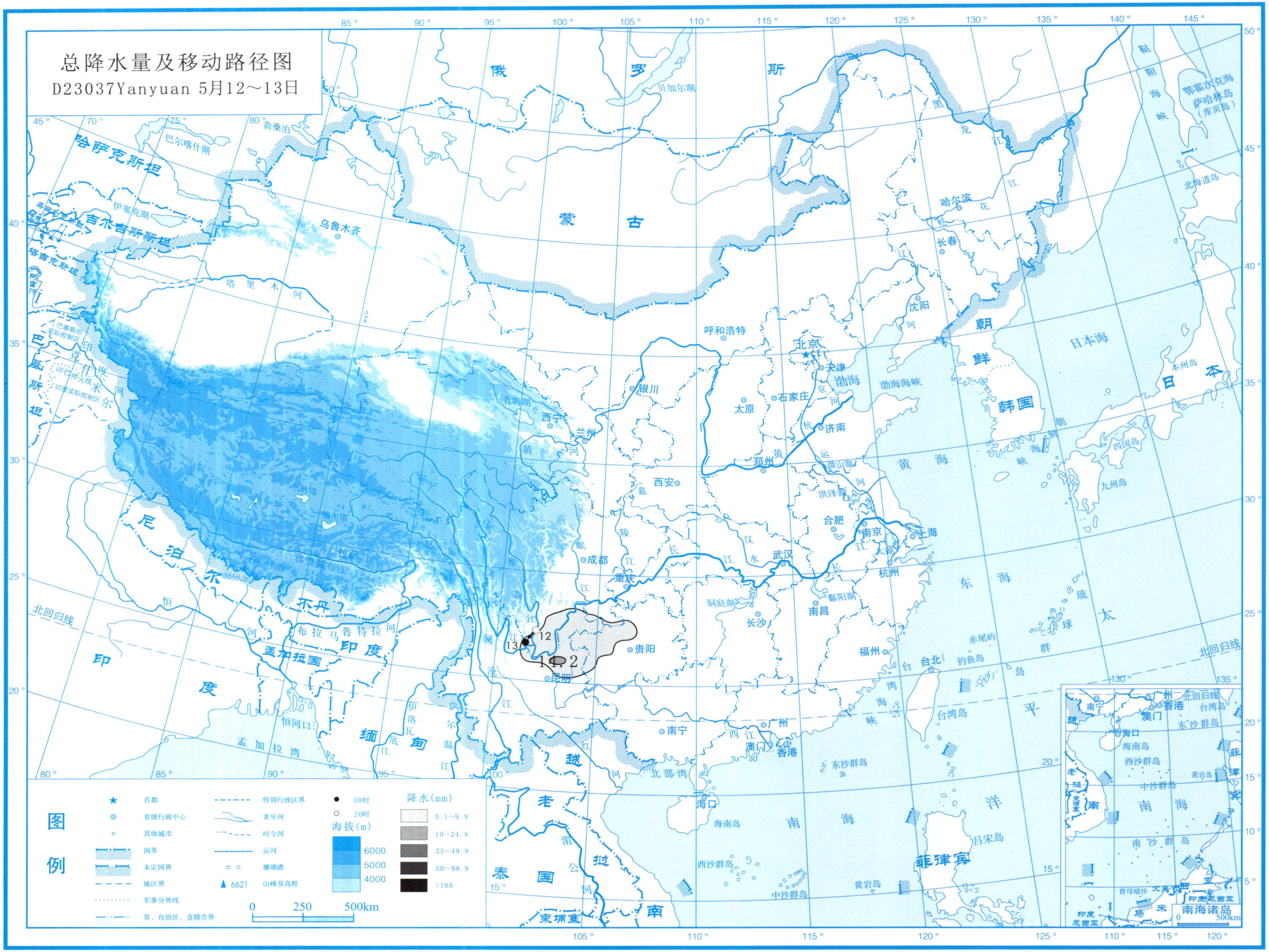

总降水量及移动路径图
D23037Yanyuan 5月12～13日
俄
罗
斯
贝加尔湖
蒙
古
哈萨克斯坦
吉尔吉斯斯坦
塔吉克斯坦
乌鲁木齐
塔里木河
呼和浩特
北京
天津
石家庄
太原
济南
银川
西宁
兰州
青海湖
郑州
西安
合肥
南京
上海
武汉
成都
重庆
杭州
长沙
南昌
贵阳
昆明
福州
台北
南宁
广州
澳门
香港
海口
哈尔滨
长春
沈阳
朝
鲜
韩国
日本海
日
本
渤海
渤海海峡
黄
海
东
海
台湾岛
台湾海峡
钓鱼岛
赤尾屿
北部湾
东沙群岛
西沙群岛
中沙群岛
黄岩岛
海南岛
吕宋岛
菲律宾
南
海
越
老
挝
泰
国
柬埔寨
缅
甸
印
度
孟加拉国
不丹
尼
泊
尔
拉萨
雅鲁藏布江
北回归线
孟加拉湾
鄂霍次克海
萨哈林岛
(库页岛)
北海道
本州岛
四国岛
九州岛
12
13
14
2
图
例
首都
省级行政中心
其他城市
国界
未定国界
地区界
军事分界线
省、自治区、直辖市界
特别行政区界
常年河
时令河
运河
珊瑚礁
6621 山峰及高程
08时
20时
海拔(m)
6000
5000
4000
降水(mm)
0.1~9.9
10~24.9
25~49.9
50~99.9
>100
0
250
500km
南海诸岛

总降水日数图

5月12～13日

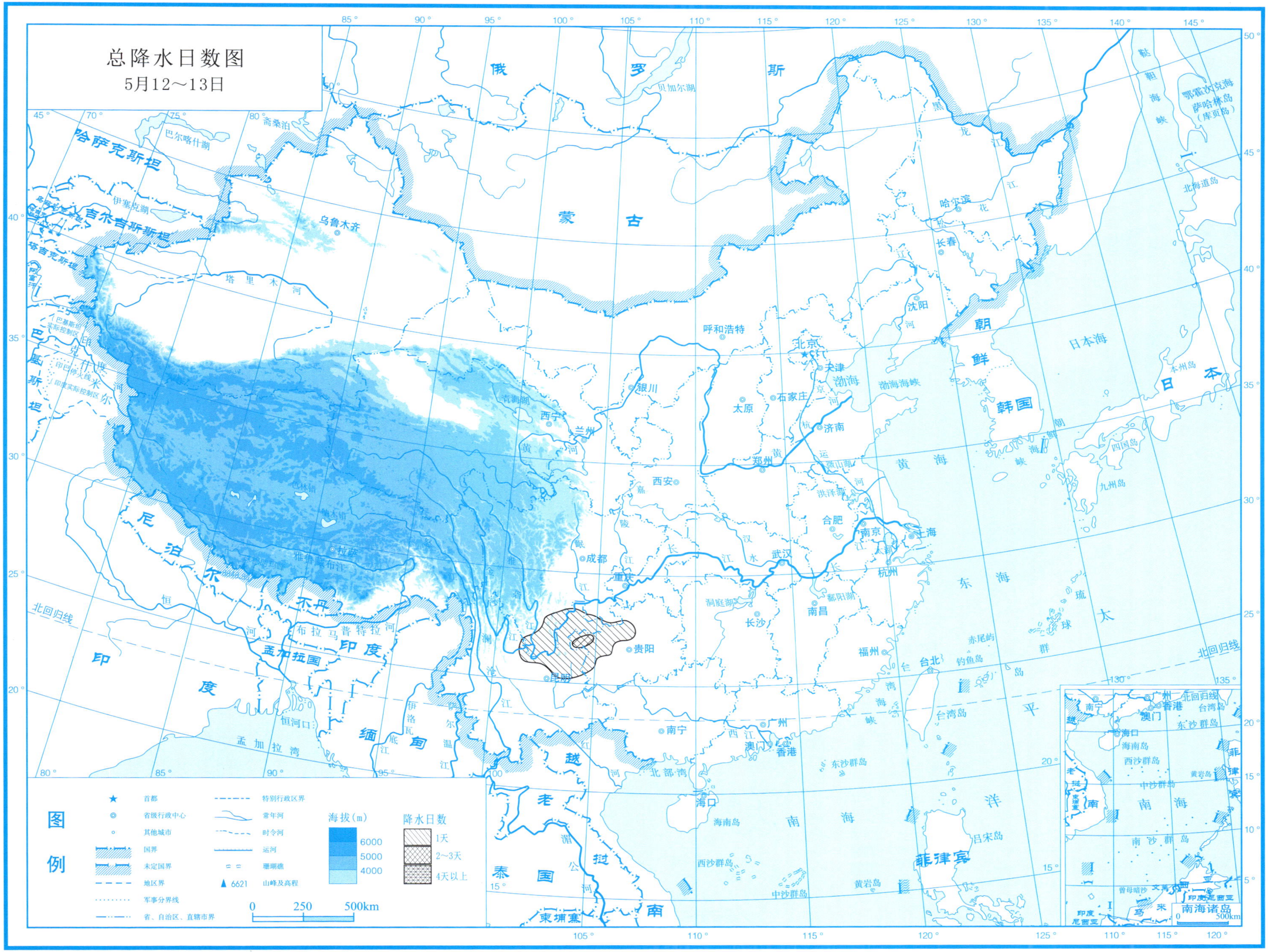

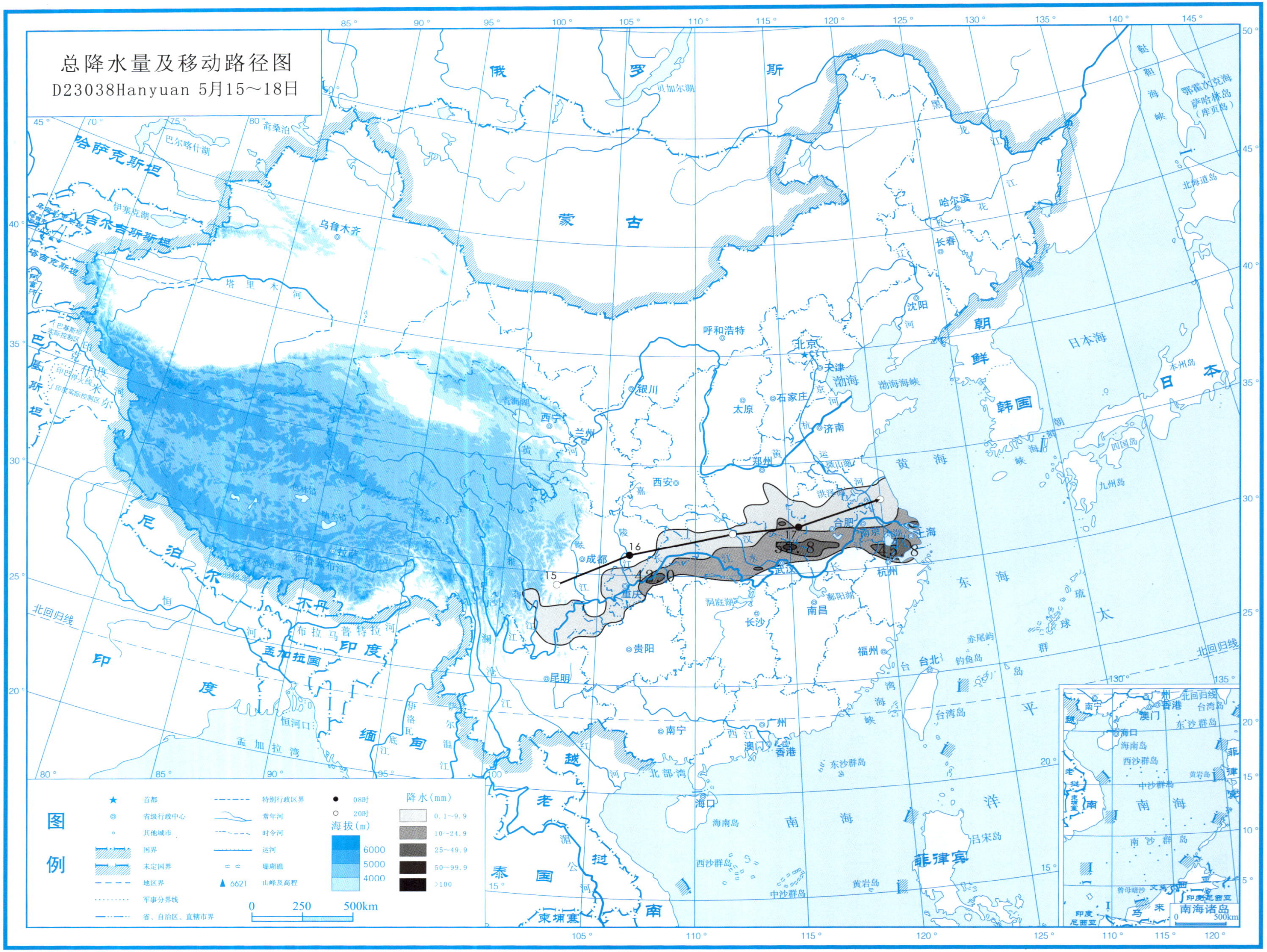
总降水量及移动路径图
D23038Hanyuan 5月15～18日
15
16
17
42.0
图例
首都
省级行政中心
其他城市
国界
未定国界
地区界
军事分界线
省、自治区、直辖市界
特别行政区界
常年河
时令河
运河
珊瑚礁
6621 山峰及高程
08时
20时
海拔(m)
6000
5000
4000
降水(mm)
0.1～9.9
10～24.9
25～49.9
50～99.9
>100
0 250 500km
南海诸岛

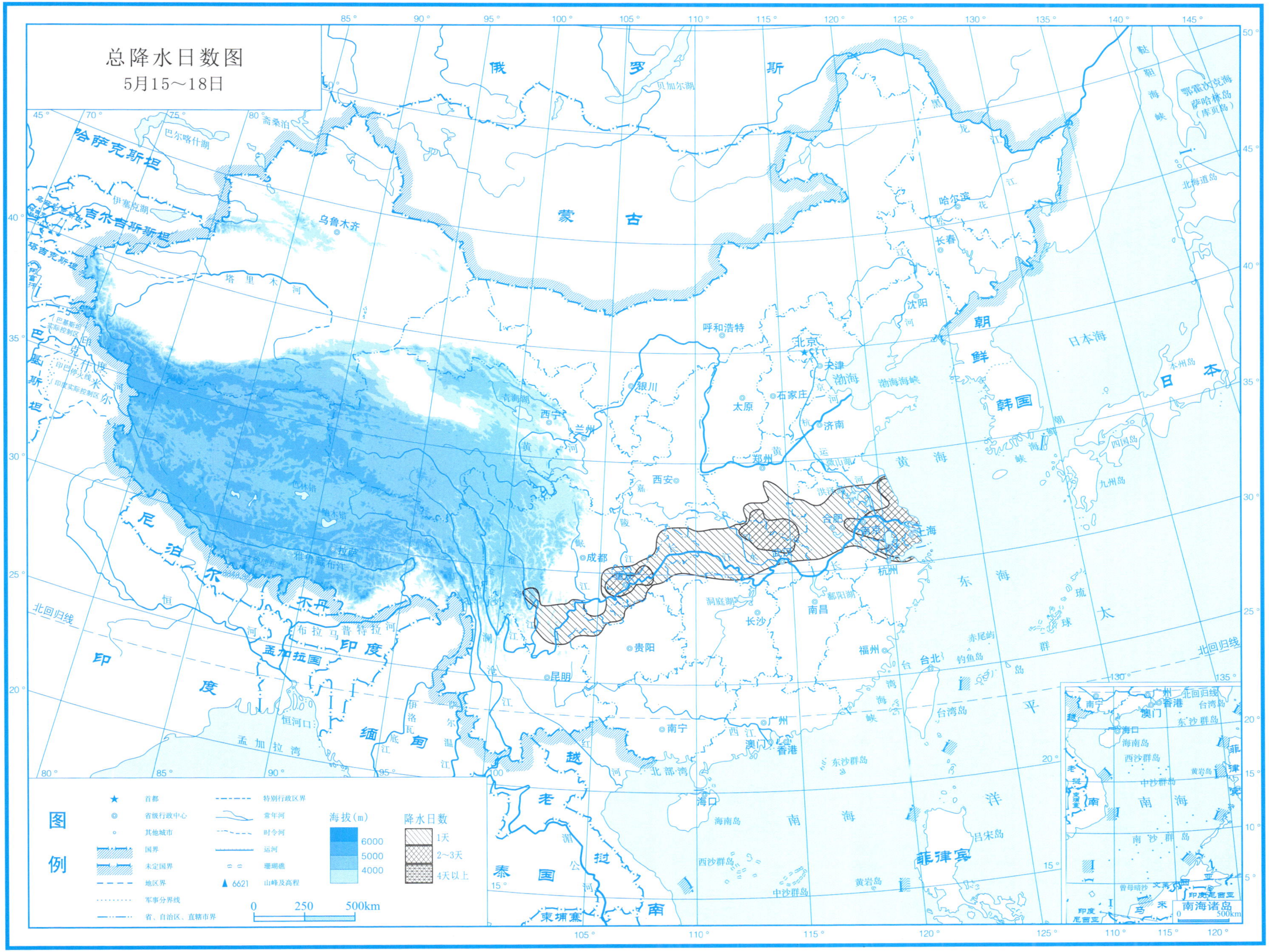
总降水日数图
5月15～18日
图例
首都
省级行政中心
其他城市
国界
未定国界
地区界
军事分界线
省、自治区、直辖市界
特别行政区界
常年河
时令河
运河
珊瑚礁
6621 山峰及高程
海拔(m)
6000
5000
4000
降水日数
1天
2～3天
4天以上
0 250 500km
南海诸岛
北京
天津
石家庄
太原
济南
郑州
西安
银川
兰州
西宁
呼和浩特
沈阳
长春
哈尔滨
乌鲁木齐
拉萨
成都
贵阳
昆明
南宁
广州
长沙
南昌
合肥
南京
上海
杭州
福州
台北
香港
澳门
海口
俄罗斯
蒙古
哈萨克斯坦
吉尔吉斯斯坦
塔吉克斯坦
阿富汗
巴基斯坦
印度
尼泊尔
不丹
孟加拉国
缅甸
老挝
越南
泰国
柬埔寨
朝鲜
韩国
日本
菲律宾
渤海
黄海
东海
南海
日本海
太平洋
北回归线

总降水量及移动路径图

D23039Daocheng 5月18～19日

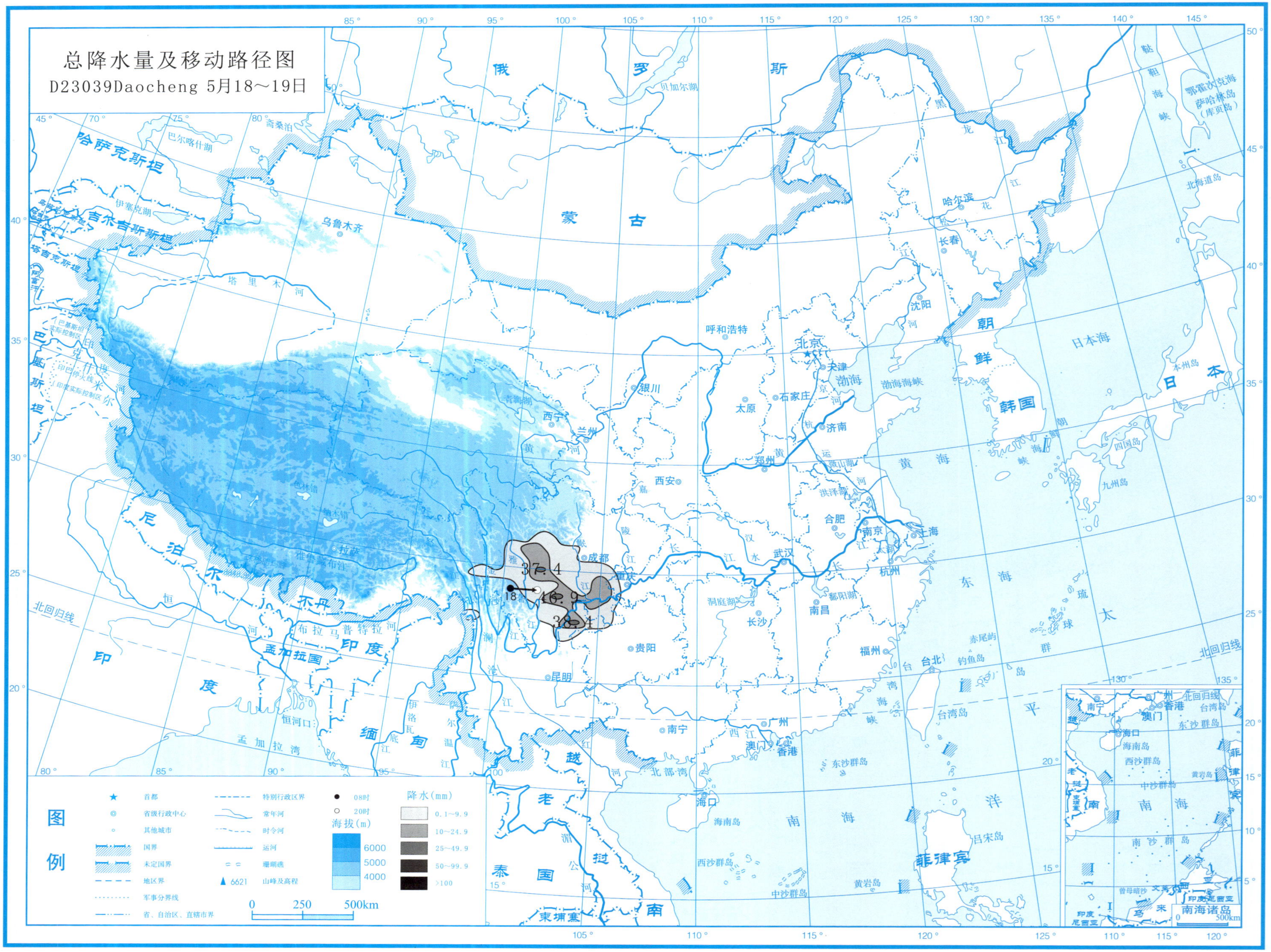

总降水日数图

5月18～19日

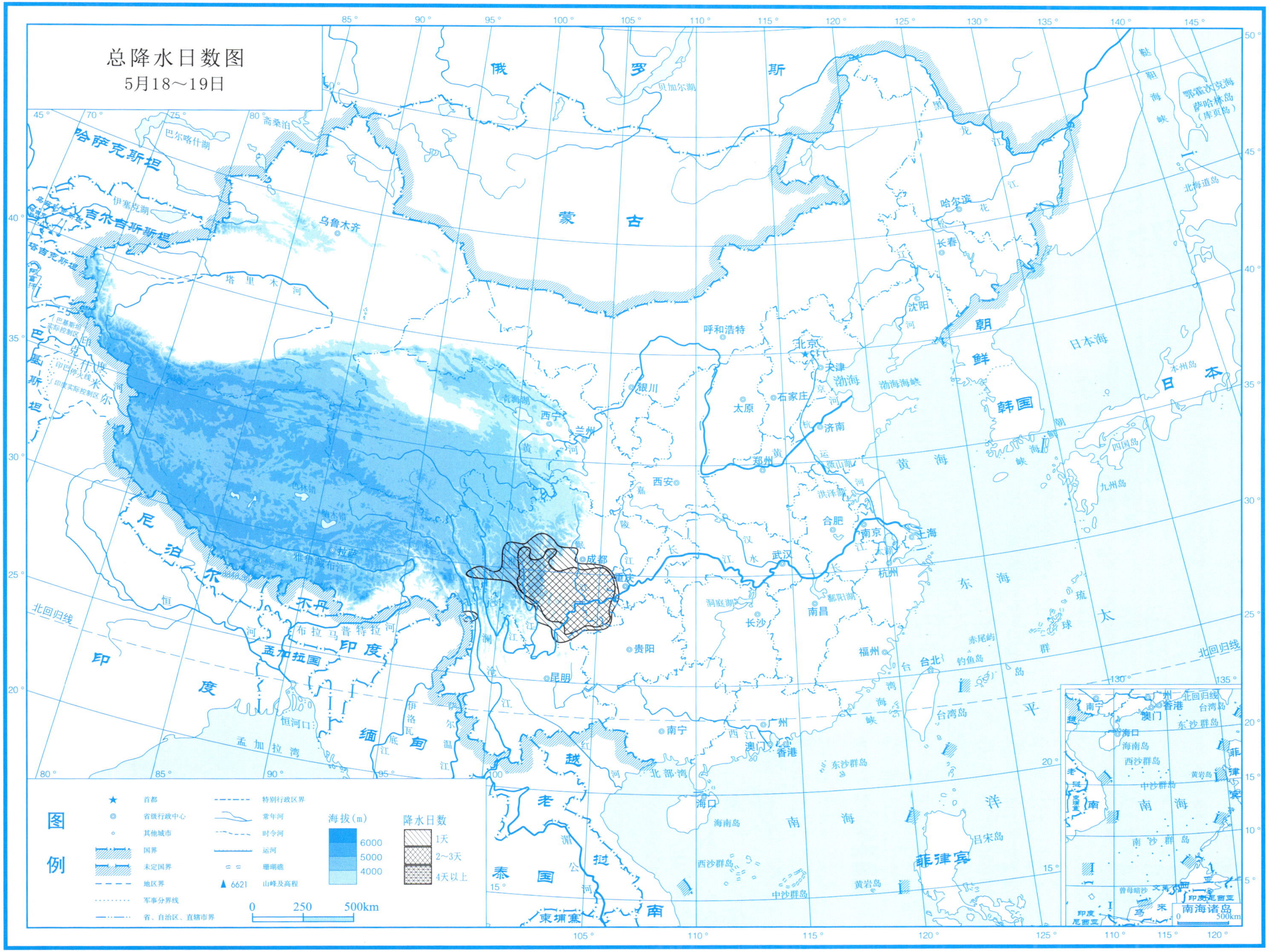

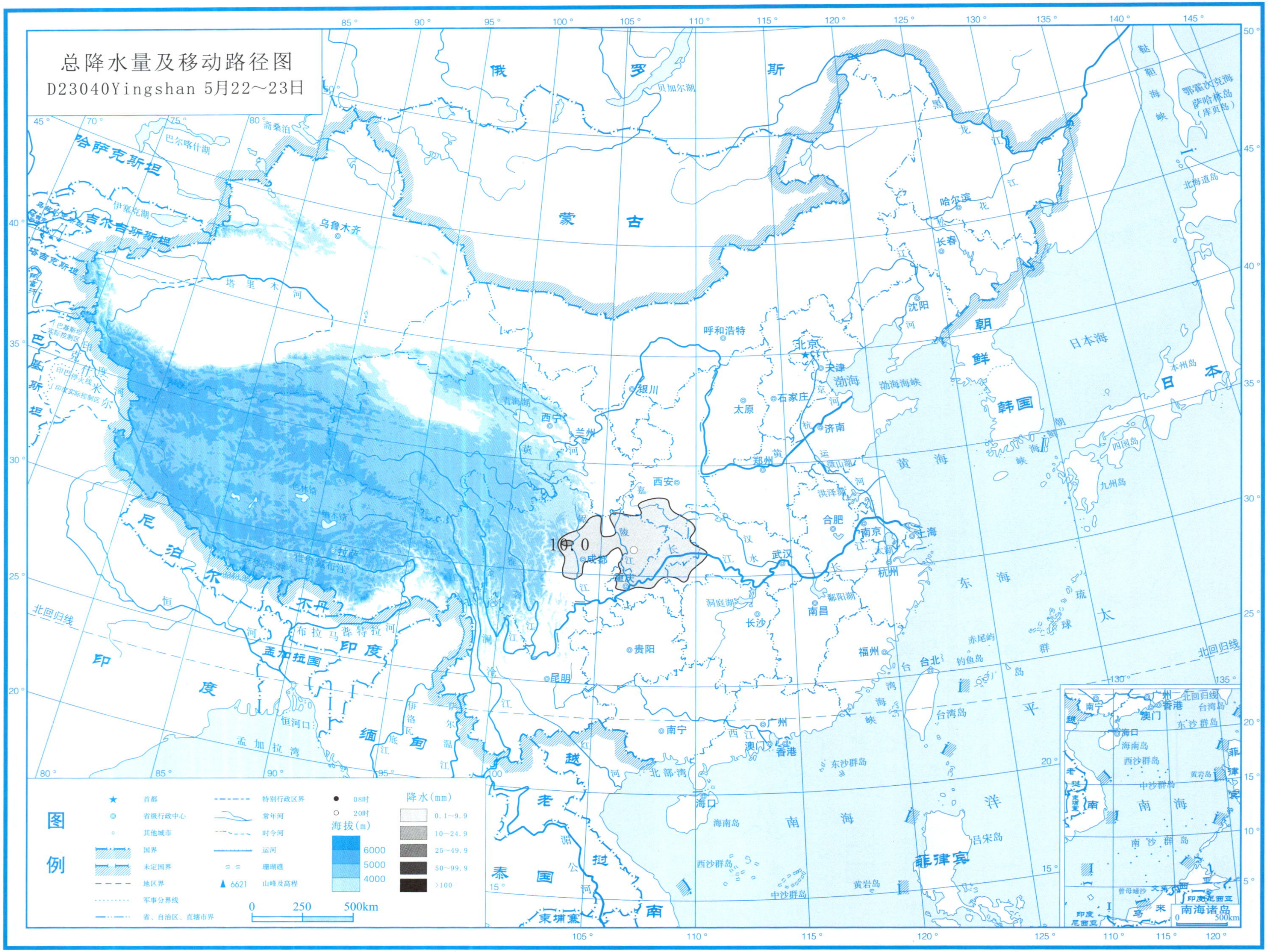

总降水量及移动路径图
D23040Yingshan 5月22～23日

总降水日数图
5月22～23日

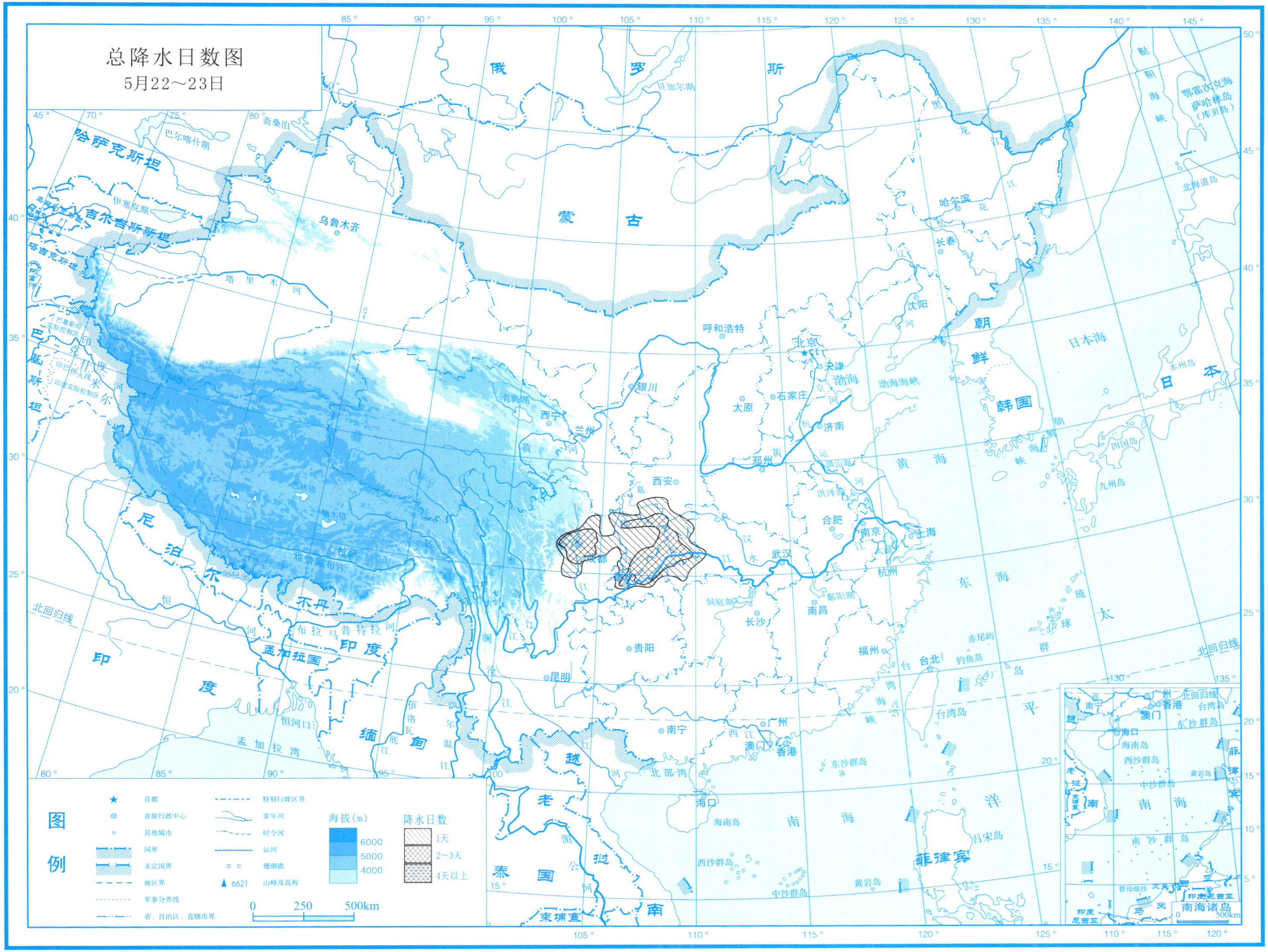

总降水量及移动路径图
D23041Yanting 5月25～26日

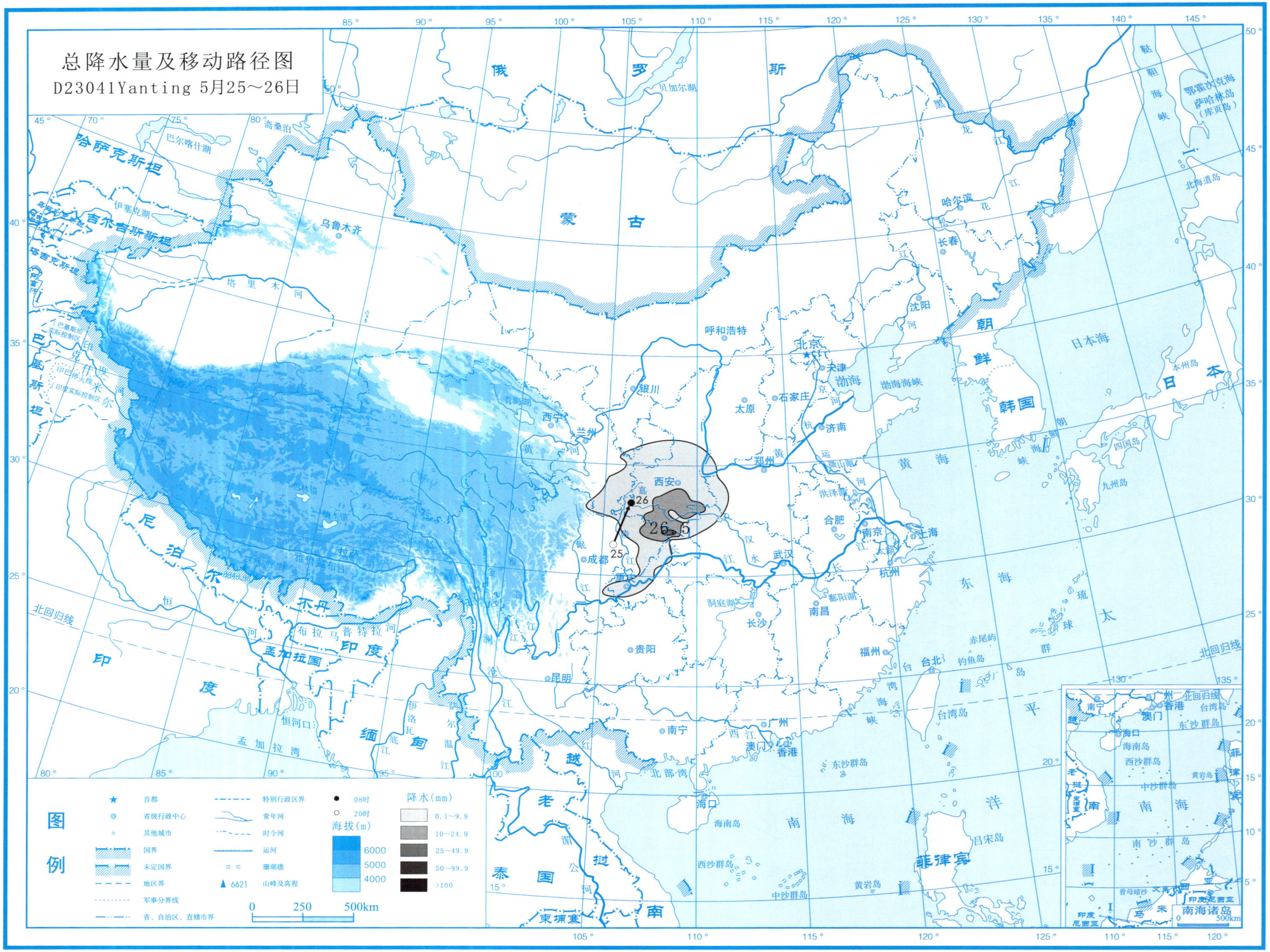

总降水日数图
5月25～26日

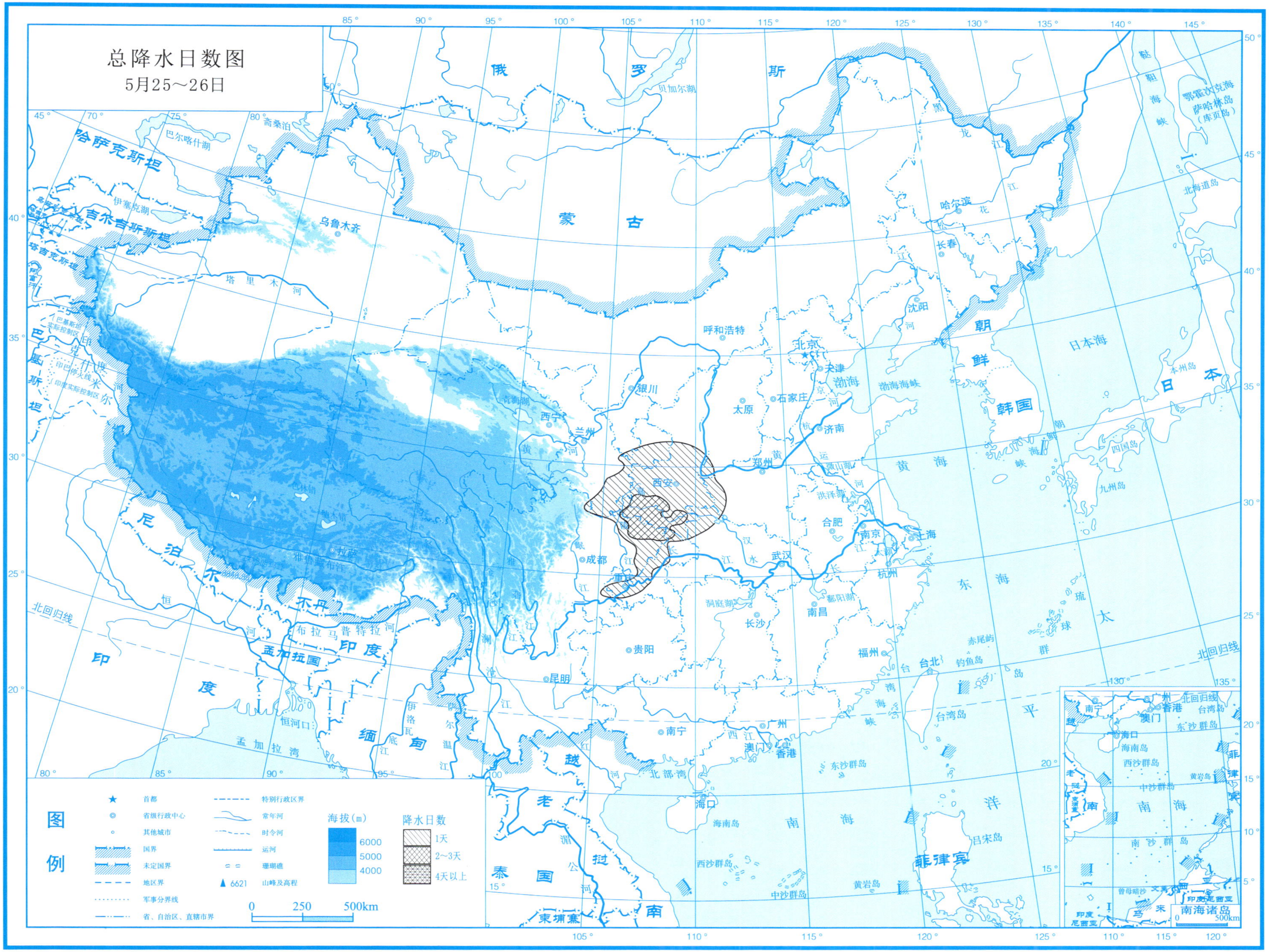

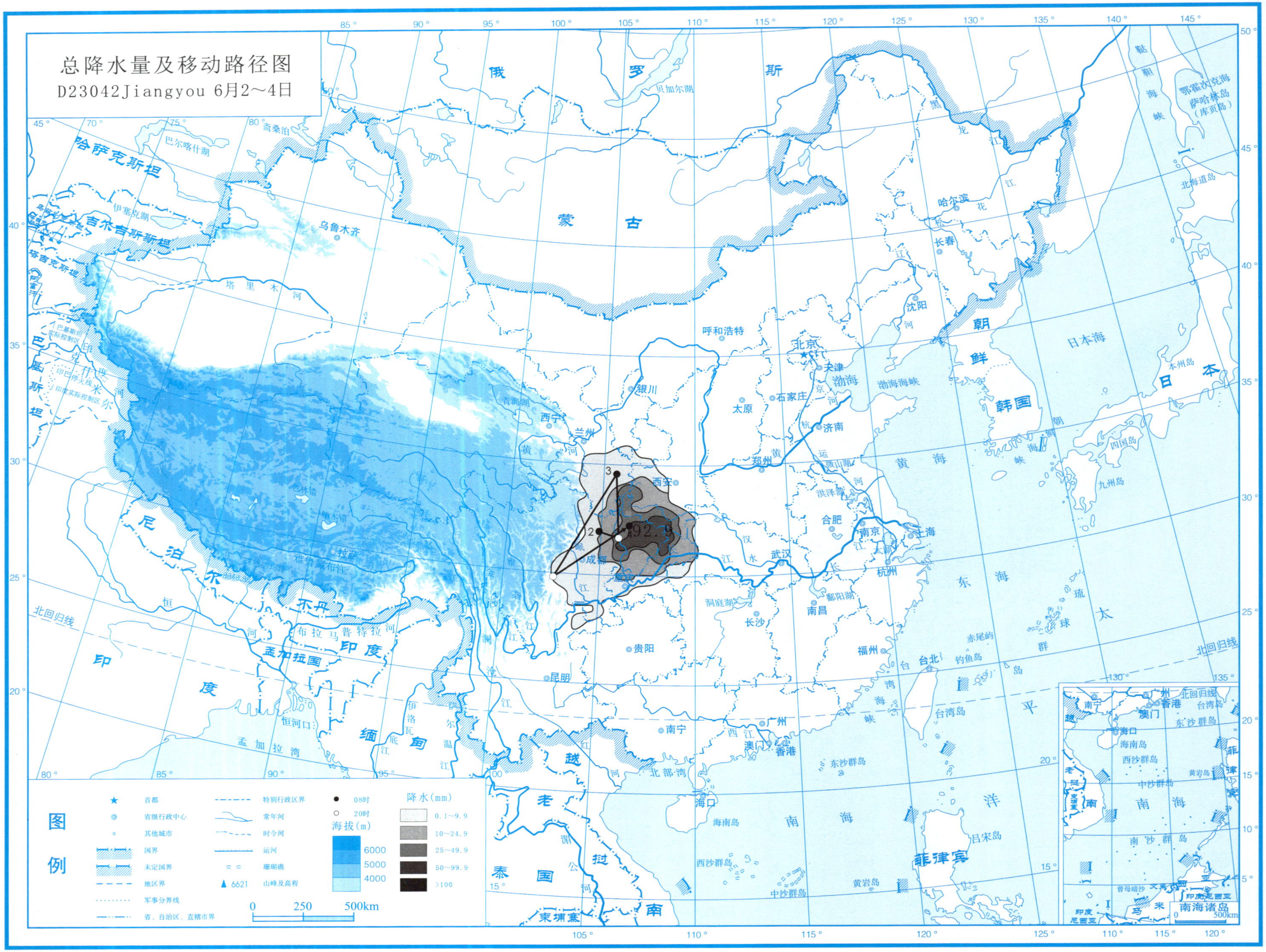
总降水量及移动路径图
D23042Jiangyou 6月2～4日
192.9
图例
首都
省级行政中心
其他城市
国界
未定国界
地区界
军事分界线
省、自治区、直辖市界
特别行政区界
常年河
时令河
运河
珊瑚礁
6621 山峰及高程
08时
20时
降水(mm)
0.1～9.9
10～24.9
25～49.9
50～99.9
>100
海拔(m)
6000
5000
4000
0 250 500km
南海诸岛

总降水日数图

6月2～4日

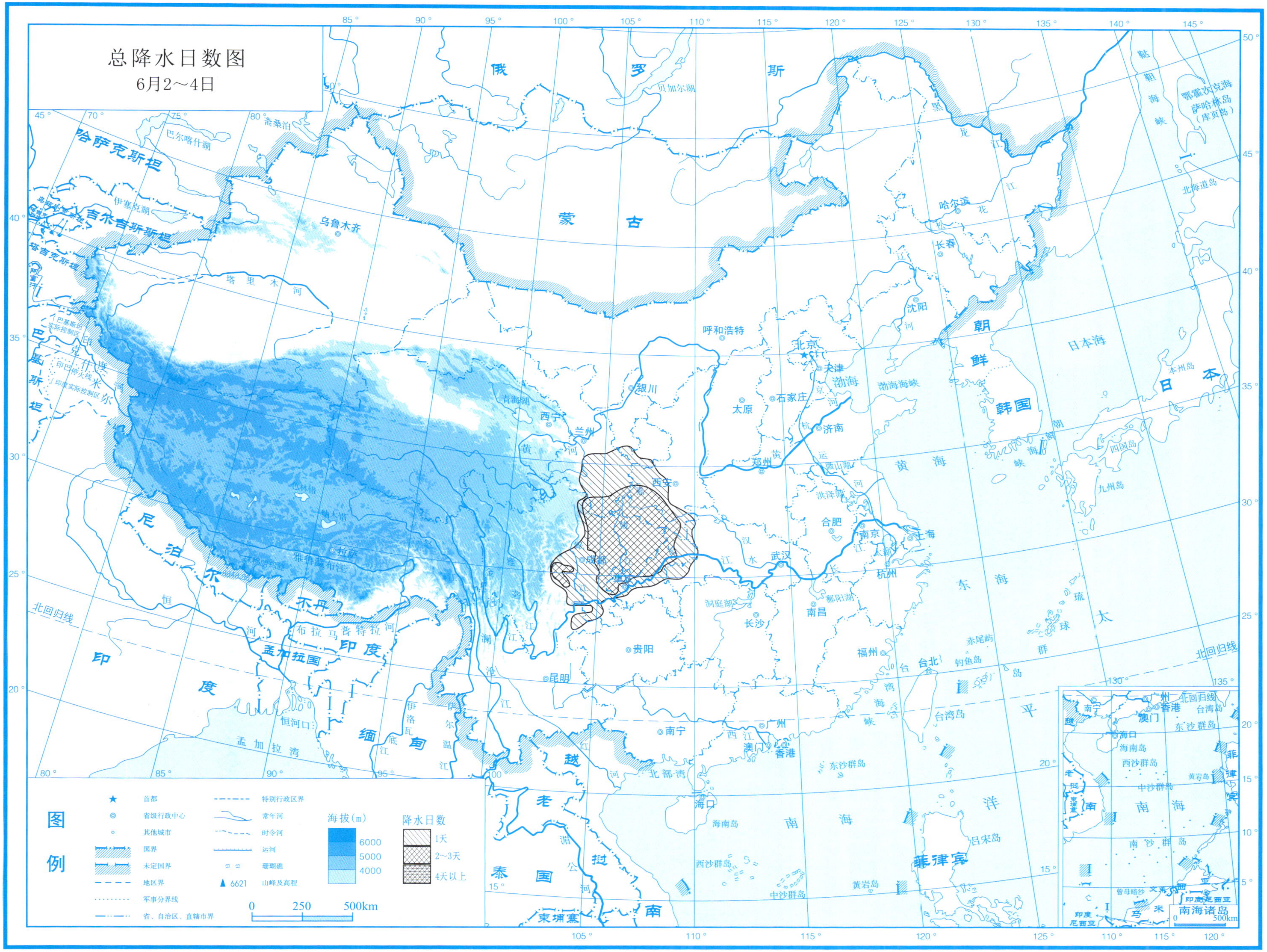

总降水量及移动路径图
D23043Muli 6月11～12日

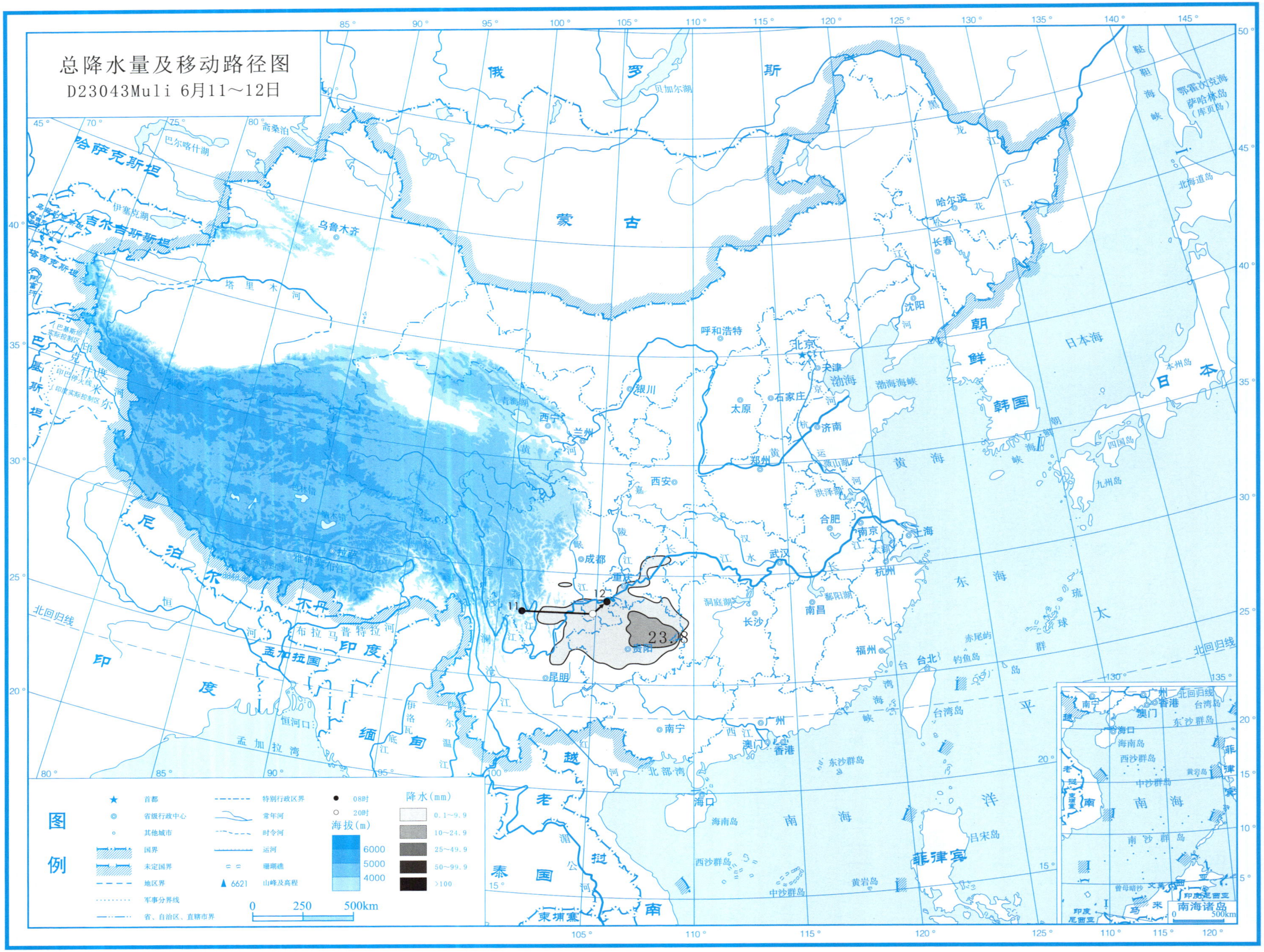

总降水日数图

6月11～12日

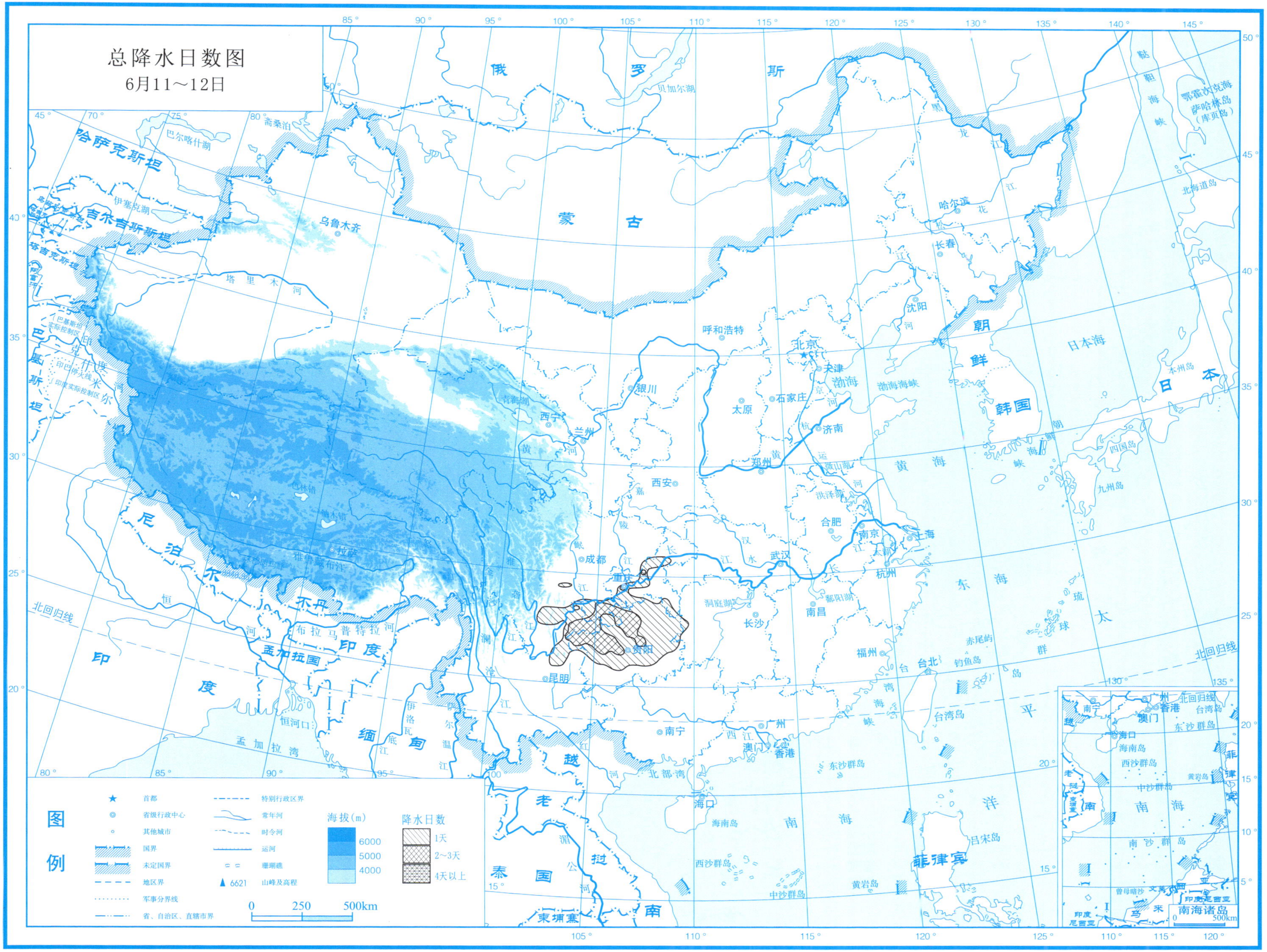

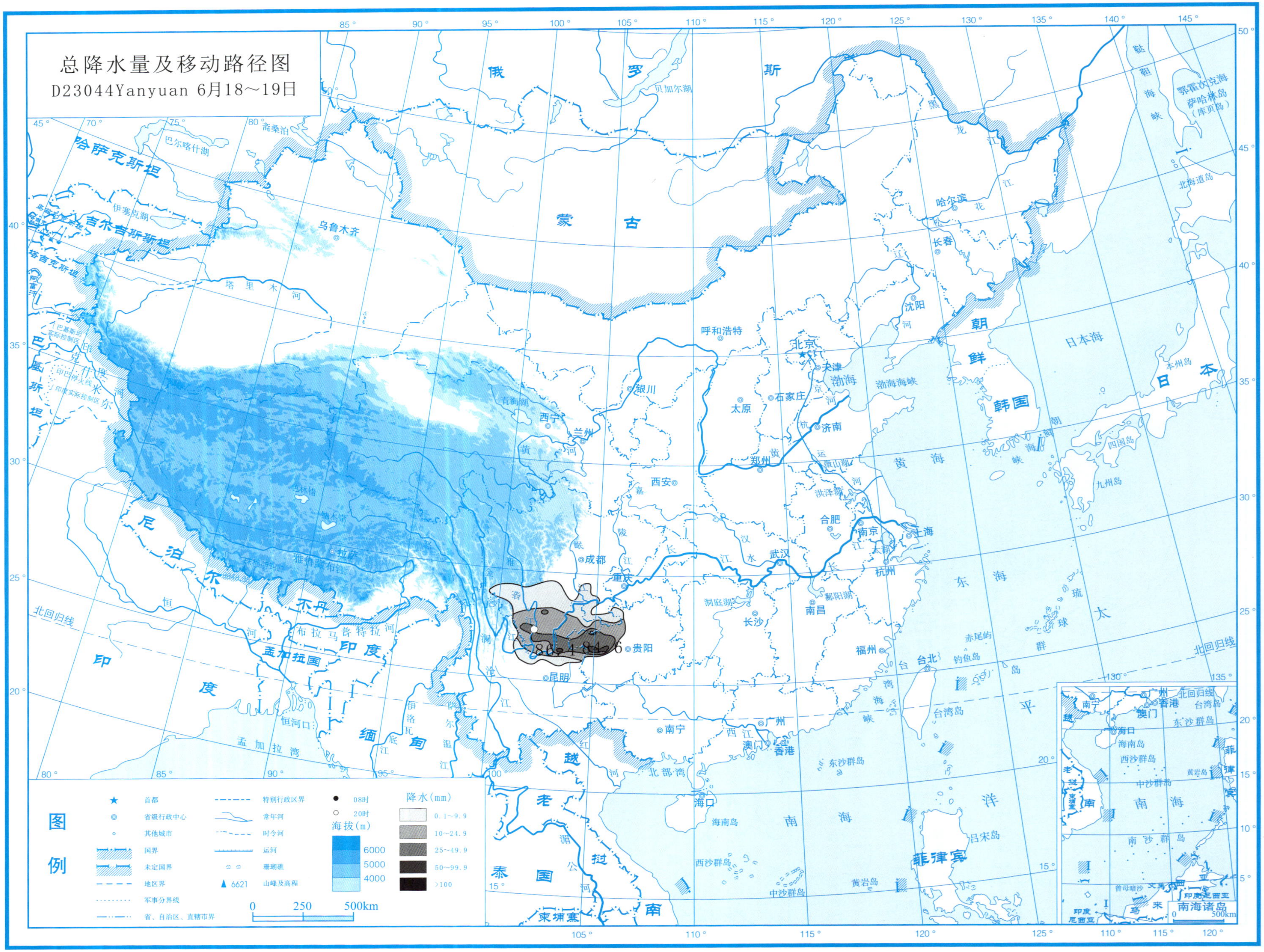

总降水量及移动路径图
D23044Yanyuan 6月18～19日

总降水日数图

6月18～19日

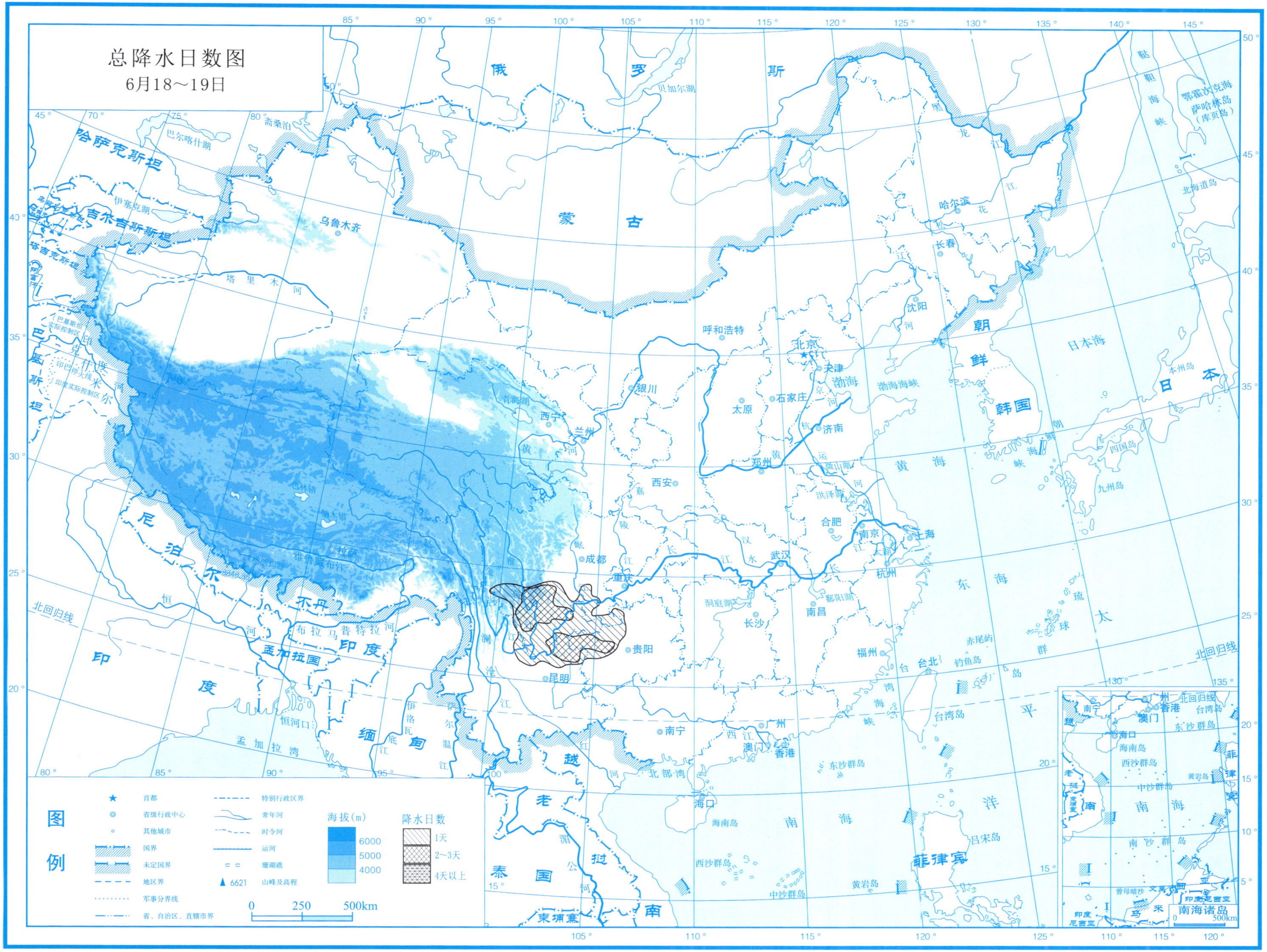

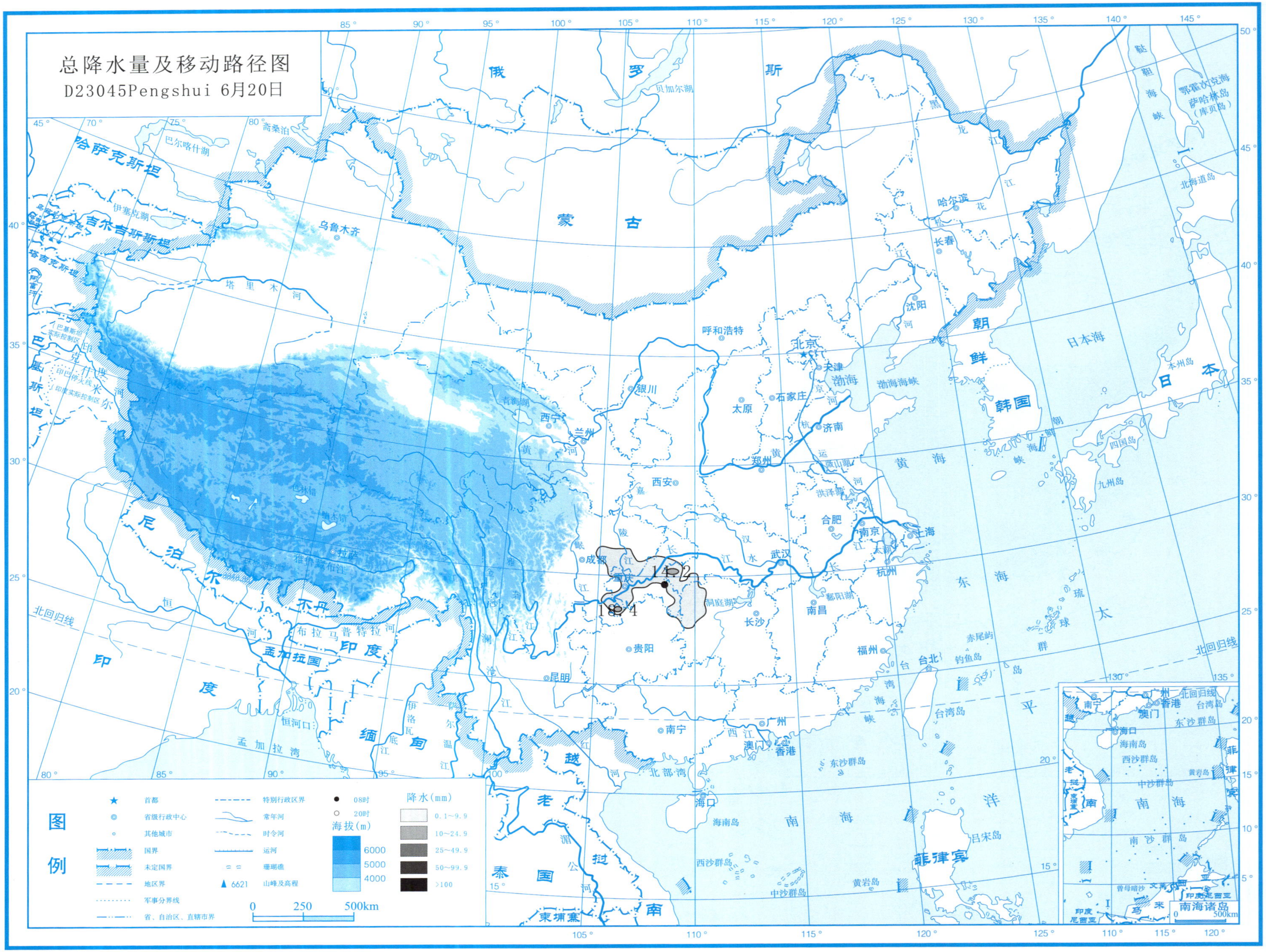

总降水量及移动路径图

D23045Pengshui 6月20日

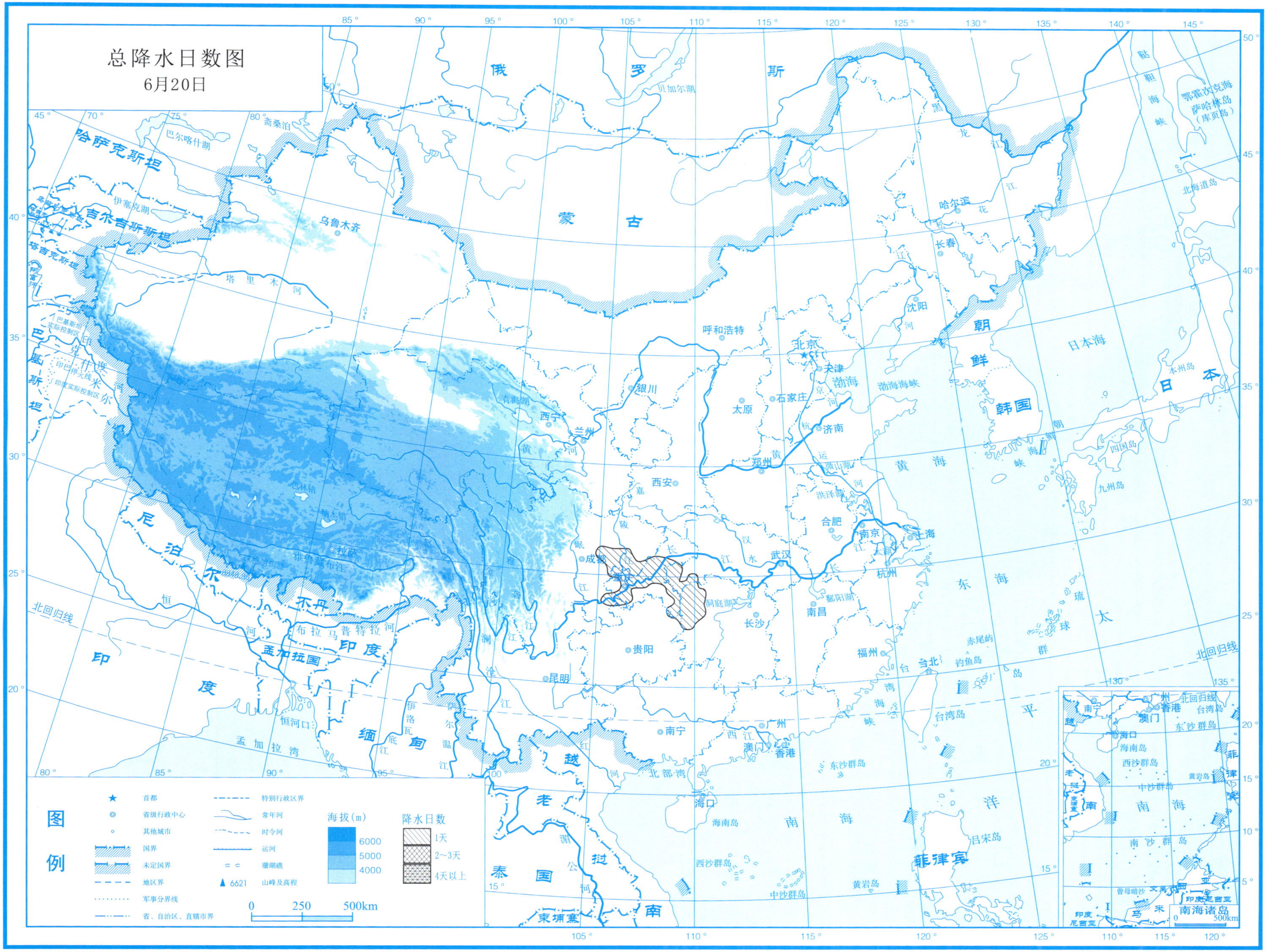
总降水日数图
6月20日
图例
首都
省级行政中心
其他城市
国界
未定国界
地区界
军事分界线
省、自治区、直辖市界
特别行政区界
常年河
时令河
运河
珊瑚礁
6621 山峰及高程
海拔(m)
6000
5000
4000
降水日数
1天
2~3天
4天以上
0 250 500km
俄 罗 斯
蒙 古
哈萨克斯坦
吉尔吉斯斯坦
塔吉克斯坦
巴基斯坦
尼泊尔
不丹
印度
孟加拉国
缅甸
老挝
泰国
柬埔寨
越南
朝鲜
韩国
日本
菲律宾
北京
天津
石家庄
太原
呼和浩特
沈阳
长春
哈尔滨
济南
郑州
西安
银川
兰州
西宁
乌鲁木齐
拉萨
成都
贵阳
昆明
南宁
广州
香港
澳门
海口
长沙
武汉
南昌
合肥
南京
上海
杭州
福州
台北
日本海
渤海
渤海海峡
黄海
东海
南海
太平洋
北回归线
台湾岛
海南岛
东沙群岛
西沙群岛
中沙群岛
黄岩岛
钓鱼岛
赤尾屿
南海诸岛

总降水量及移动路径图

D23046Gaoping 6月21～27日

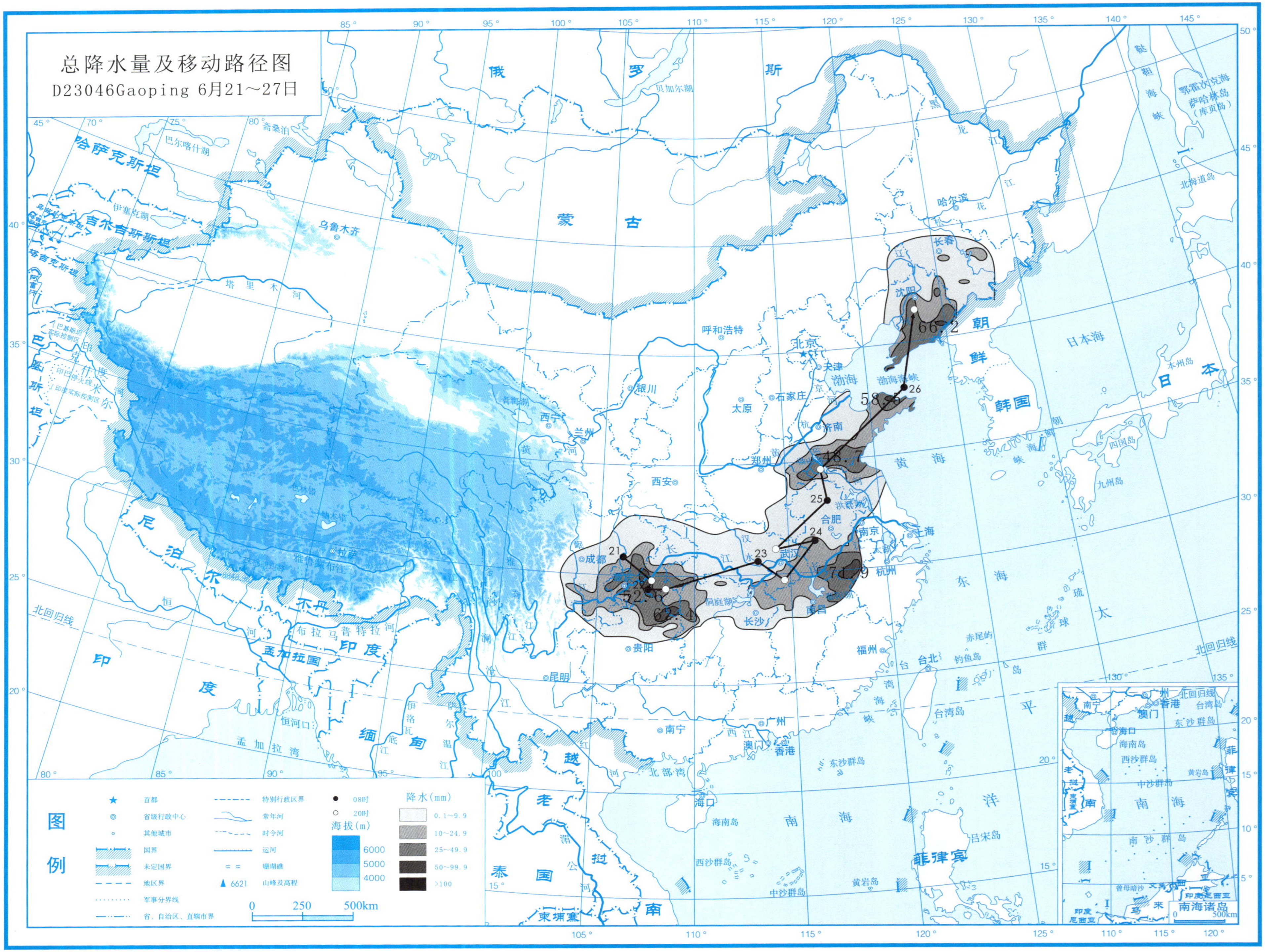

总降水日数图
6月21～27日

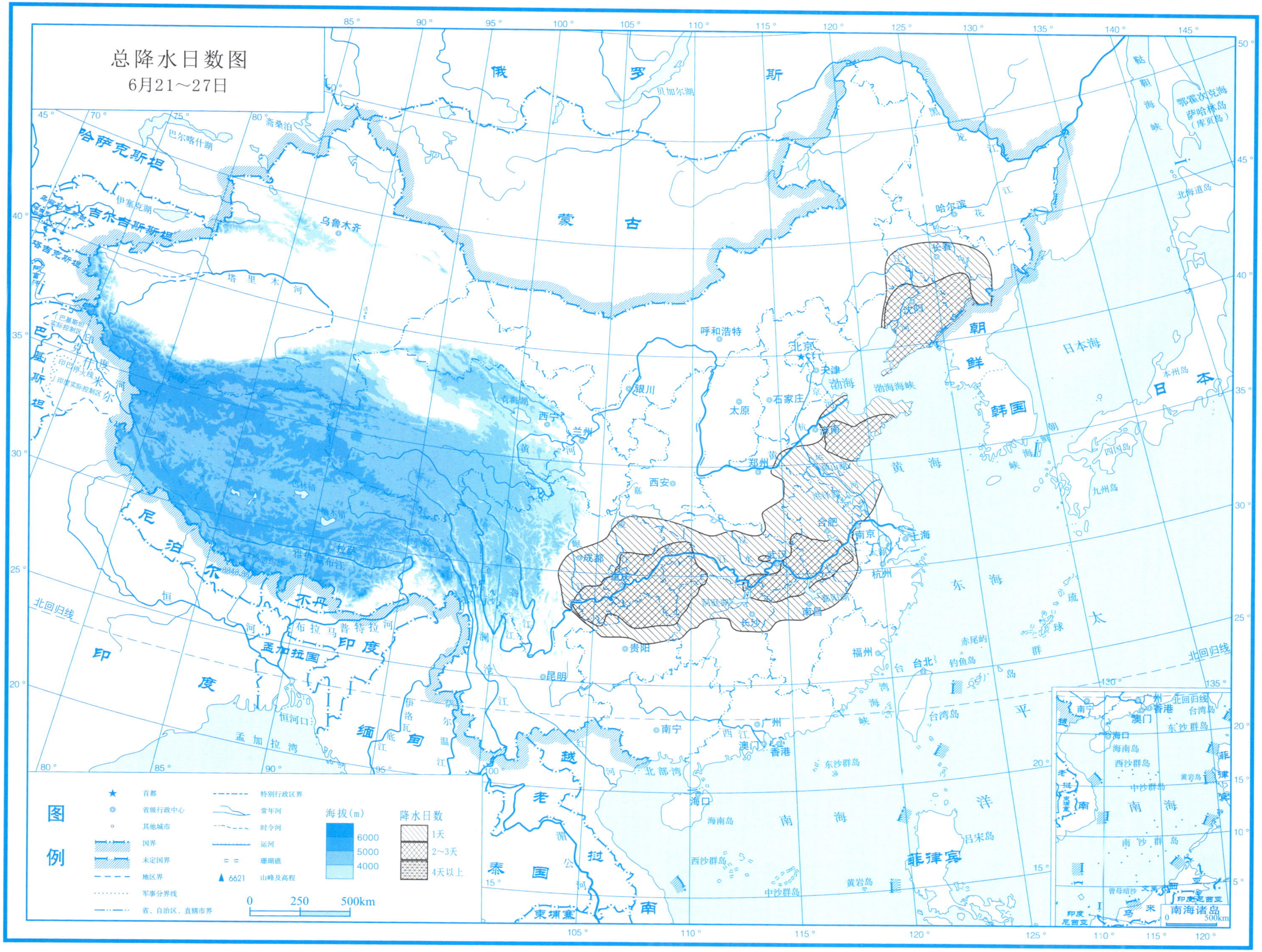

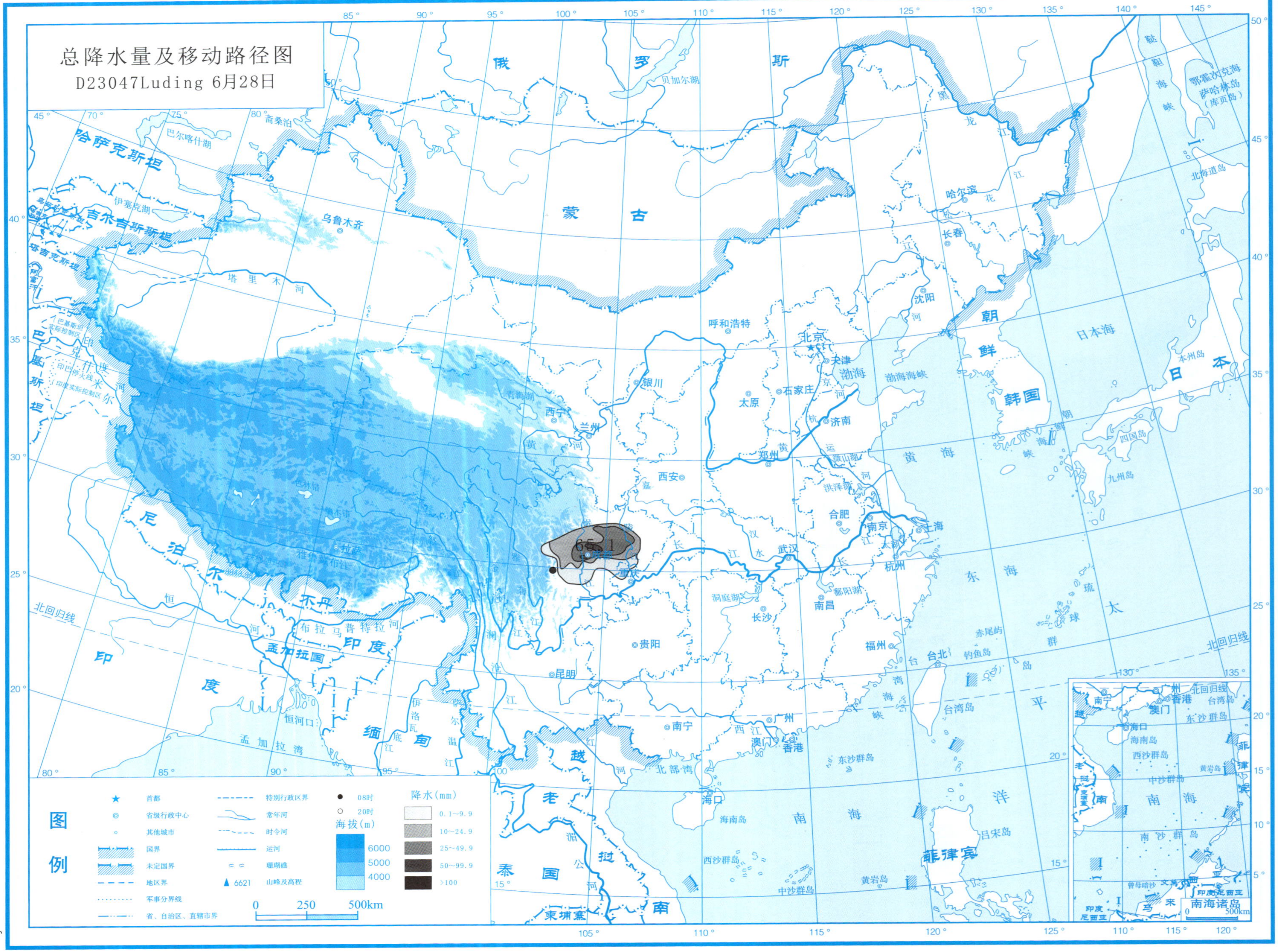
总降水量及移动路径图
D23047Luding 6月28日
65.1
图例
首都
省级行政中心
其他城市
国界
未定国界
地区界
军事分界线
特别行政区界
常年河
时令河
运河
珊瑚礁
山峰及高程
省、自治区、直辖市界
08时
20时
海拔(m)
6000
5000
4000
降水(mm)
0.1~9.9
10~24.9
25~49.9
50~99.9
>100
0 250 500km
俄罗斯
蒙古
哈萨克斯坦
吉尔吉斯斯坦
塔吉克斯坦
巴基斯坦
尼泊尔
不丹
印度
孟加拉国
缅甸
老挝
泰国
越南
柬埔寨
菲律宾
朝鲜
韩国
日本
北京
天津
石家庄
太原
呼和浩特
沈阳
长春
哈尔滨
济南
郑州
西安
银川
兰州
西宁
乌鲁木齐
拉萨
成都
重庆
贵阳
昆明
南宁
广州
香港
澳门
海口
长沙
武汉
南昌
合肥
南京
上海
杭州
福州
台北
渤海
黄海
东海
南海
日本海
太平洋
南海诸岛
北回归线

总降水日数图
6月28日

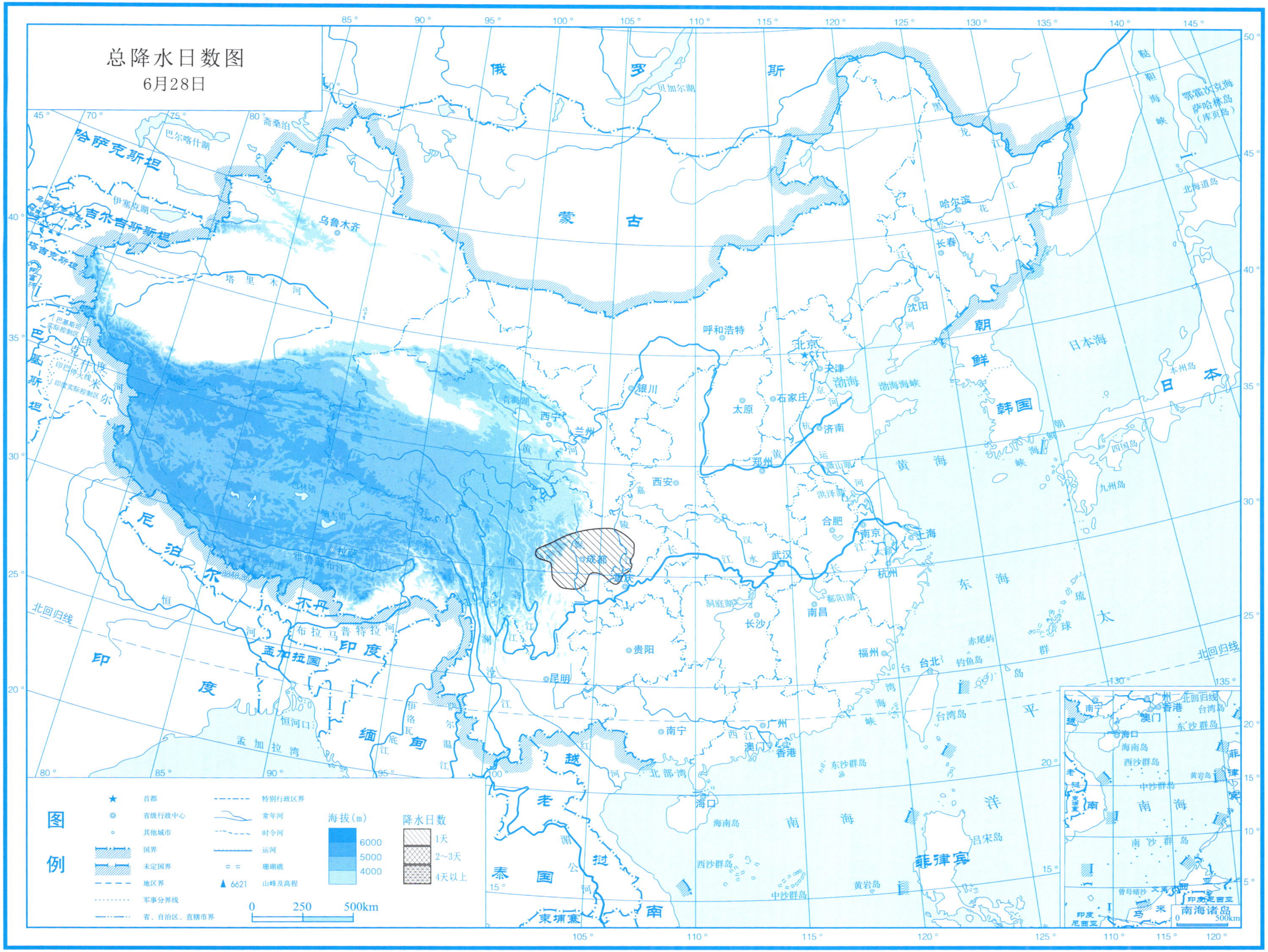

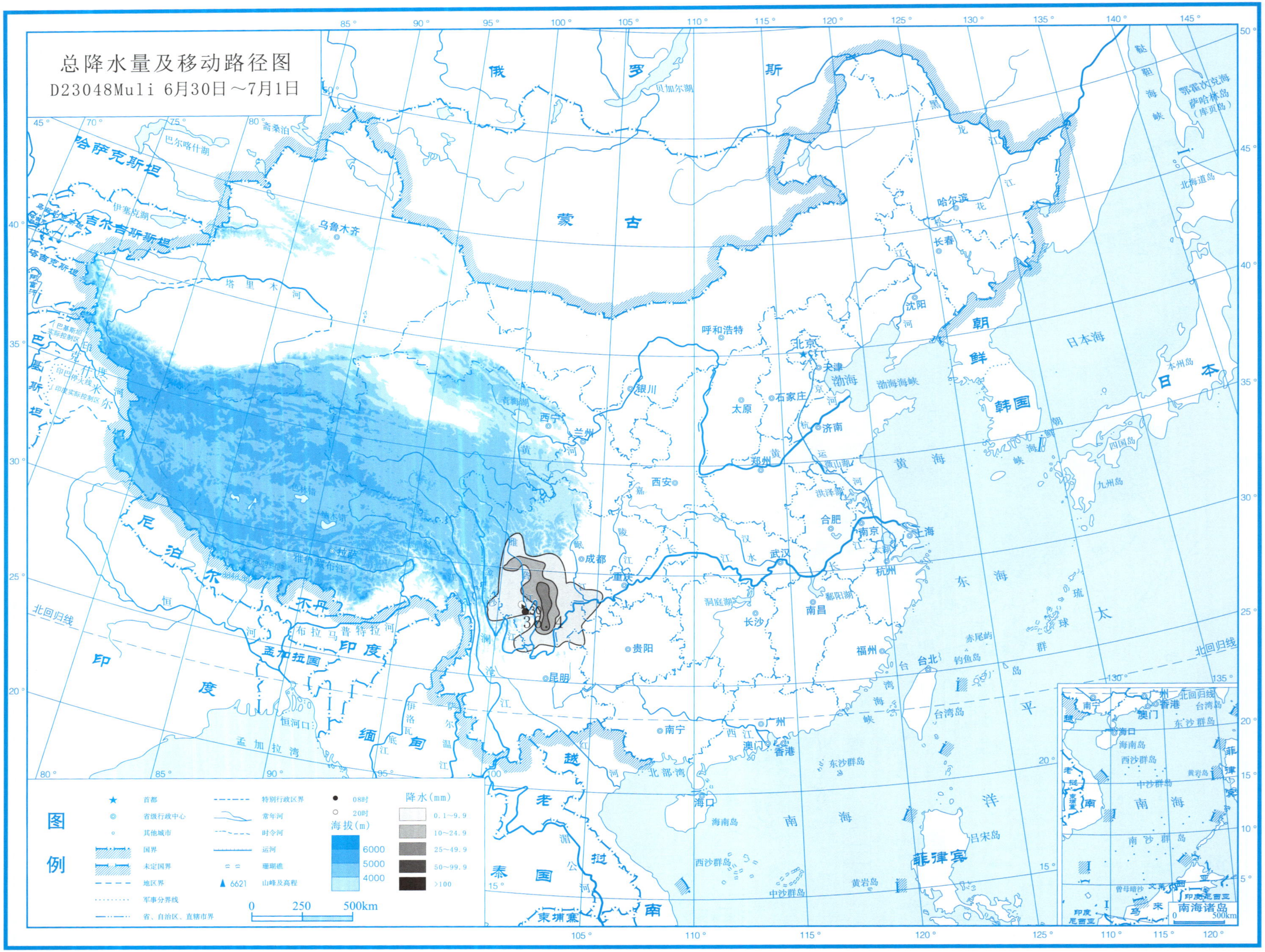
总降水量及移动路径图
D23048Muli 6月30日～7月1日
图例
首都
省级行政中心
其他城市
国界
未定国界
地区界
军事分界线
省、自治区、直辖市界
特别行政区界
常年河
时令河
运河
珊瑚礁
山峰及高程
08时
20时
海拔(m)
6000
5000
4000
降水(mm)
0.1~9.9
10~24.9
25~49.9
50~99.9
>100
0 250 500km
南海诸岛

总降水日数图
6月30日～7月1日

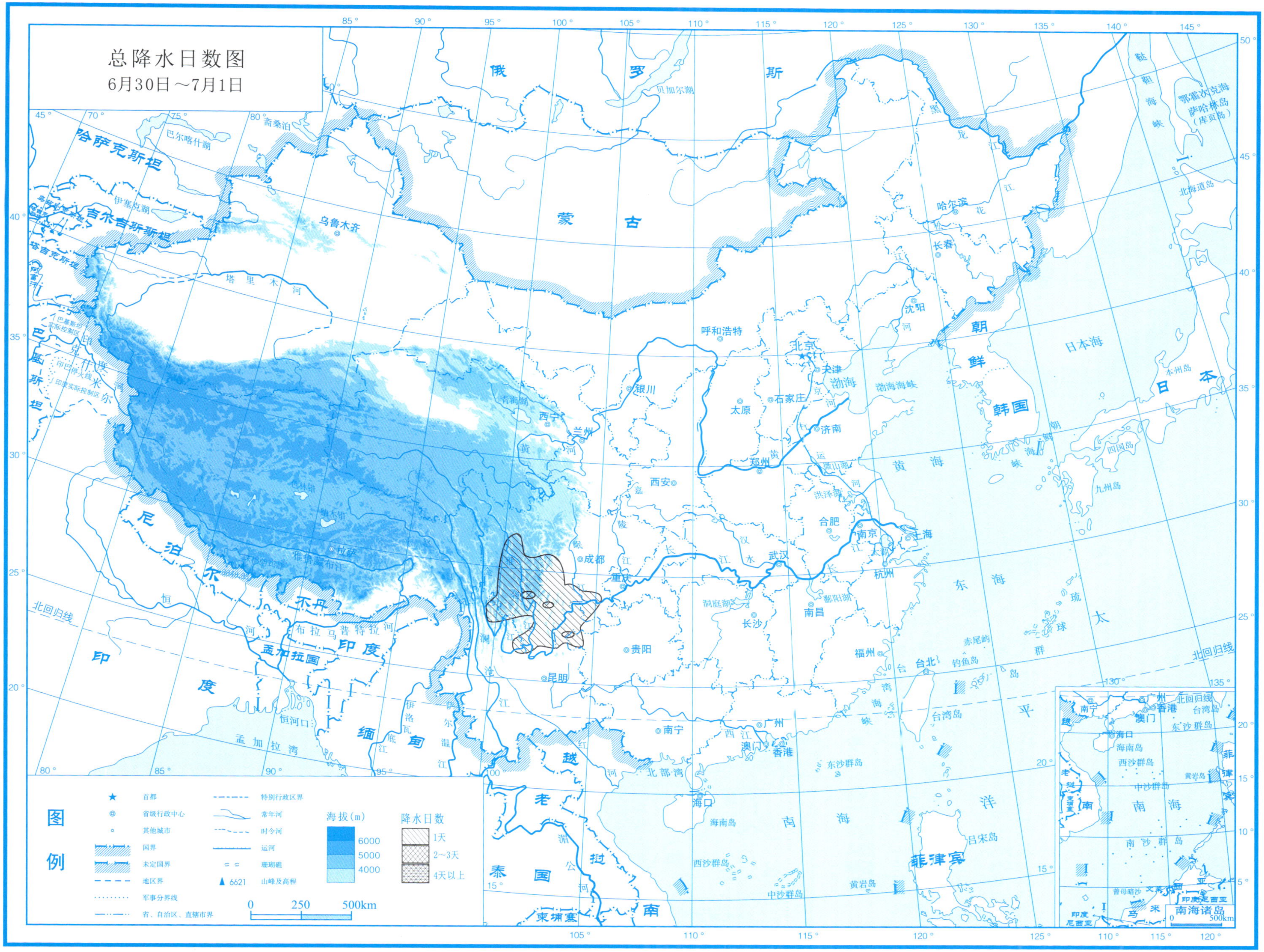

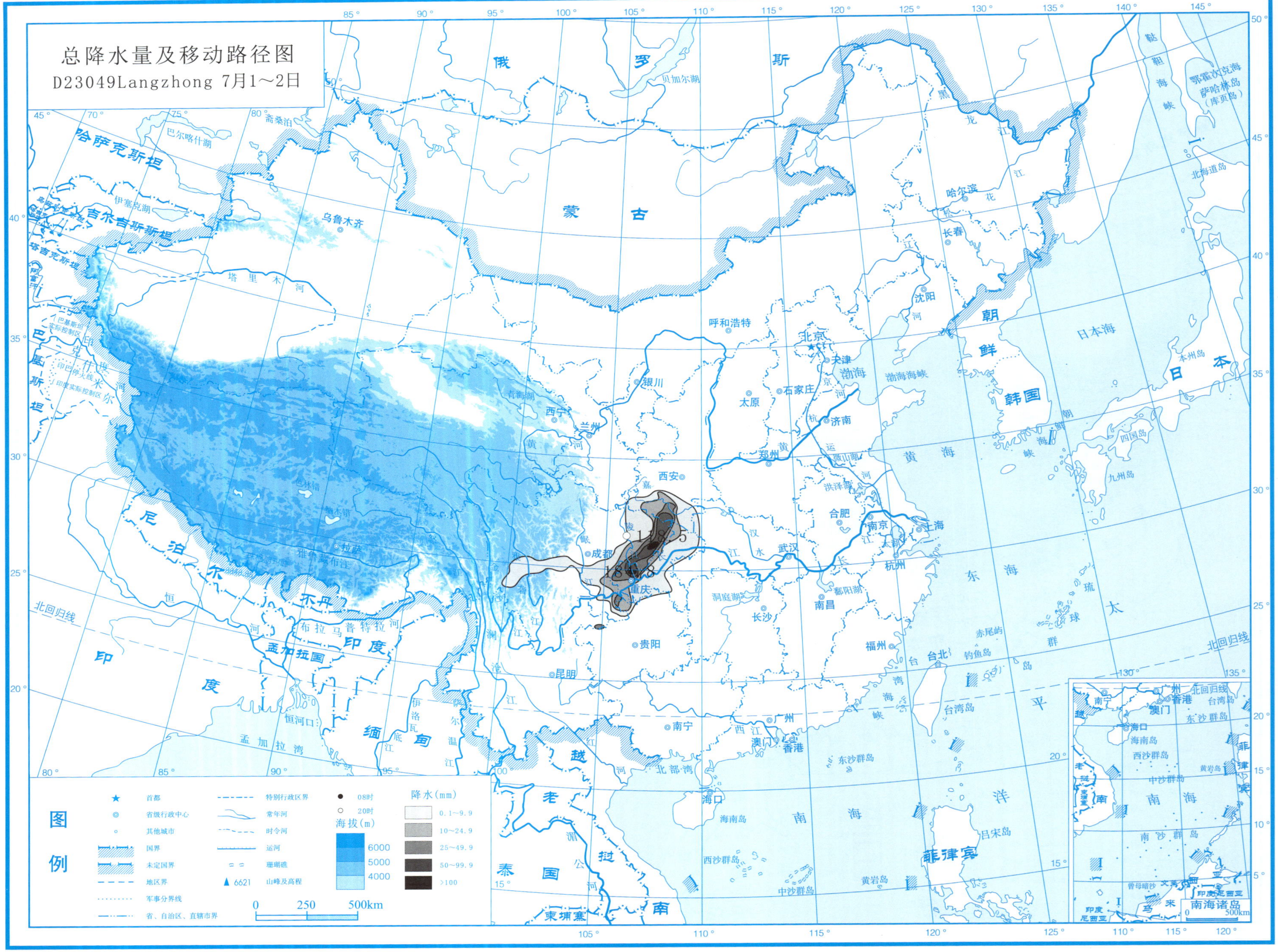
总降水量及移动路径图
D23049Langzhong 7月1～2日
图例
首都
省级行政中心
其他城市
国界
未定国界
地区界
军事分界线
省、自治区、直辖市界
特别行政区界
常年河
时令河
运河
珊瑚礁
6621 山峰及高程
08时
20时
海拔(m)
6000
5000
4000
降水(mm)
0.1～9.9
10～24.9
25～49.9
50～99.9
>100
0 250 500km
南海诸岛

总降水日数图

7月1～2日

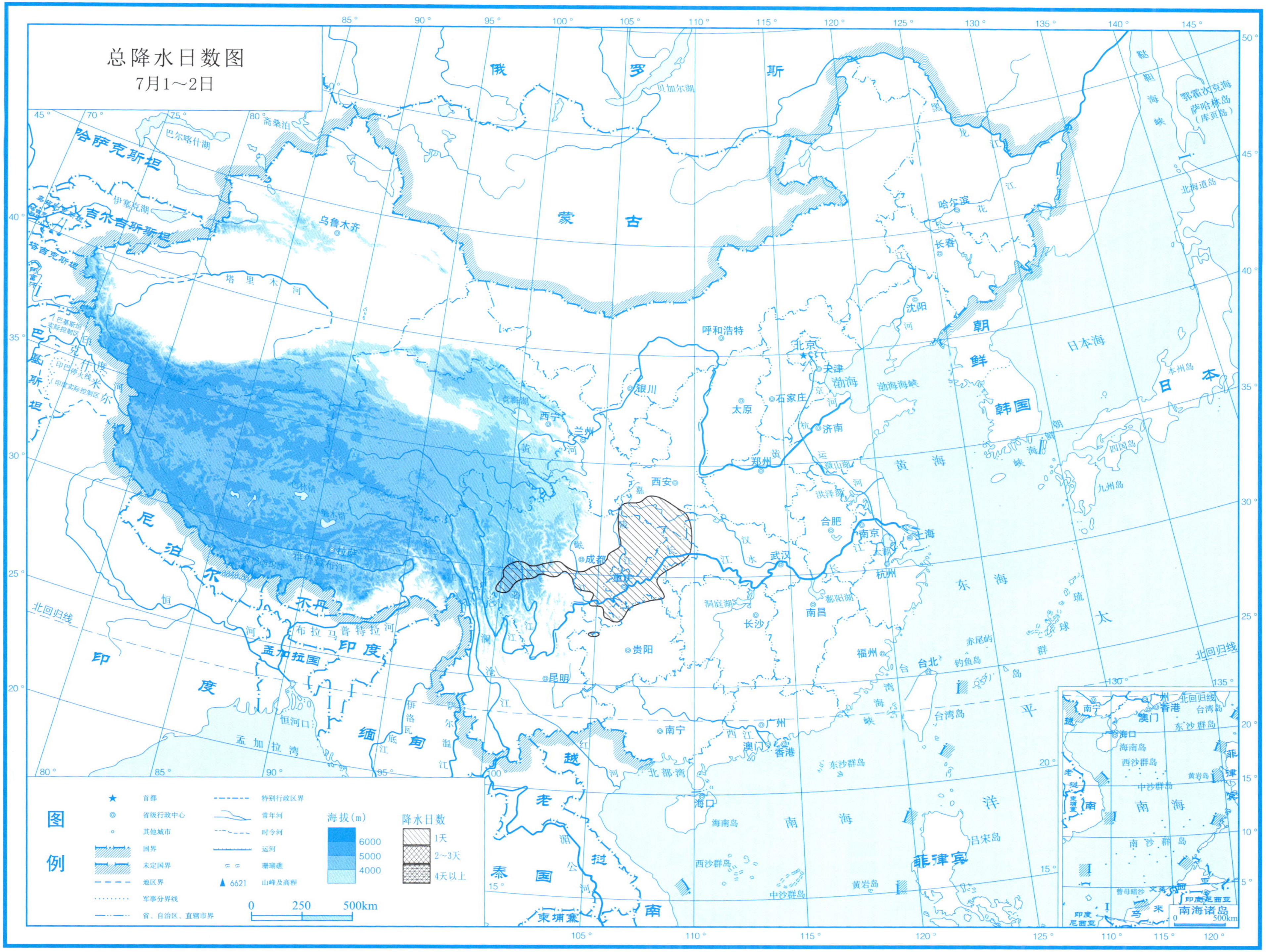

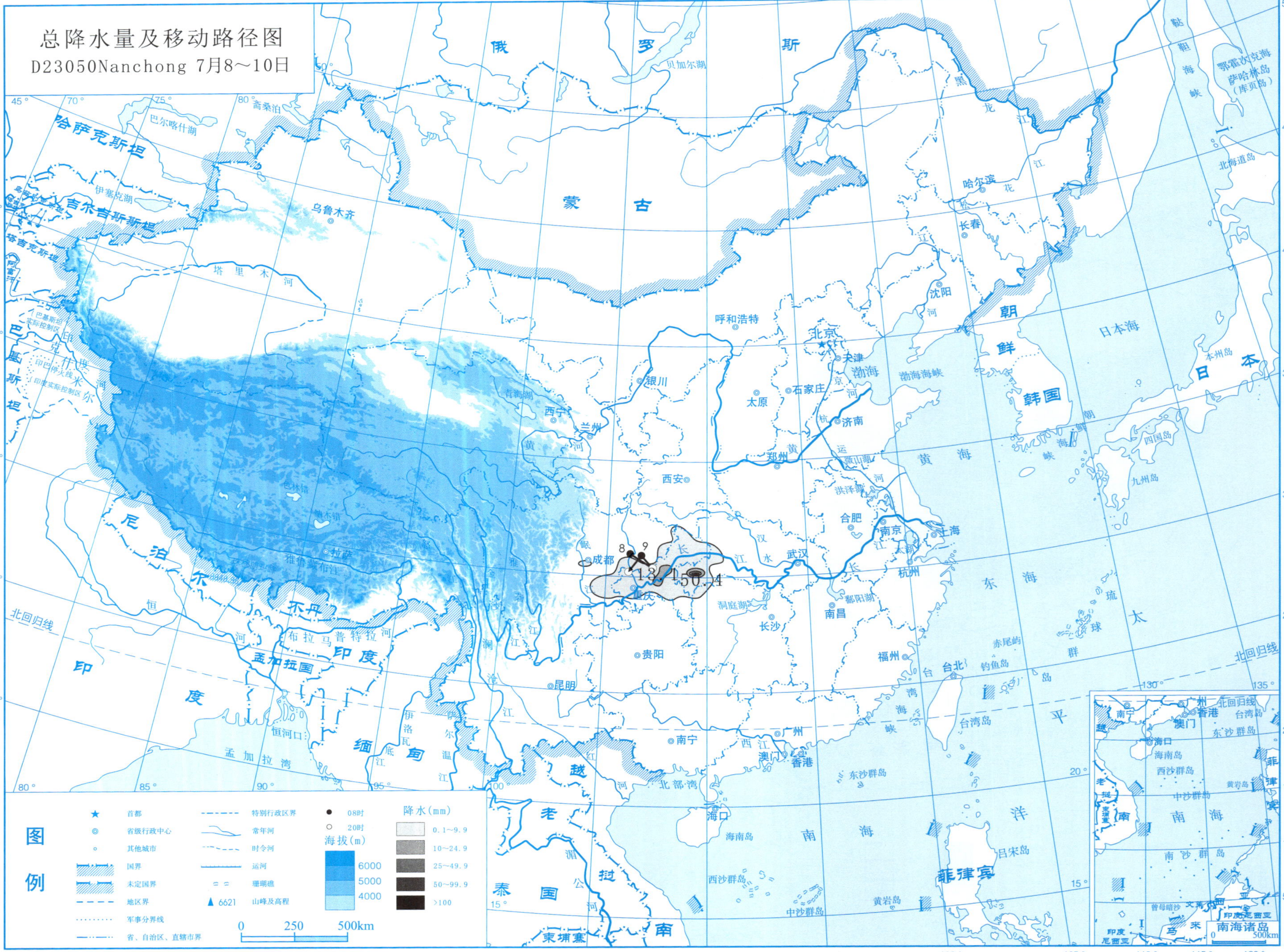

总降水量及移动路径图
D23050Nanchong 7月8～10日
图例
首都
省级行政中心
其他城市
国界
未定国界
地区界
军事分界线
省、自治区、直辖市界
特别行政区界
常年河
时令河
运河
珊瑚礁
6621 山峰及高程
08时
20时
海拔(m)
6000
5000
4000
降水(mm)
0.1~9.9
10~24.9
25~49.9
50~99.9
>100
0 250 500km
南海诸岛

总降水日数图
7月8～10日

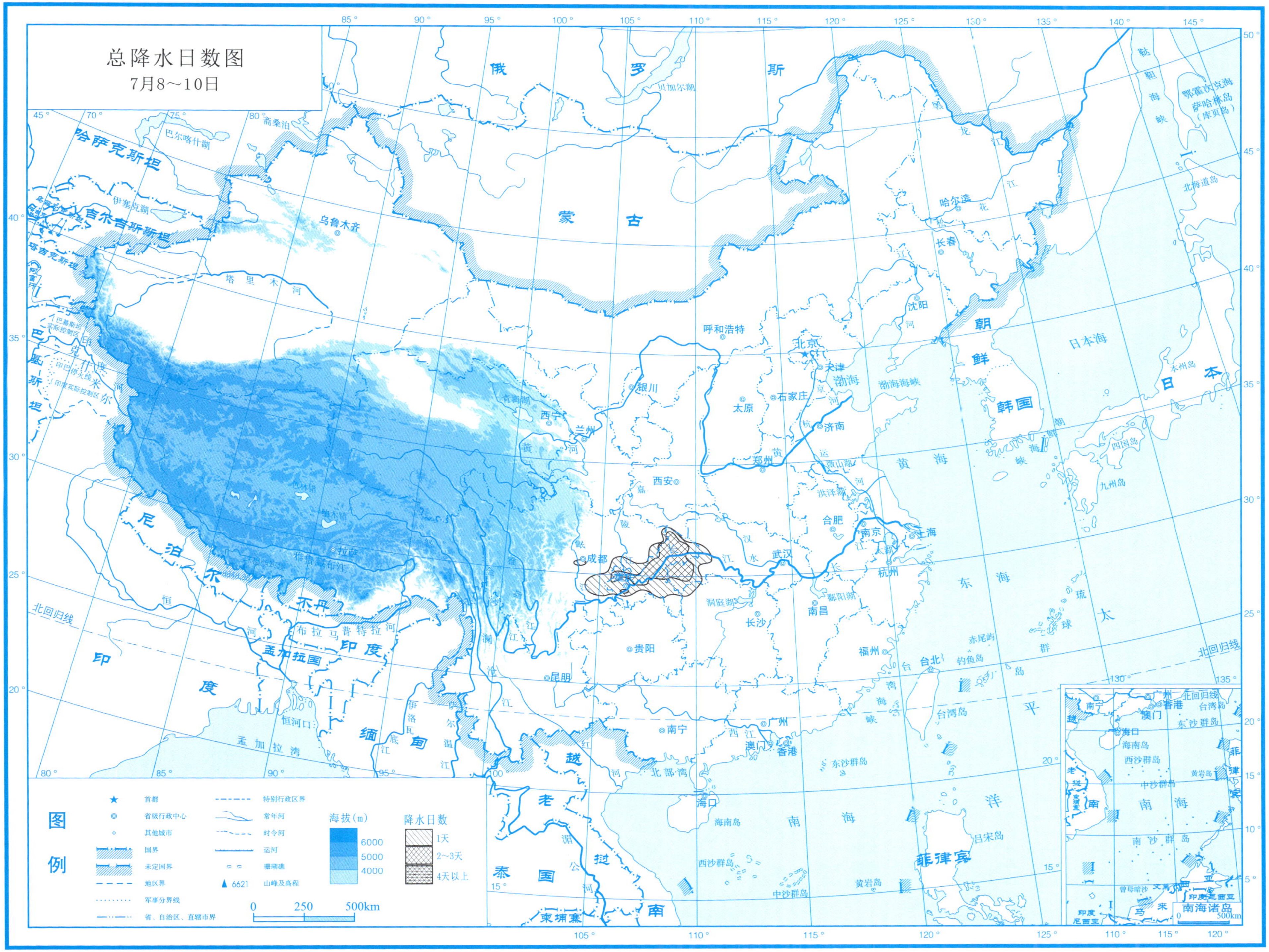

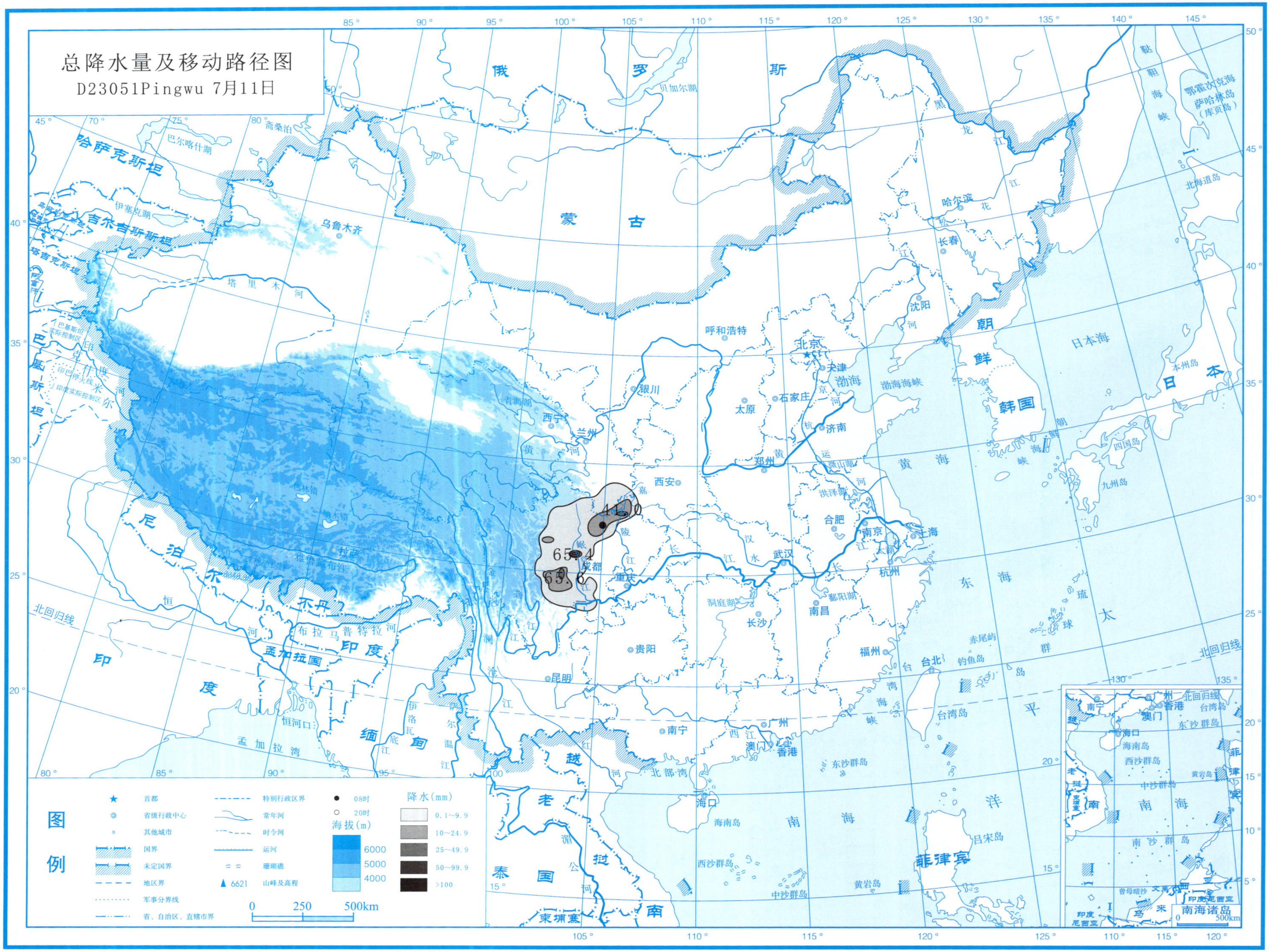
总降水量及移动路径图
D23051Pingwu 7月11日
41.0
65.4
65.6
成都
重庆
西安
兰州
西宁
贵阳
昆明
武汉
长沙
南宁
北京
图例
首都
省级行政中心
其他城市
国界
未定国界
地区界
军事分界线
省、自治区、直辖市界
特别行政区界
常年河
时令河
运河
珊瑚礁
6621 山峰及高程
08时
20时
海拔(m)
6000
5000
4000
降水(mm)
0.1~9.9
10~24.9
25~49.9
50~99.9
>100
0 250 500km
南海诸岛

总降水日数图

7月11日

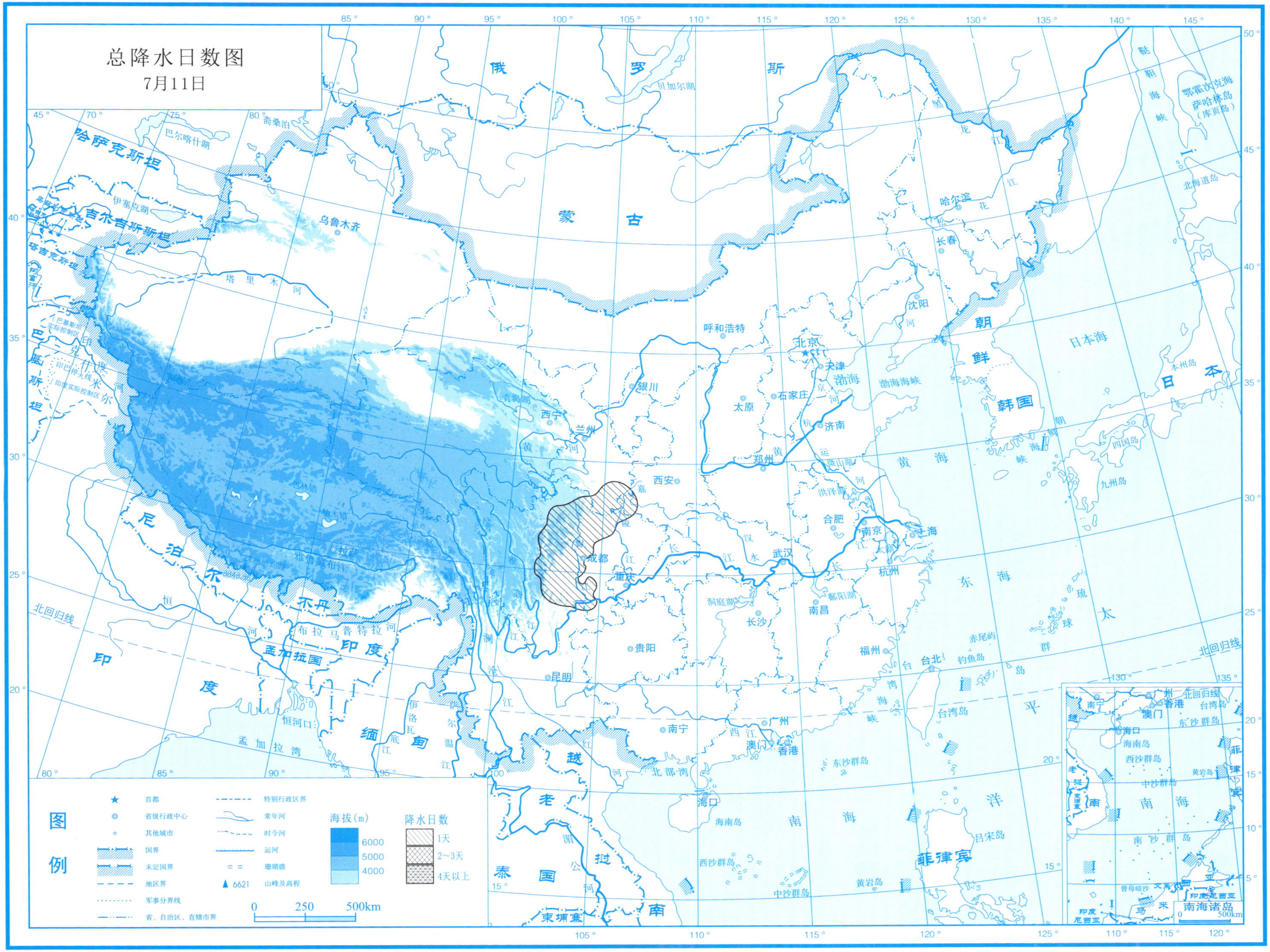

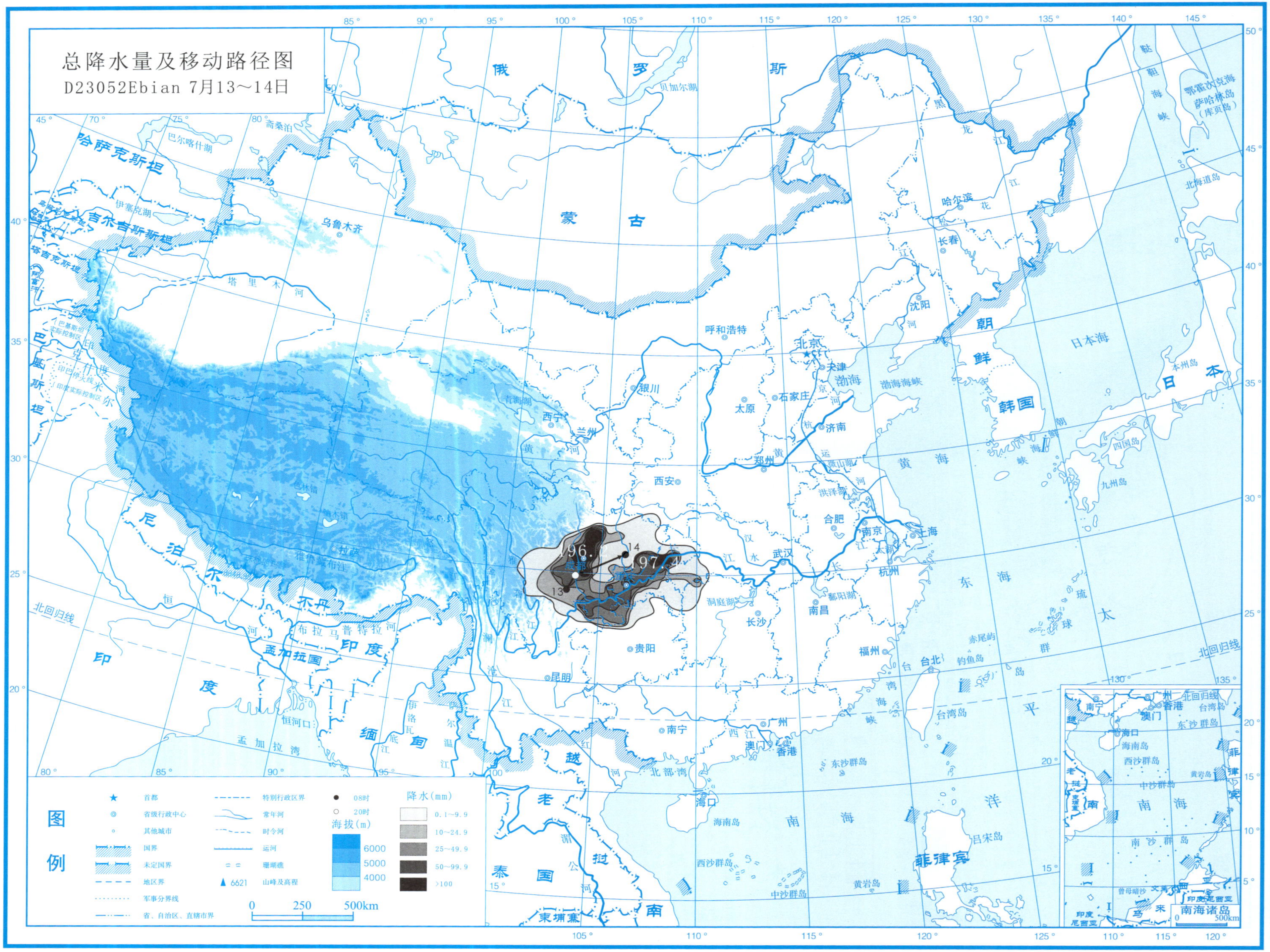
总降水量及移动路径图
D23052Ebian 7月13～14日
96.7
97.4
13
14
图例
首都
省级行政中心
其他城市
国界
未定国界
地区界
军事分界线
省、自治区、直辖市界
特别行政区界
常年河
时令河
运河
珊瑚礁
6621 山峰及高程
08时
20时
海拔(m)
6000
5000
4000
降水(mm)
0.1～9.9
10～24.9
25～49.9
50～99.9
>100
0 250 500km
南海诸岛

总降水日数图

7月13～14日

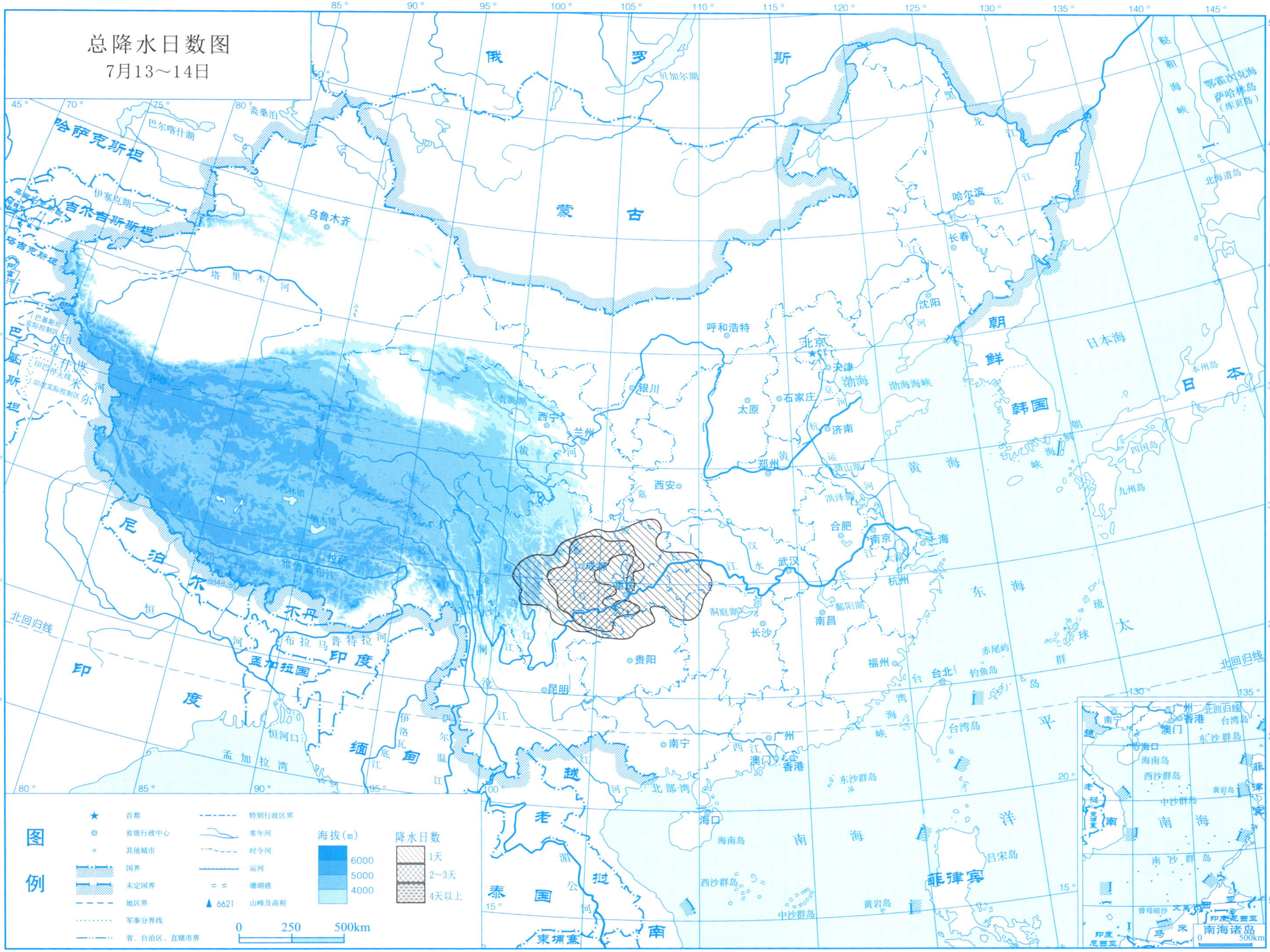

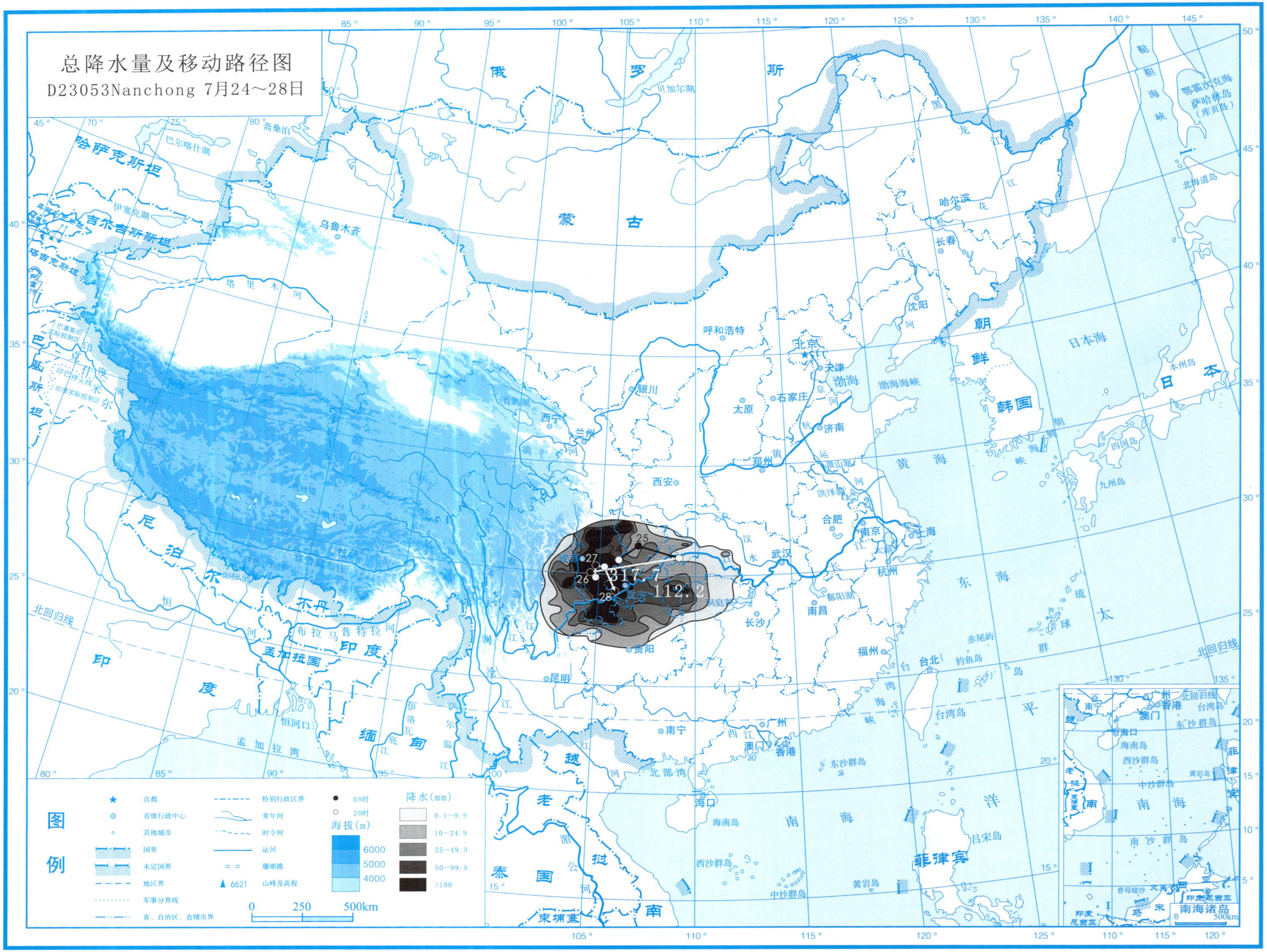

总降水量及移动路径图
D23053Nanchong 7月24~28日

总降水日数图

7月24～28日

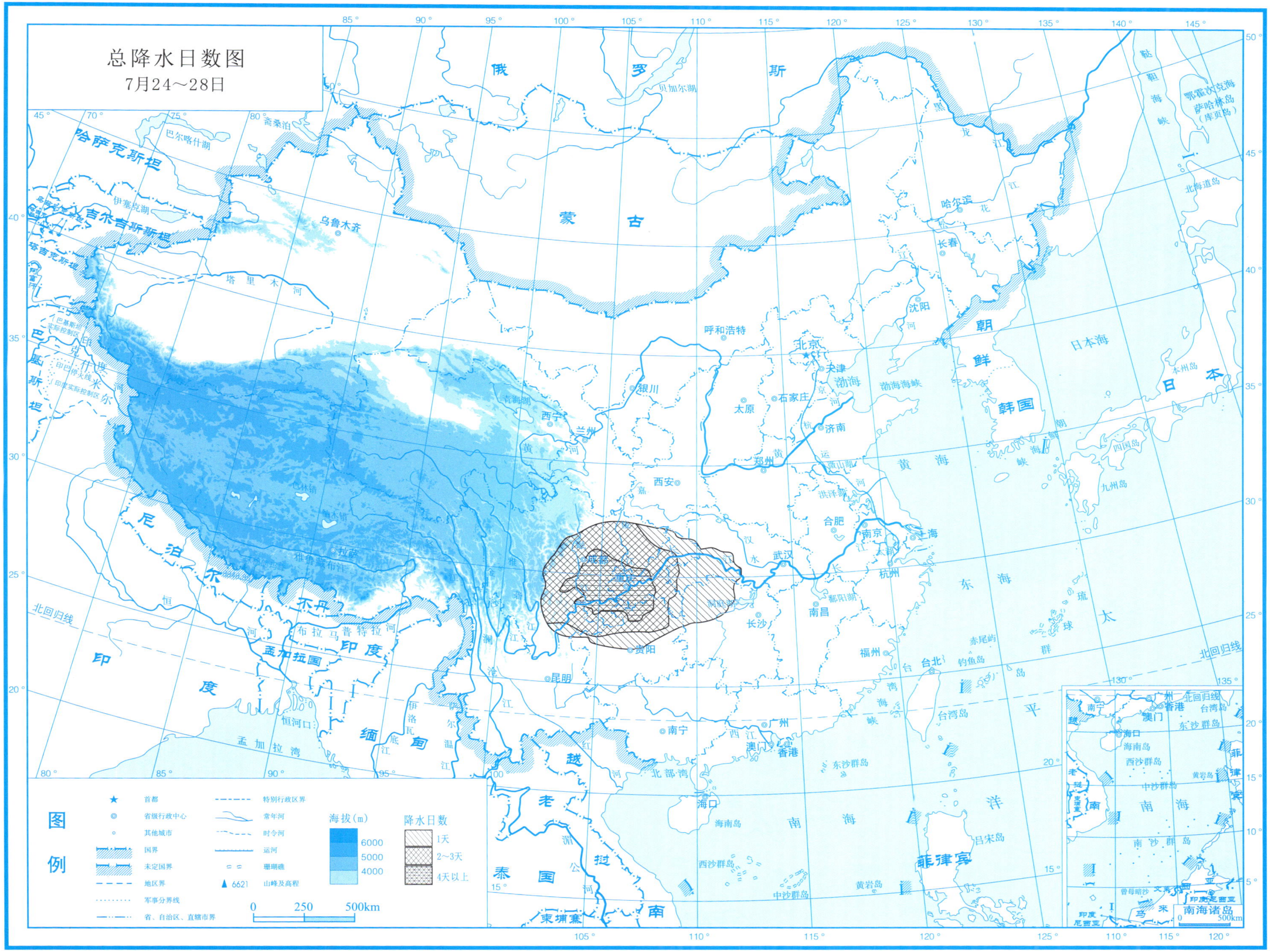

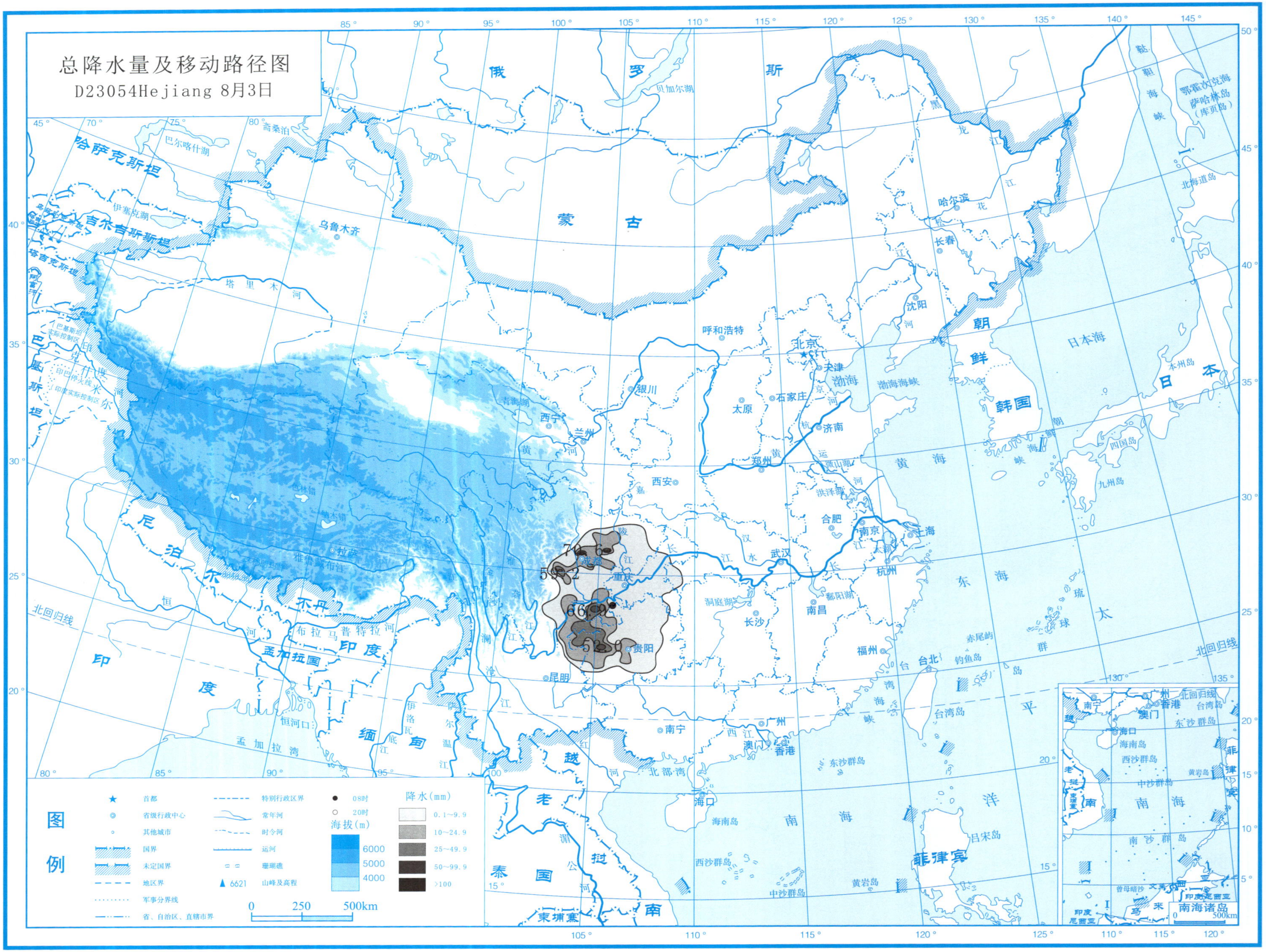
总降水量及移动路径图
D23054Hejiang 8月3日
俄 罗 斯
贝加尔湖
蒙 古
哈萨克斯坦
吉尔吉斯斯坦
塔吉克斯坦
乌鲁木齐
塔 里 木 河
呼和浩特
北京
天津
石家庄
太原
银川
西宁
兰州
济南
郑州
西安
合肥
南京
上海
武汉
杭州
南昌
长沙
重庆
成都
贵阳
昆明
南宁
广州
澳门
香港
福州
台北
海口
拉萨
沈阳
长春
哈尔滨
朝 鲜
韩国
日本
日本海
黄 海
东 海
南 海
尼 泊 尔
不丹
印 度
孟加拉国
缅 甸
越 南
老 挝
泰 国
柬埔寨
菲律宾
北回归线
南海诸岛
图 例
首都
省级行政中心
其他城市
国界
未定国界
地区界
军事分界线
省、自治区、直辖市界
特别行政区界
常年河
时令河
运河
珊瑚礁
山峰及高程
08时
20时
海拔(m)
6000
5000
4000
降水(mm)
0.1～9.9
10～24.9
25～49.9
50～99.9
>100
0 250 500km

总降水日数图

8月3日

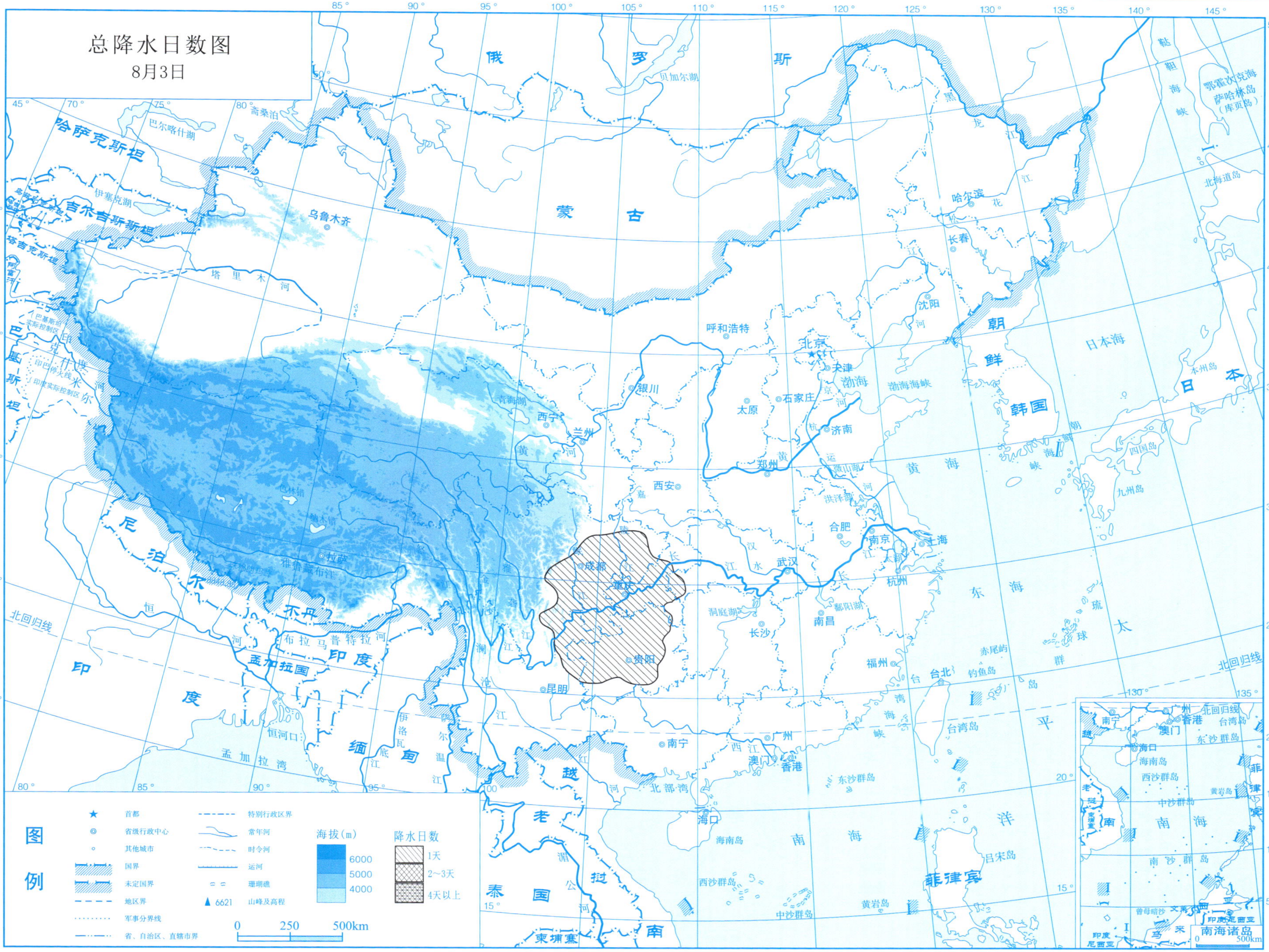
图例
首都
省级行政中心
其他城市
国界
未定国界
地区界
军事分界线
省、自治区、直辖市界
特别行政区界
常年河
时令河
运河
珊瑚礁
山峰及高程
6621
海拔(m)
6000
5000
4000
降水日数
1天
2~3天
4天以上
0
250
500km
俄
罗
斯
蒙
古
哈萨克斯坦
吉尔吉斯斯坦
尼
泊
尔
不丹
印度
孟加拉国
缅
甸
越
南
老
挝
泰
国
柬埔寨
朝
鲜
韩国
日
本
北京
天津
石家庄
太原
呼和浩特
沈阳
长春
哈尔滨
济南
郑州
西安
银川
兰州
西宁
乌鲁木齐
拉萨
成都
重庆
贵阳
昆明
南宁
广州
香港
澳门
海口
长沙
武汉
南昌
合肥
南京
上海
杭州
福州
台北
日本海
渤海
黄
海
东
海
南
海
太
平
洋
北回归线
南海诸岛

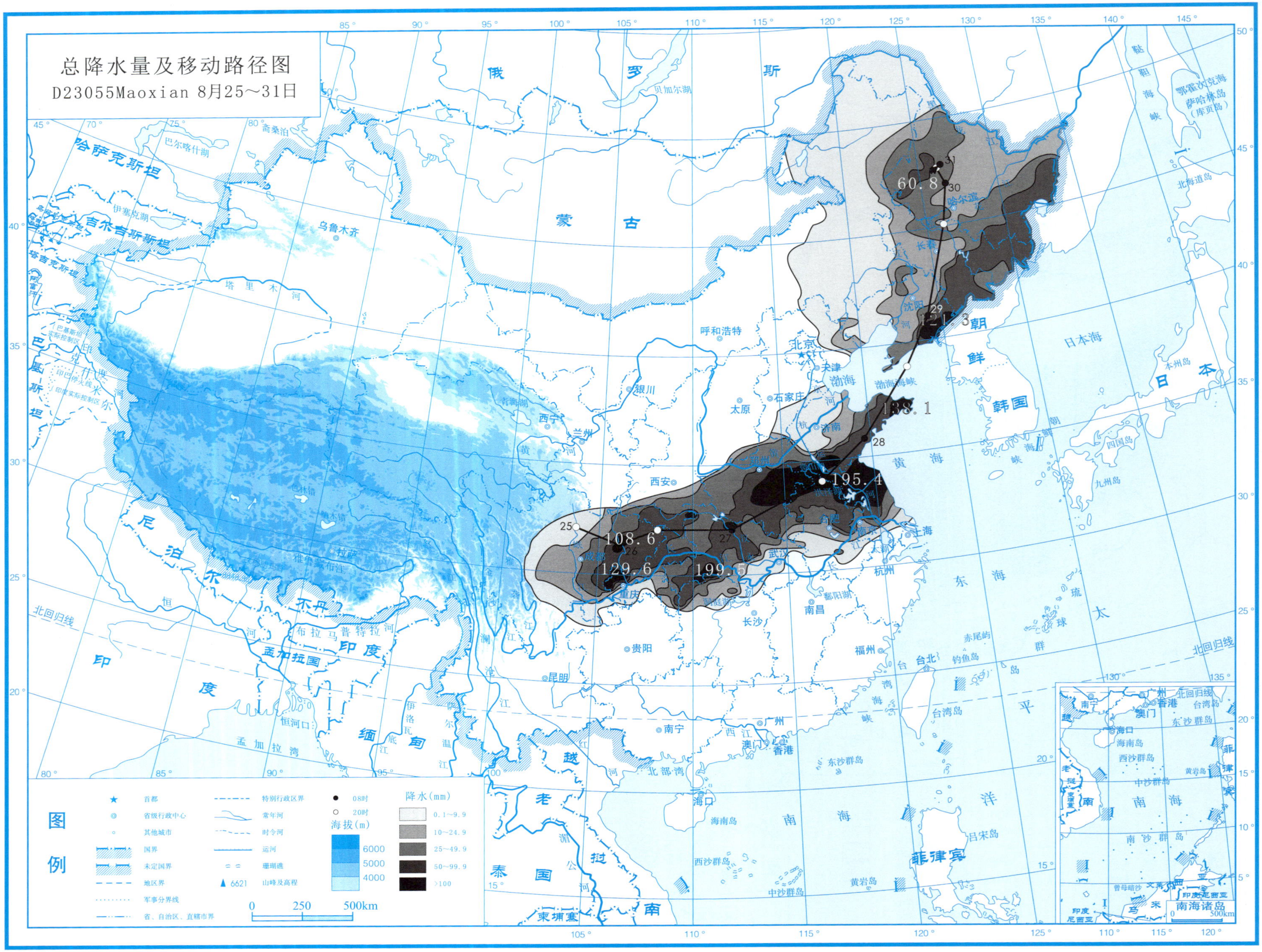
总降水量及移动路径图
D23055Maoxian 8月25～31日
60.8
121.3
138.1
195.4
108.6
129.6
199.5
25
26
27
28
29
30
31
图例
首都
省级行政中心
其他城市
国界
未定国界
地区界
军事分界线
省、自治区、直辖市界
特别行政区界
常年河
时令河
运河
珊瑚礁
山峰及高程
08时
20时
海拔(m)
6000
5000
4000
降水(mm)
0.1～9.9
10～24.9
25～49.9
50～99.9
>100
0 250 500km
俄 罗 斯
蒙 古
哈萨克斯坦
吉尔吉斯斯坦
塔吉克斯坦
朝 鲜
韩国
日 本
日本海
印 度
尼 泊 尔
不丹
孟加拉国
缅 甸
老 挝
越 南
泰 国
柬埔寨
菲律宾
北京
天津
石家庄
太原
呼和浩特
乌鲁木齐
银川
西宁
兰州
西安
济南
成都
重庆
贵阳
昆明
拉萨
武汉
长沙
南昌
杭州
上海
福州
台北
广州
南宁
海口
香港
澳门
沈阳
长春
哈尔滨
渤海
黄 海
东 海
南 海
南海诸岛

总降水日数图
8月25～31日

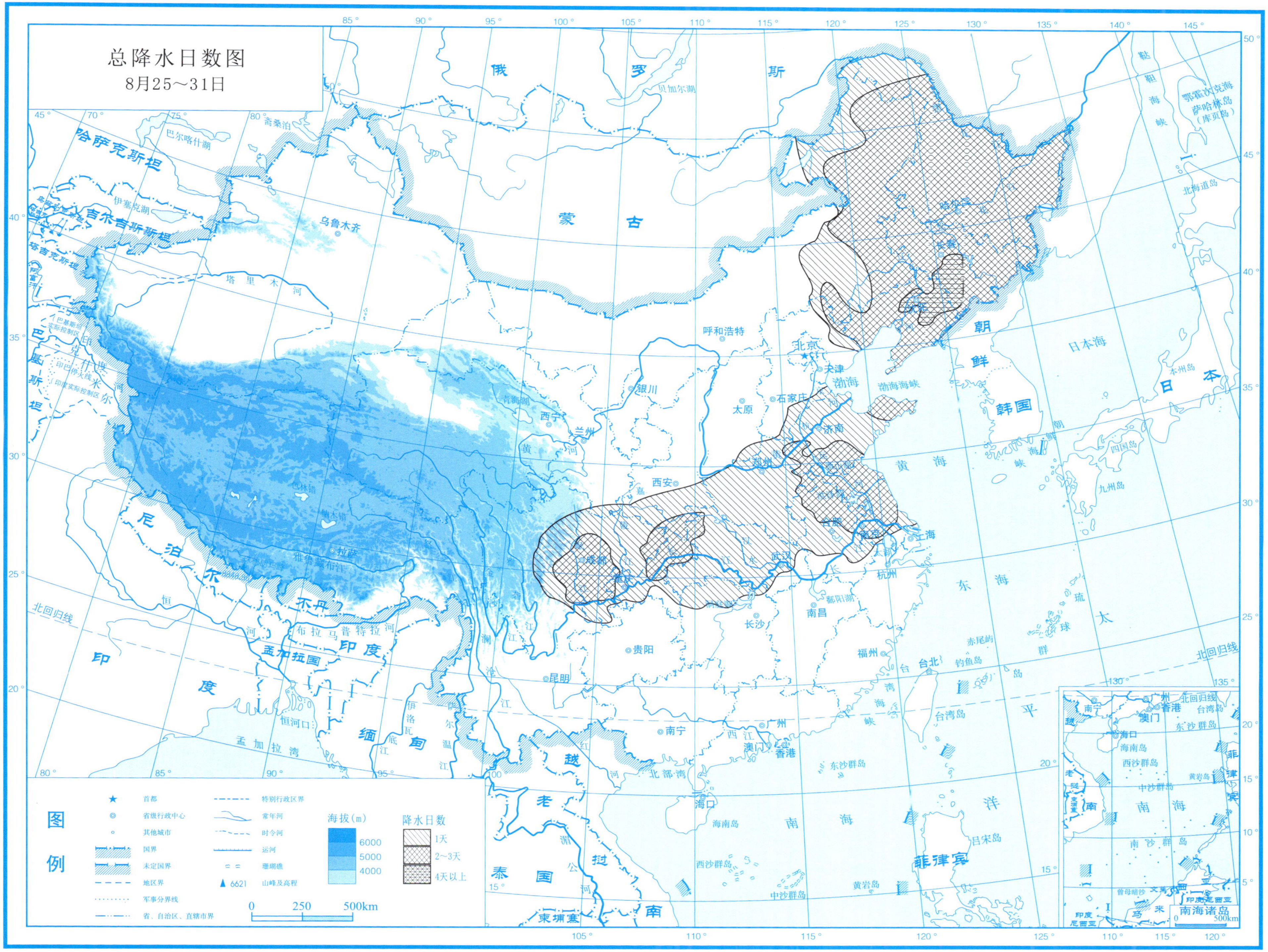

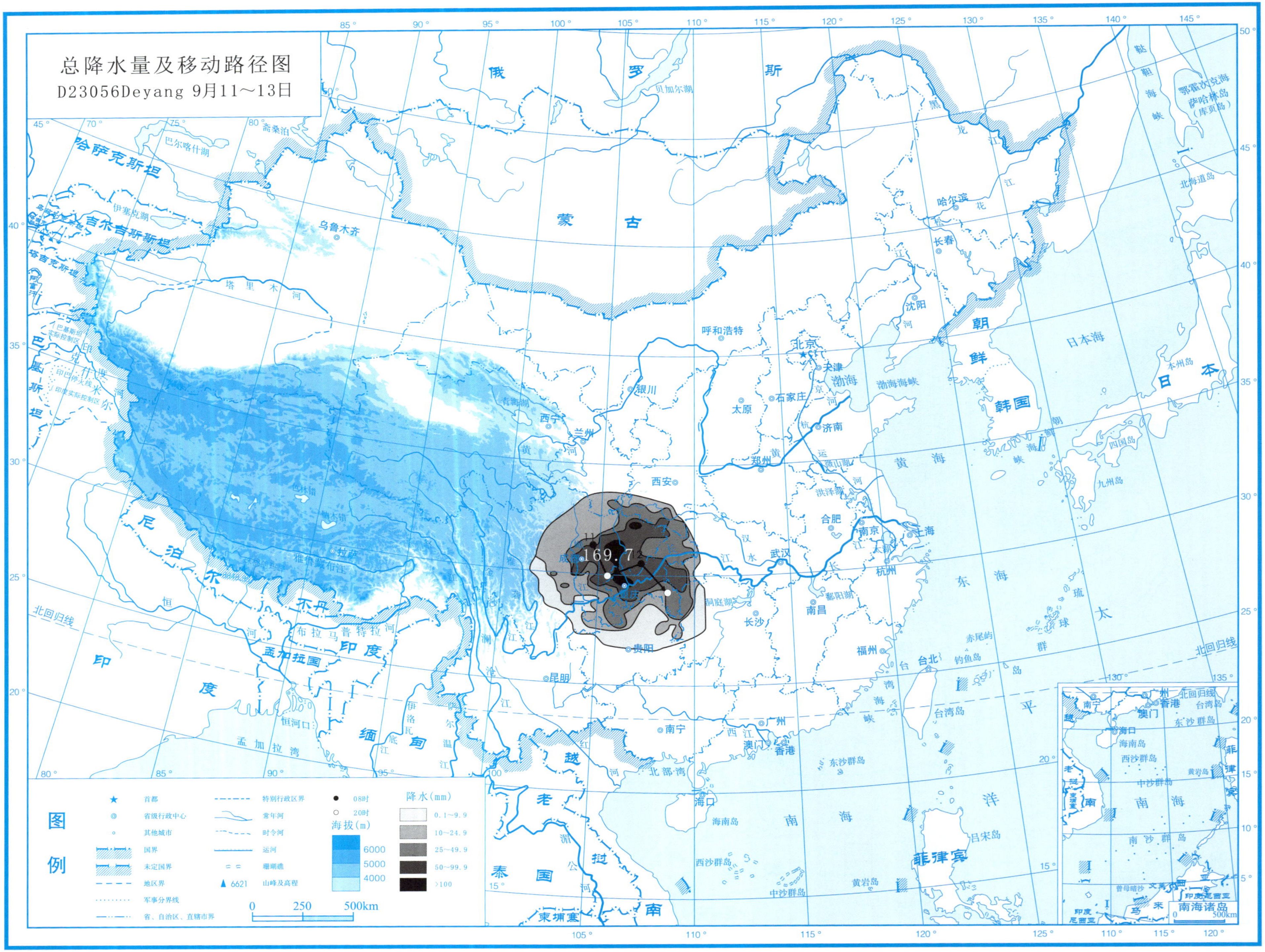
总降水量及移动路径图
D23056Deyang 9月11～13日
169.7
图例
首都
省级行政中心
其他城市
国界
未定国界
地区界
军事分界线
省、自治区、直辖市界
特别行政区界
常年河
时令河
运河
珊瑚礁
6621 山峰及高程
08时
20时
海拔(m)
6000
5000
4000
降水(mm)
0.1～9.9
10～24.9
25～49.9
50～99.9
>100
0 250 500km
南海诸岛

总降水日数图

9月11～13日

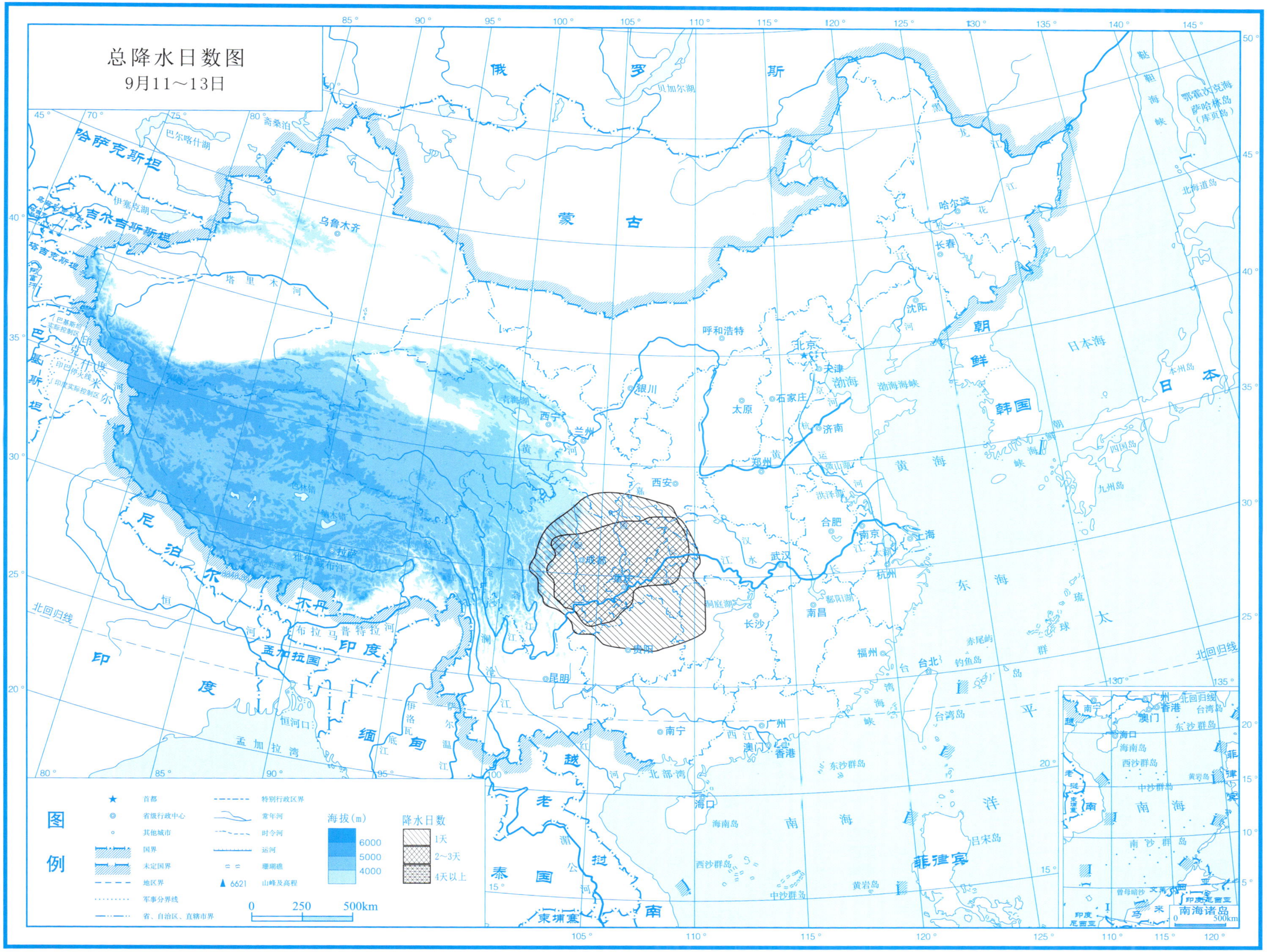

总降水量及移动路径图

D23057Songpan 9月18～19日

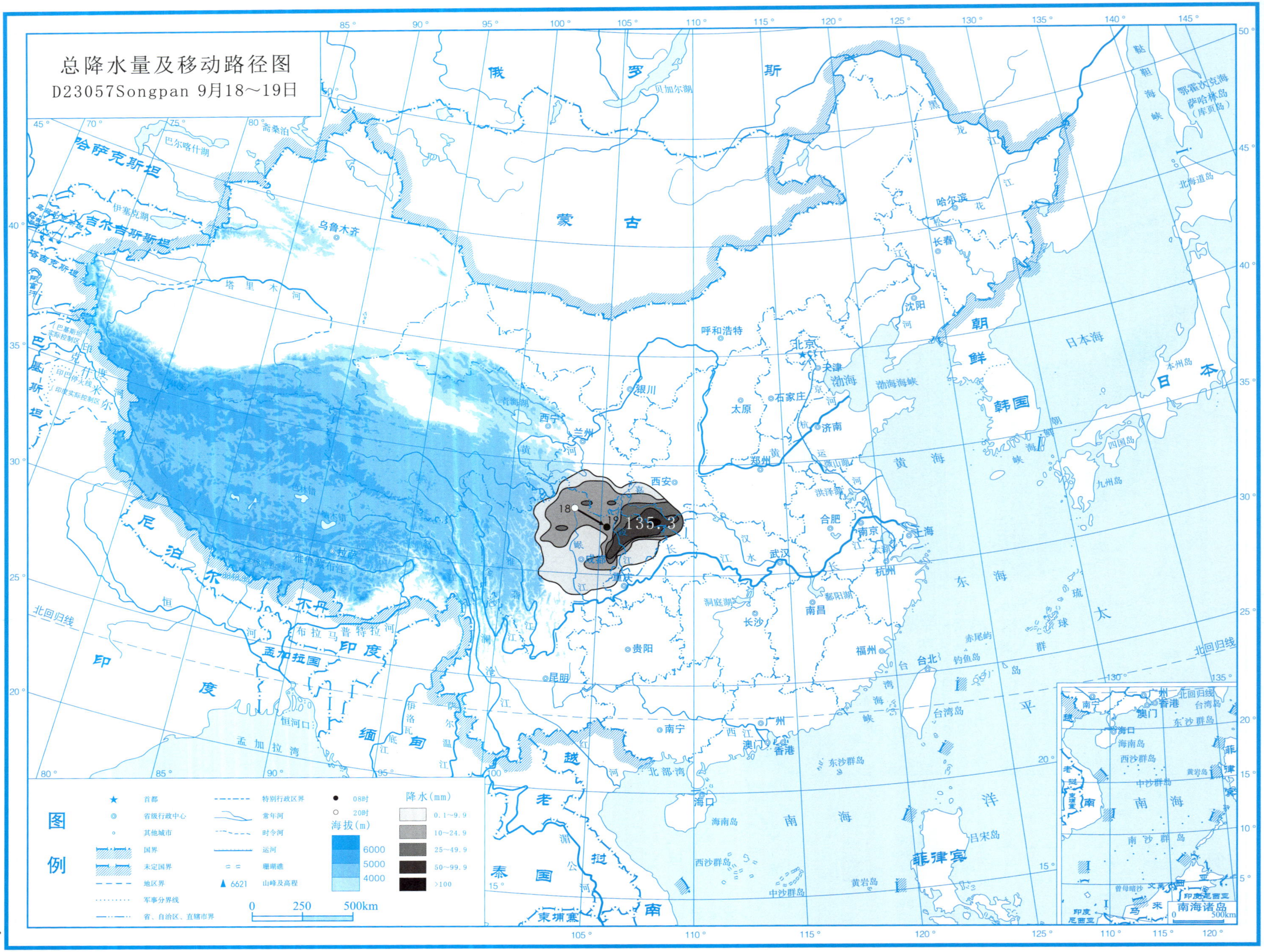

总降水日数图

9月18～19日

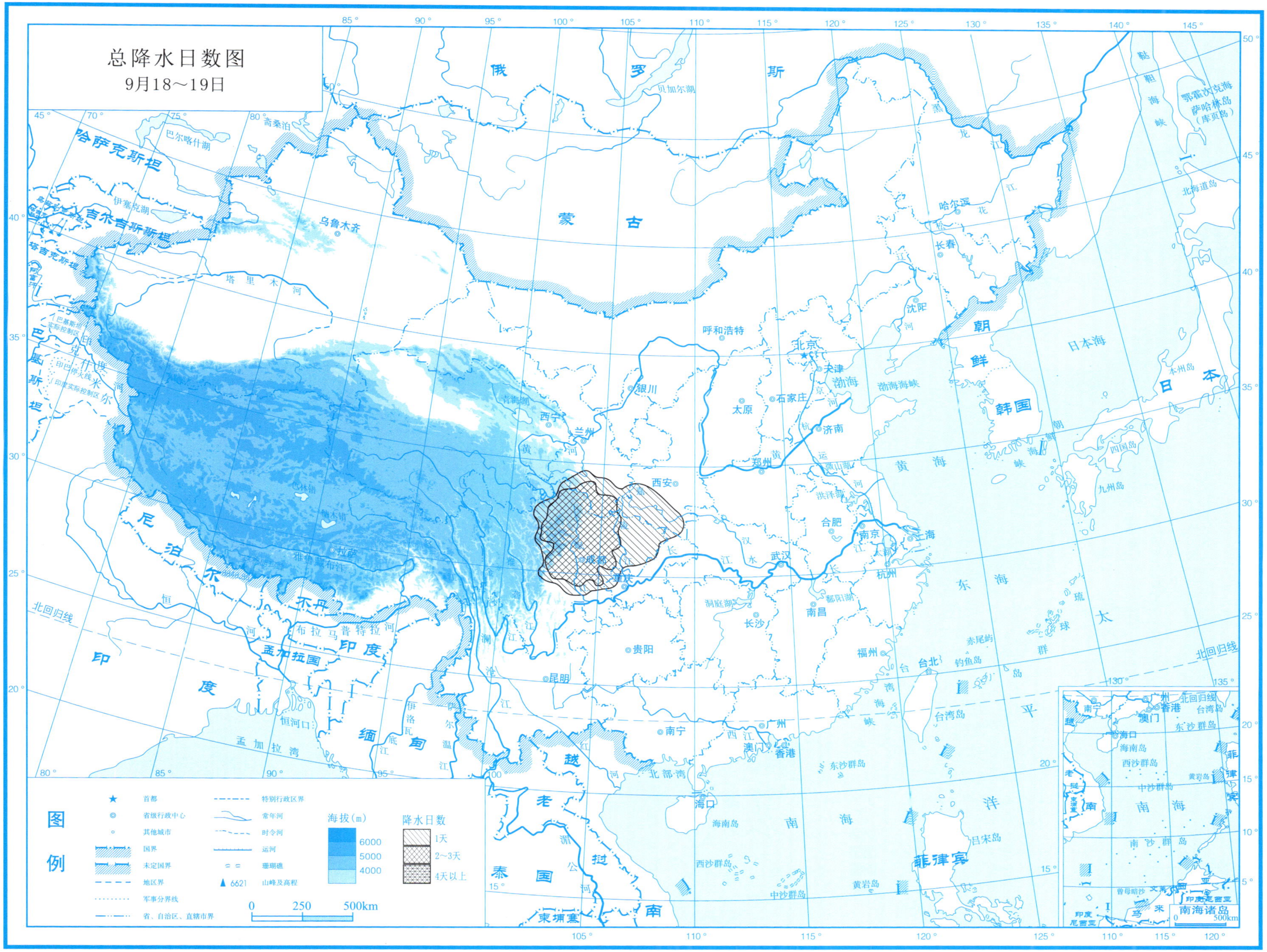

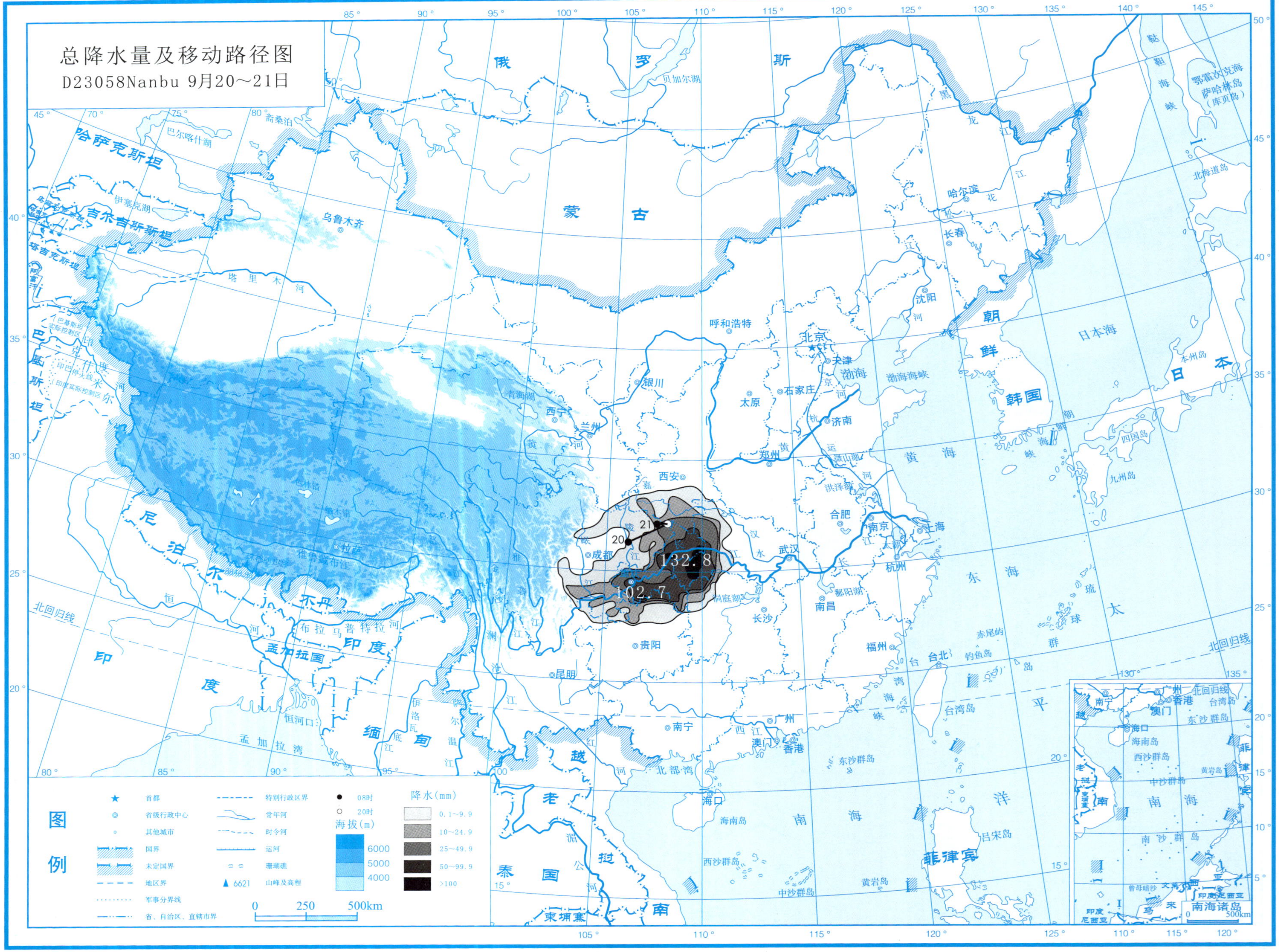
总降水量及移动路径图
D23058Nanbu 9月20～21日
20
21
132.8
102.7
图例
首都
省级行政中心
其他城市
国界
未定国界
地区界
军事分界线
省、自治区、直辖市界
特别行政区界
常年河
时令河
运河
珊瑚礁
6621 山峰及高程
08时
20时
海拔(m)
6000
5000
4000
降水(mm)
0.1～9.9
10～24.9
25～49.9
50～99.9
>100
0 250 500km
俄 罗 斯
蒙 古
哈萨克斯坦
吉尔吉斯斯坦
塔吉克斯坦
巴基斯坦
尼 泊 尔
不丹
孟加拉国
印度
缅 甸
老 挝
越 南
泰 国
柬埔寨
菲律宾
朝鲜
韩国
日本
贝加尔湖
巴尔喀什湖
伊塞克湖
乌鲁木齐
塔 里 木 河
拉萨
西宁
兰州
银川
呼和浩特
北京
天津
石家庄
太原
济南
郑州
西安
成都
贵阳
昆明
南宁
长沙
武汉
南昌
合肥
南京
上海
杭州
福州
台北
广州
澳门
香港
海口
哈尔滨
长春
沈阳
渤海
黄 海
东 海
南 海
日本海
太 平 洋
北回归线
海南岛
东沙群岛
西沙群岛
中沙群岛
黄岩岛
南沙群岛
台湾岛
钓鱼岛
赤尾屿
南海诸岛

总降水日数图

9月20～21日

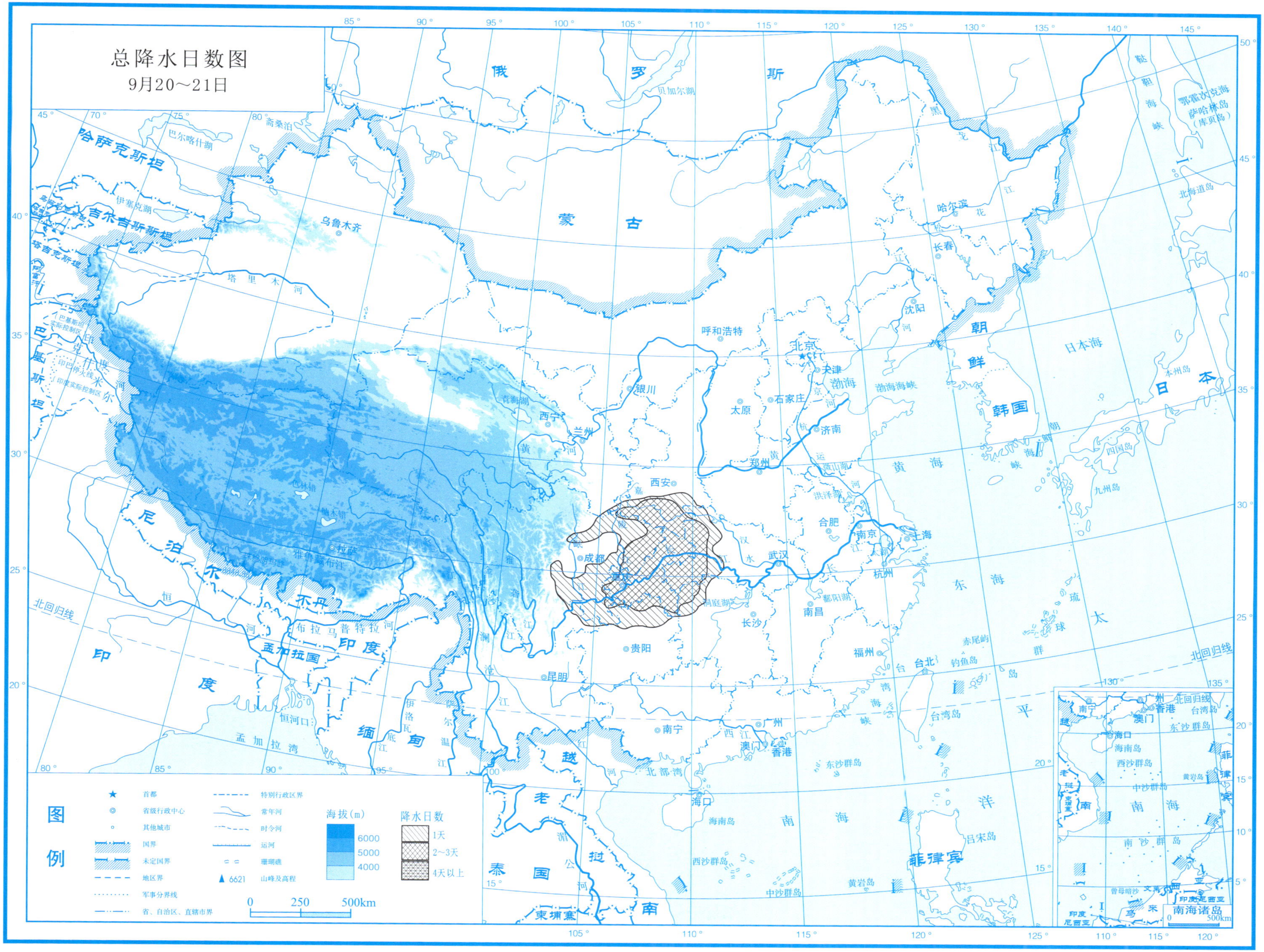

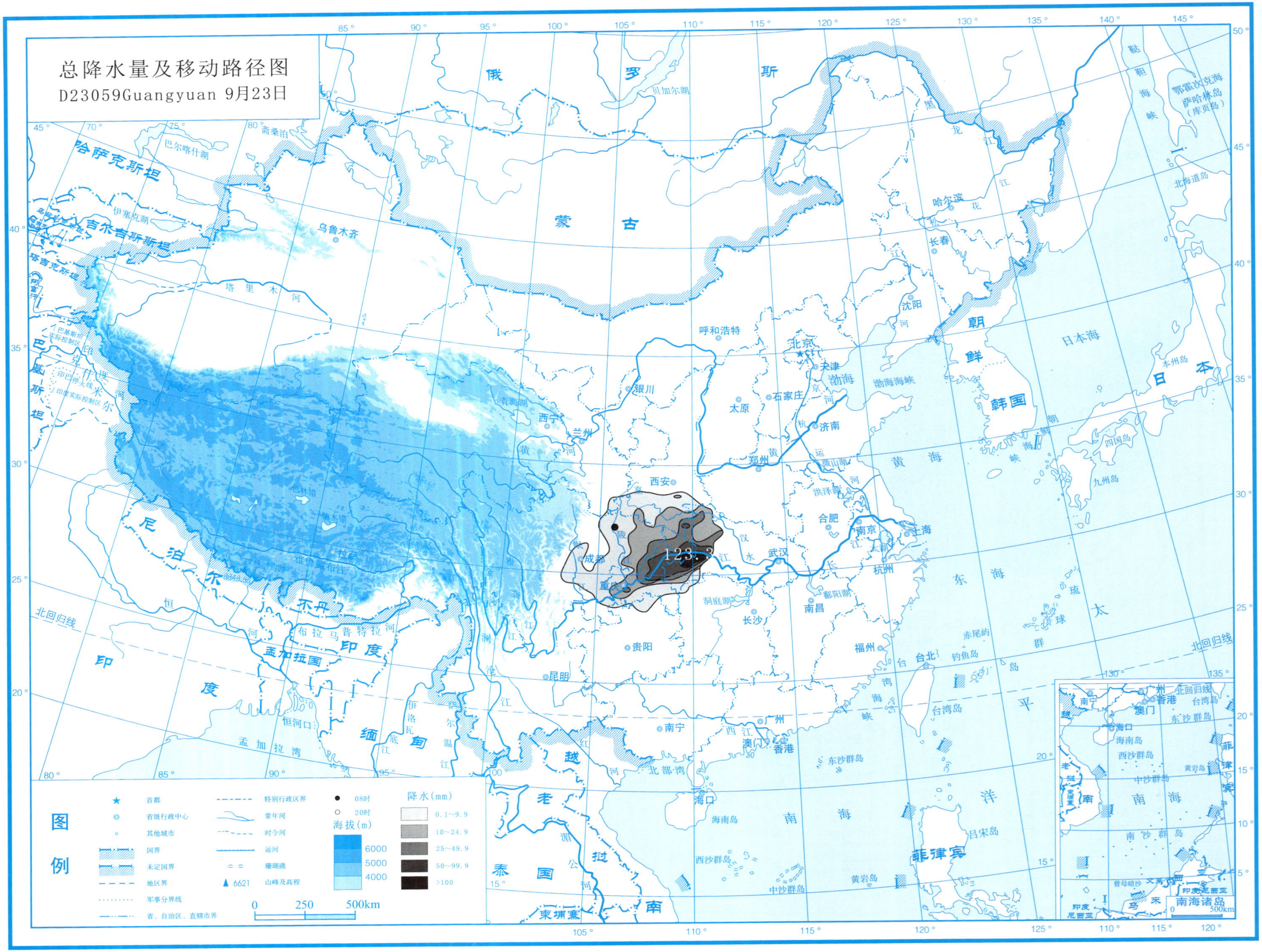

总降水量及移动路径图
D23059Guangyuan 9月23日

总降水日数图

9月23日

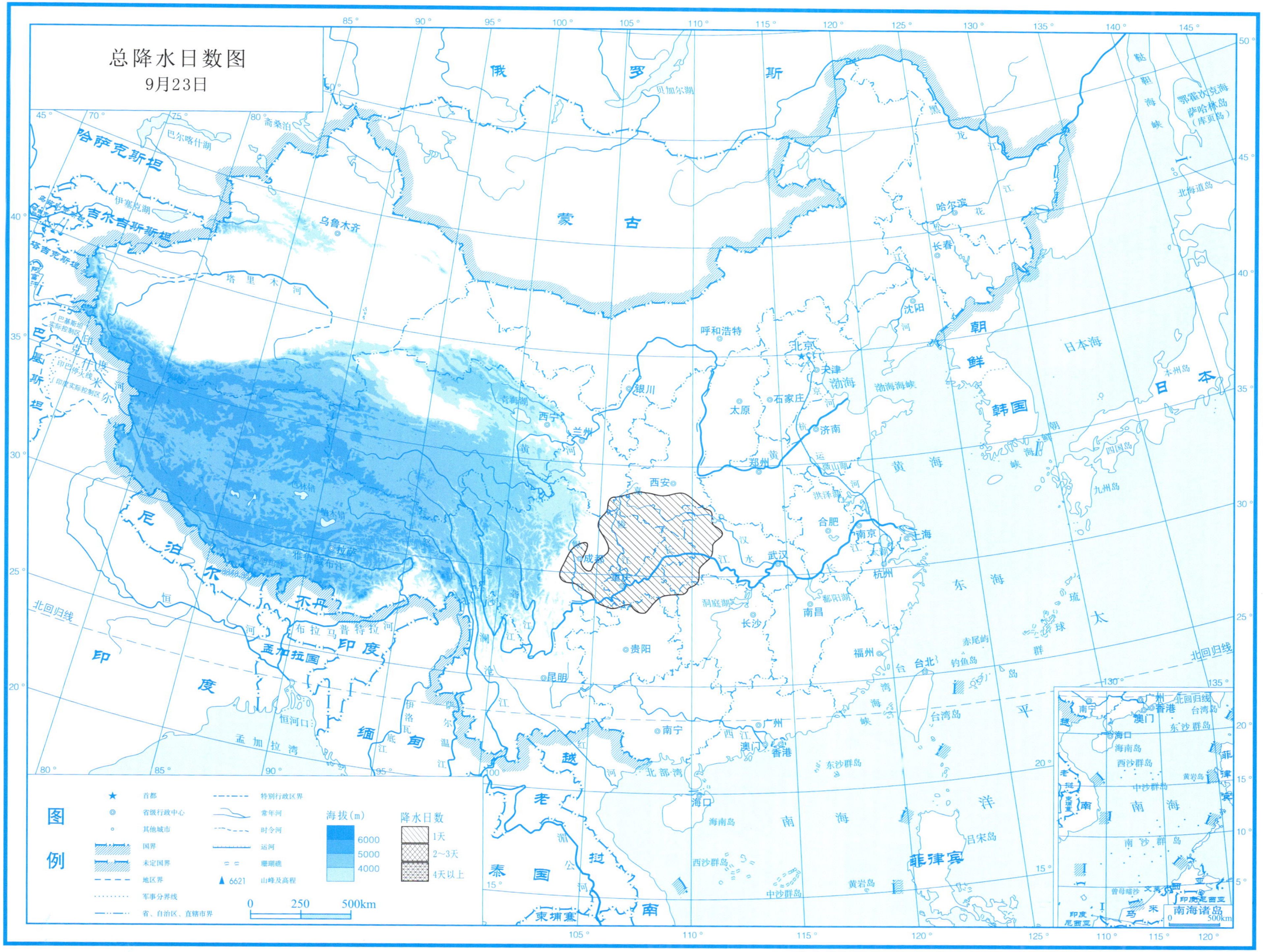

总降水量及移动路径图

D23060Jiange 9月24～25日

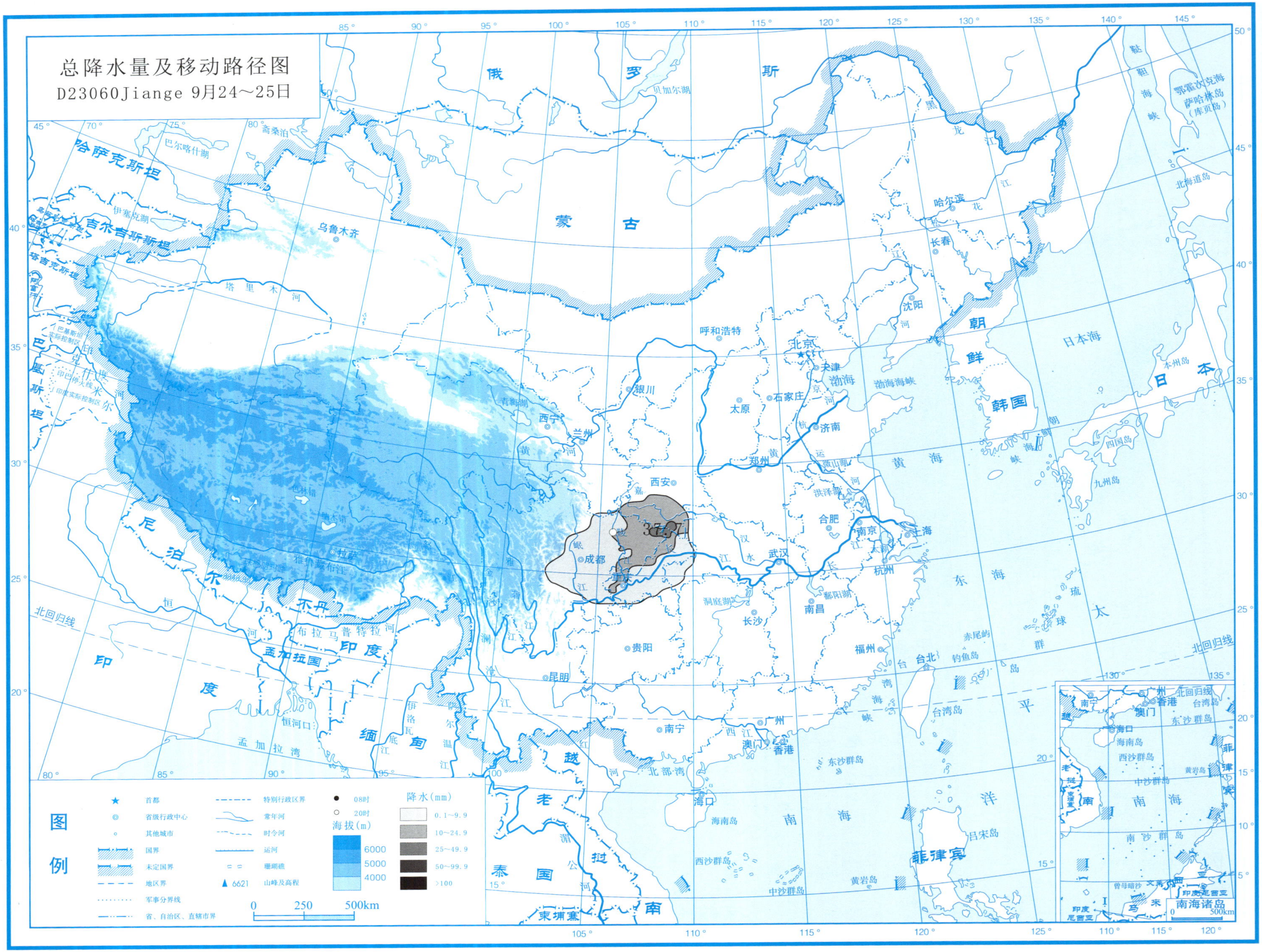

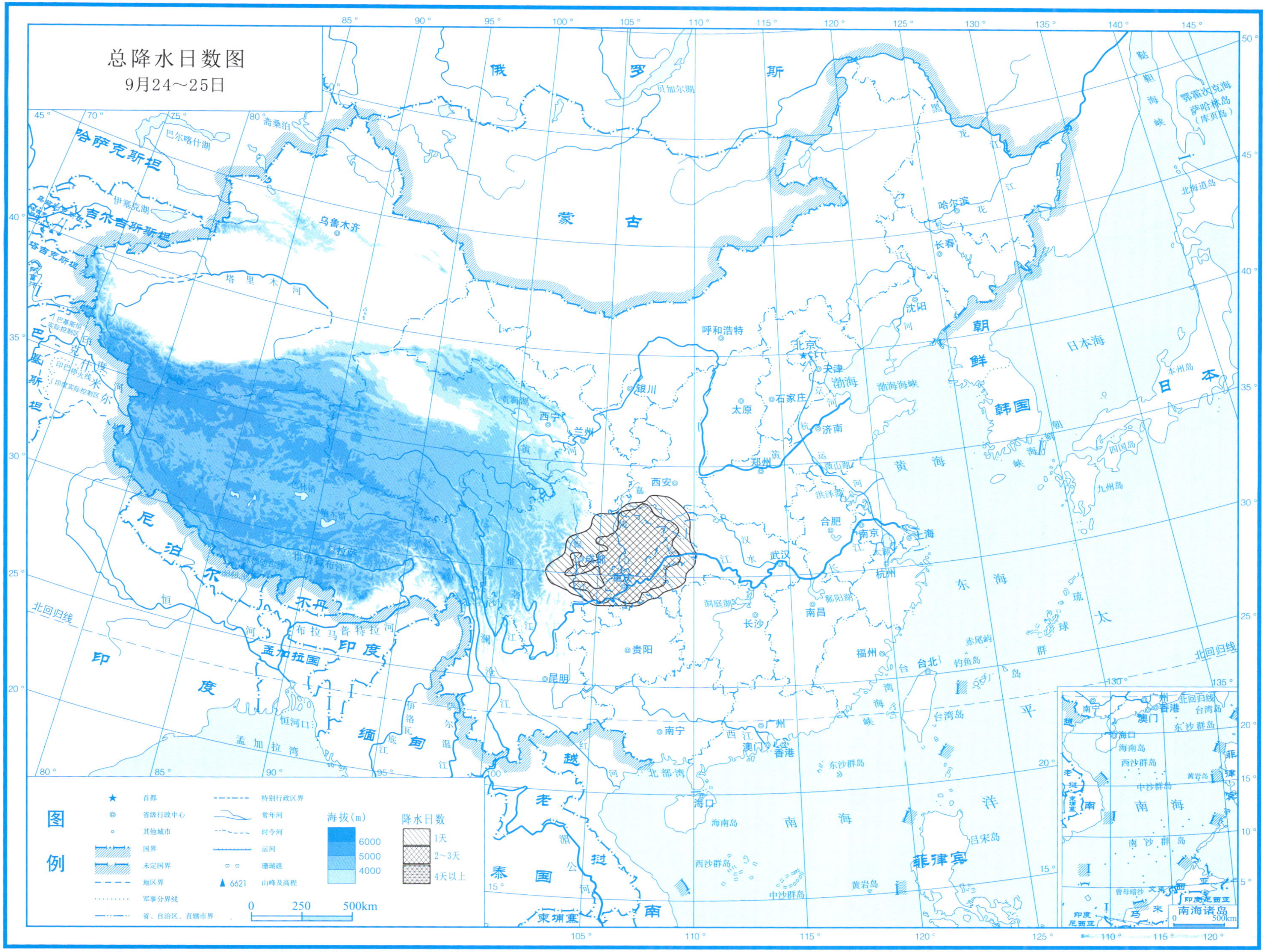

总降水日数图
9月24～25日
图例
首都
省级行政中心
其他城市
国界
未定国界
地区界
军事分界线
省、自治区、直辖市界
特别行政区界
常年河
时令河
运河
珊瑚礁
6621 山峰及高程
海拔(m)
6000
5000
4000
降水日数
1天
2～3天
4天以上
0 250 500km
南海诸岛

总降水量及移动路径图
D23061Yanting 9月27～28日

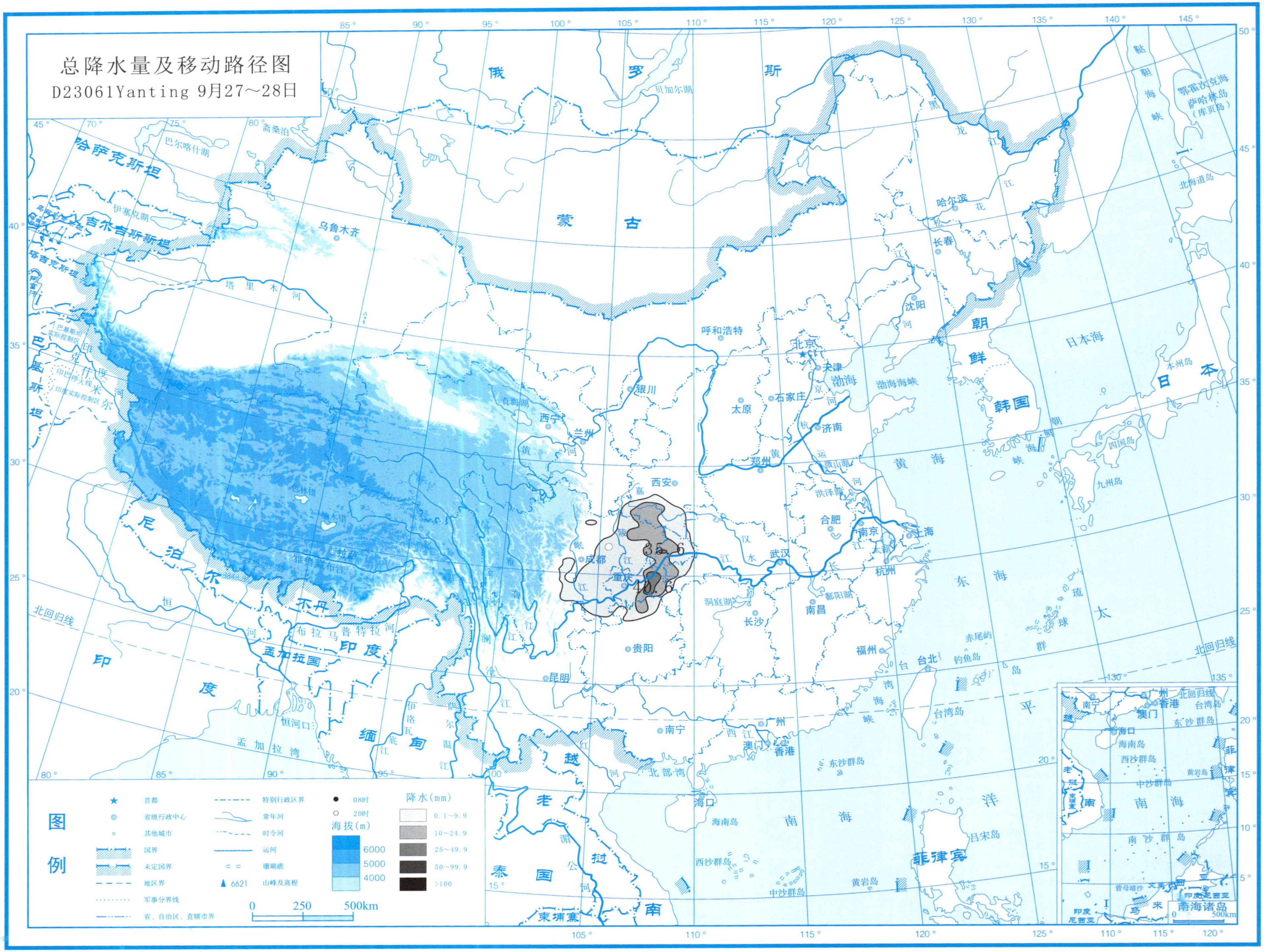

总降水日数图

9月27～28日

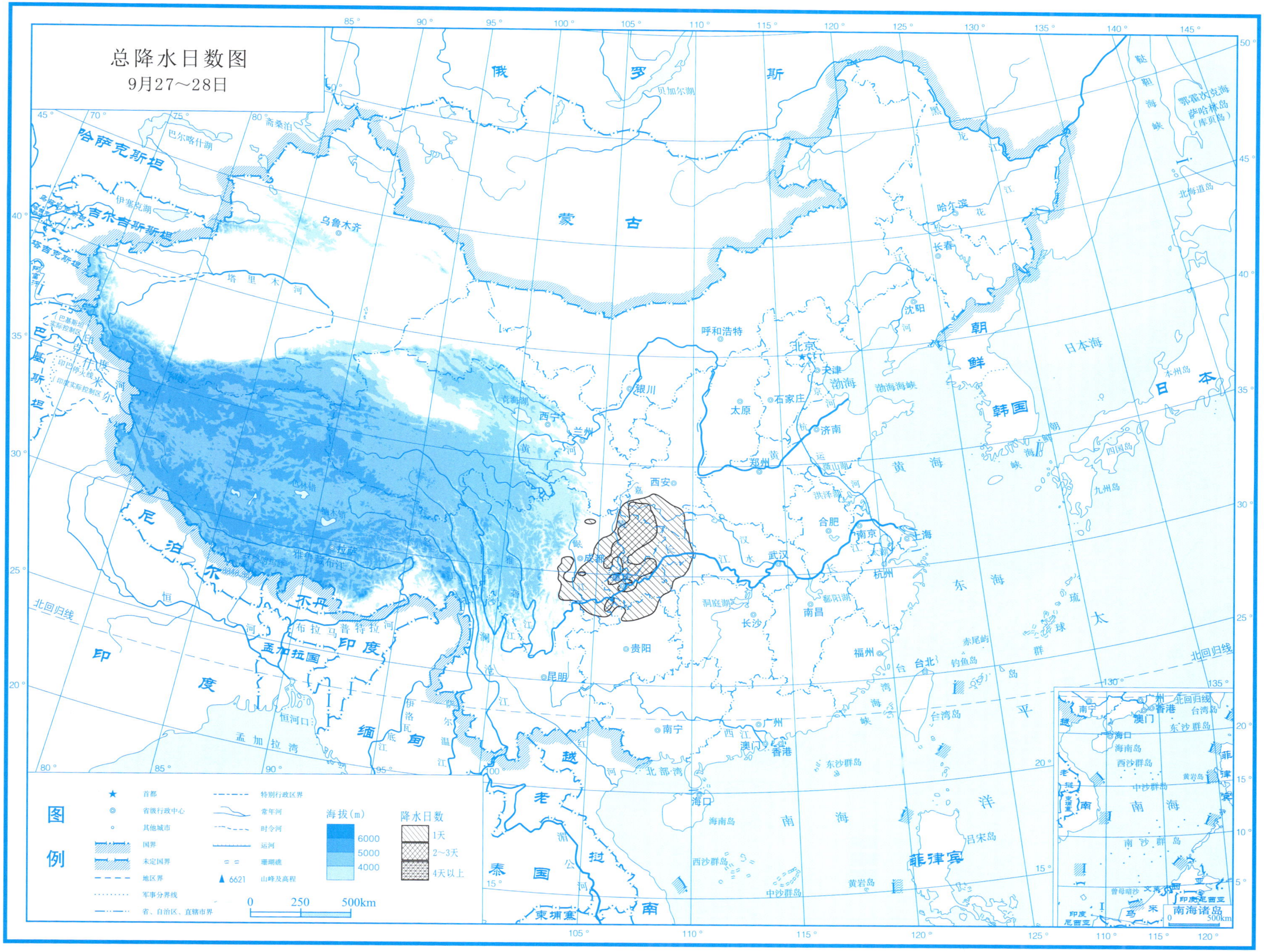

总降水量及移动路径图
D23062Muli 10月6～7日

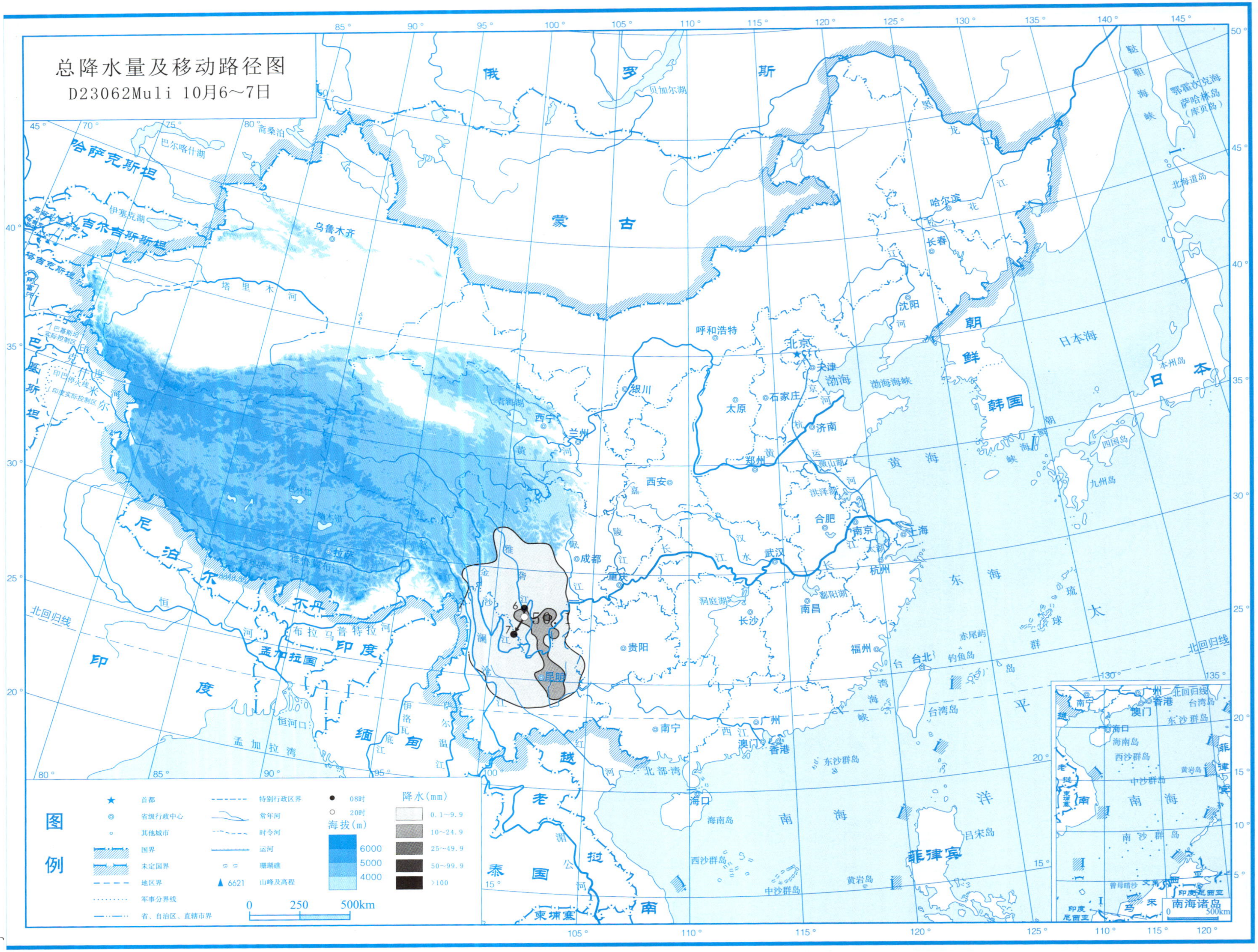

总降水日数图

10月6～7日

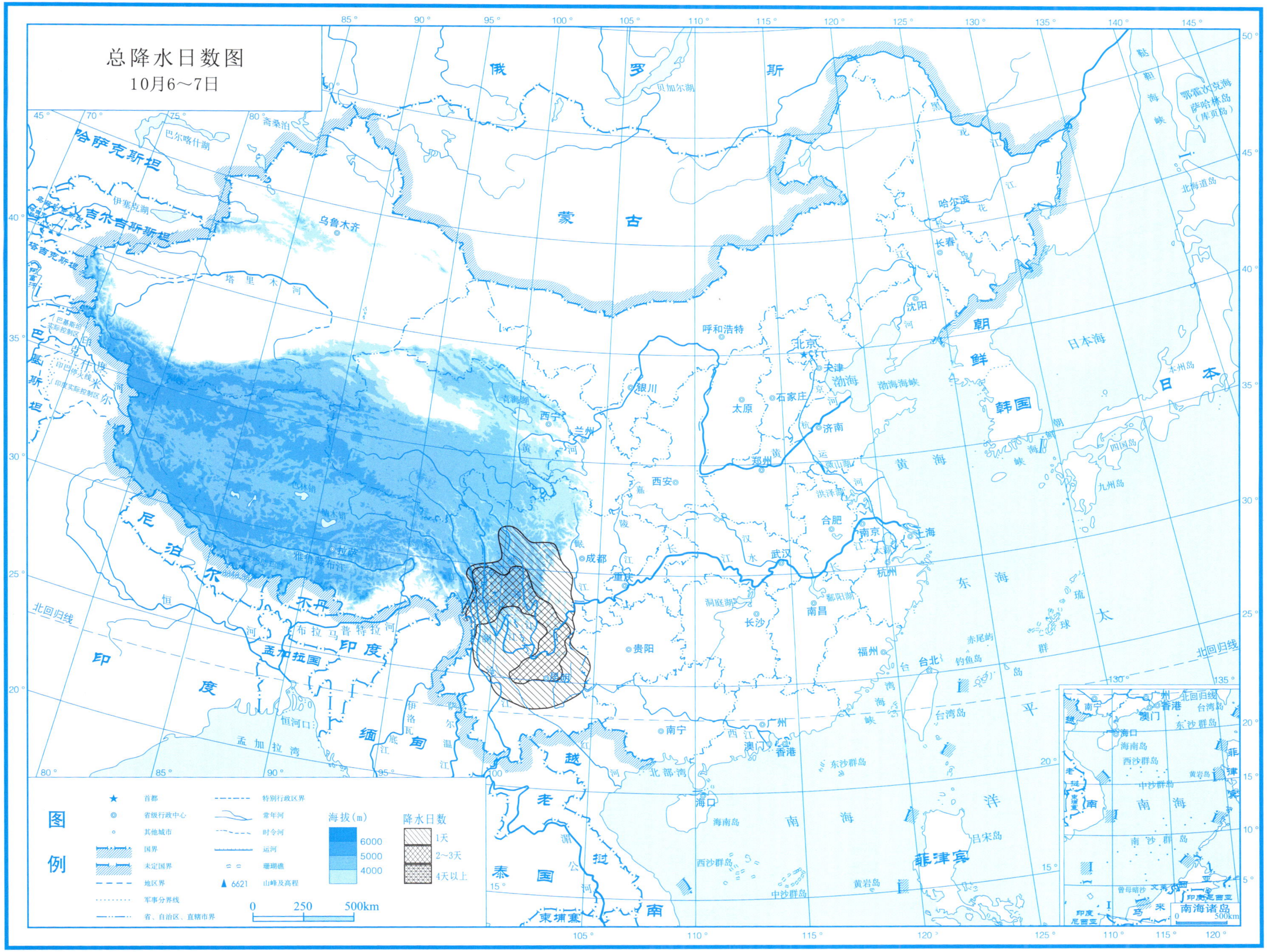

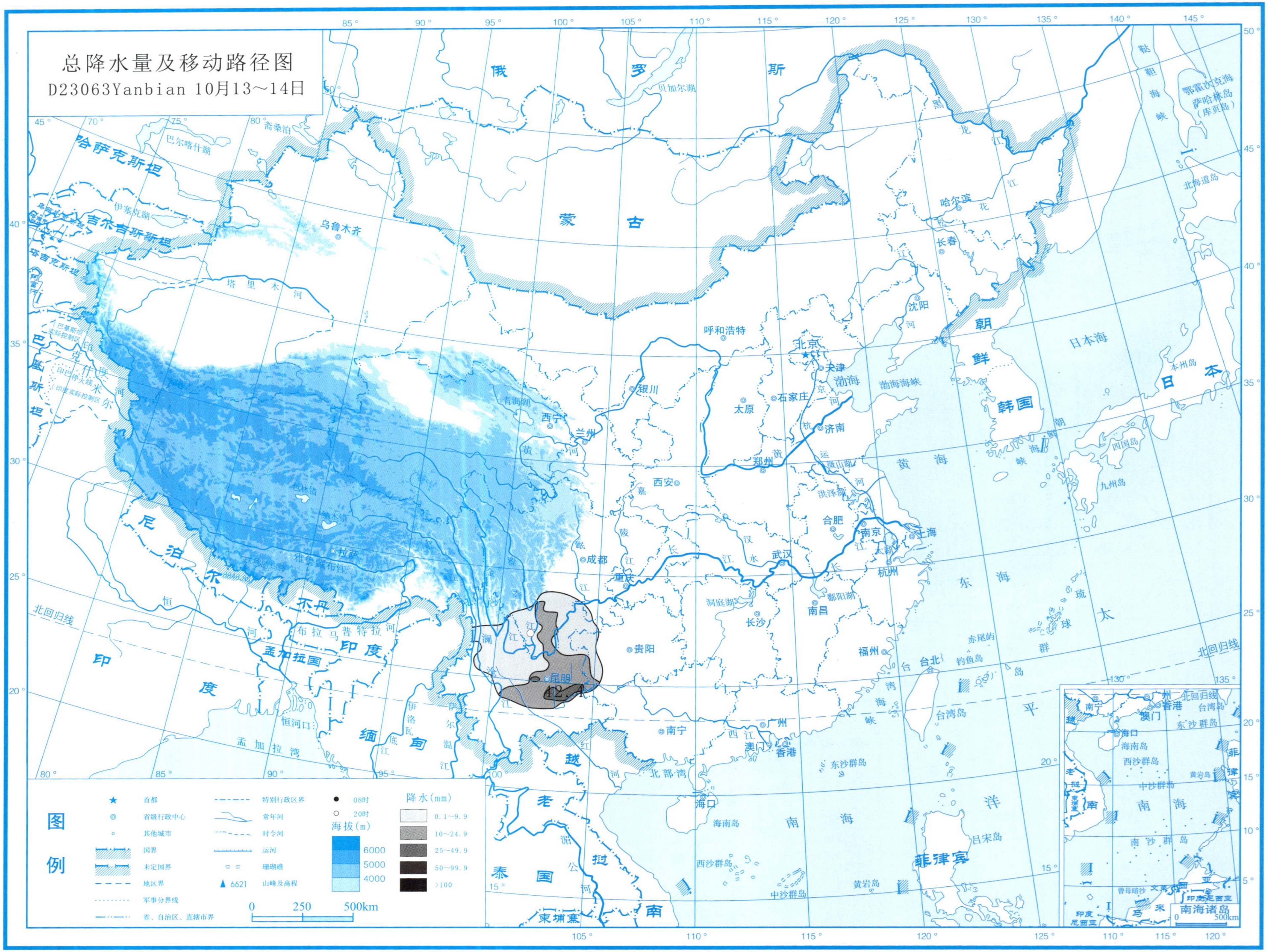
总降水量及移动路径图
D23063Yanbian 10月13～14日
俄 罗 斯
蒙 古
哈萨克斯坦
吉尔吉斯斯坦
塔吉克斯坦
巴基斯坦
尼泊尔
不丹
孟加拉国
印度
缅甸
老挝
泰国
越南
柬埔寨
朝鲜
韩国
日本
菲律宾
乌鲁木齐
呼和浩特
北京
天津
石家庄
太原
济南
郑州
西安
银川
兰州
西宁
拉萨
成都
重庆
贵阳
昆明
长沙
武汉
南昌
合肥
南京
上海
杭州
福州
台北
广州
香港
澳门
南宁
海口
哈尔滨
长春
沈阳
42.4
日本海
渤海
黄海
东海
南海
太平洋
台湾岛
海南岛
东沙群岛
西沙群岛
中沙群岛
南沙群岛
黄岩岛
钓鱼岛
赤尾屿
北回归线
图例
首都
省级行政中心
其他城市
国界
未定国界
地区界
军事分界线
省、自治区、直辖市界
特别行政区界
常年河
时令河
运河
珊瑚礁
山峰及高程
08时
20时
海拔(m)
6000
5000
4000
降水(mm)
0.1～9.9
10～24.9
25～49.9
50～99.9
>100
0 250 500km
南海诸岛

总降水日数图

10月13～14日

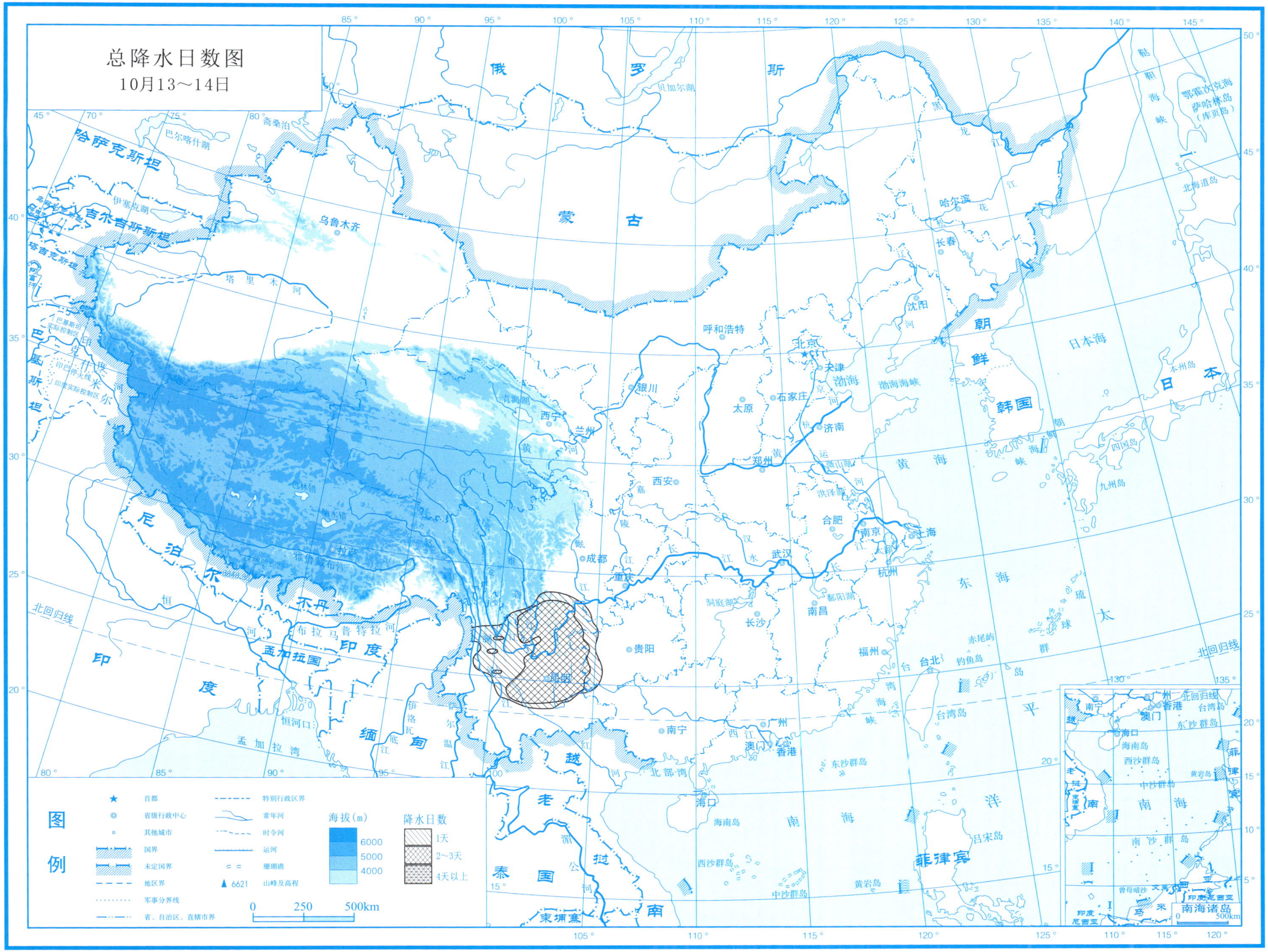

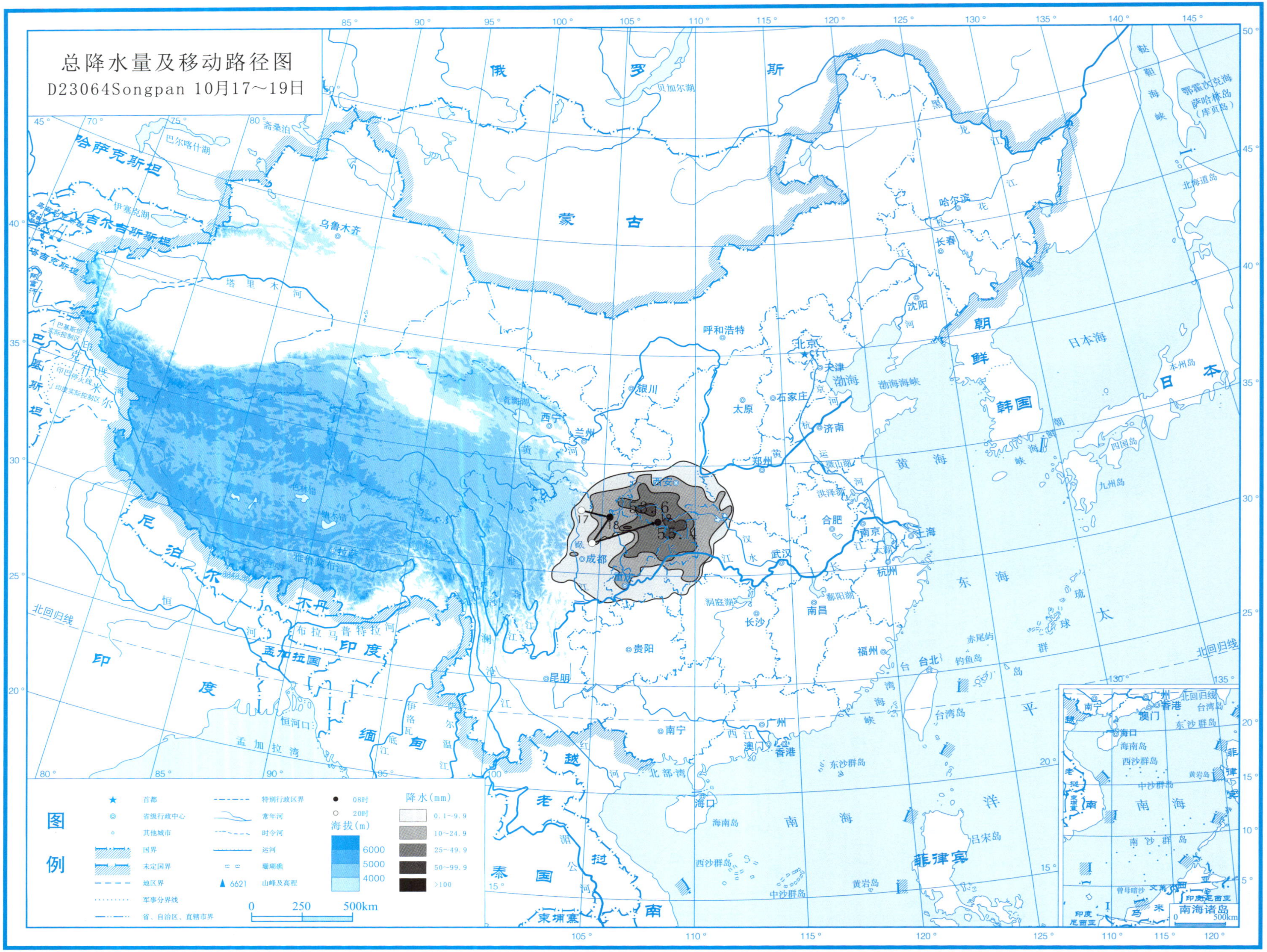

总降水量及移动路径图
D23064Songpan 10月17～19日
17
18
西安
成都
重庆
图例
首都
省级行政中心
其他城市
国界
未定国界
地区界
军事分界线
省、自治区、直辖市界
特别行政区界
常年河
时令河
运河
珊瑚礁
6621 山峰及高程
08时
20时
海拔(m)
6000
5000
4000
降水(mm)
0.1～9.9
10～24.9
25～49.9
50～99.9
>100
0 250 500km
南海诸岛

总降水日数图

10月17～19日

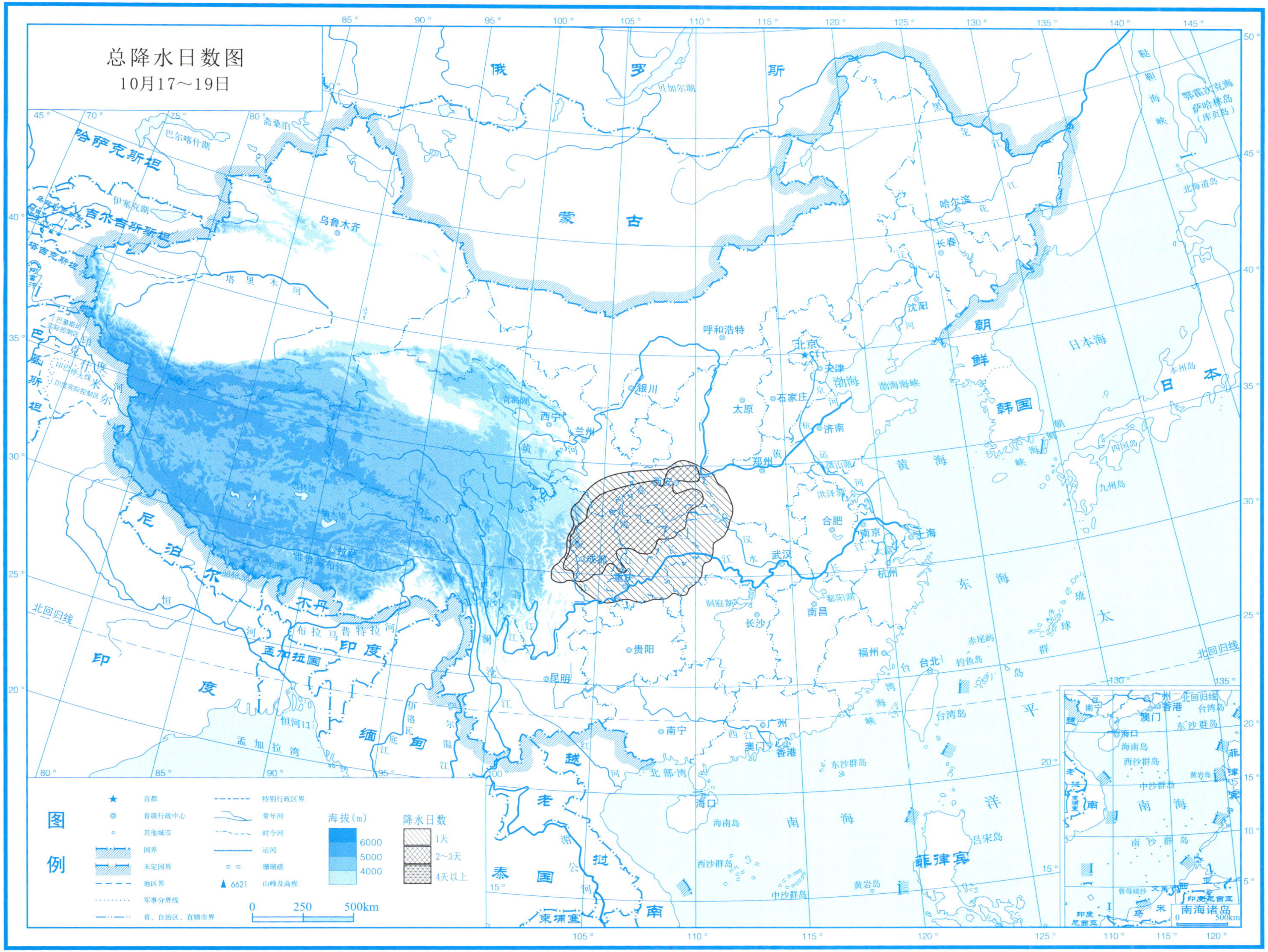

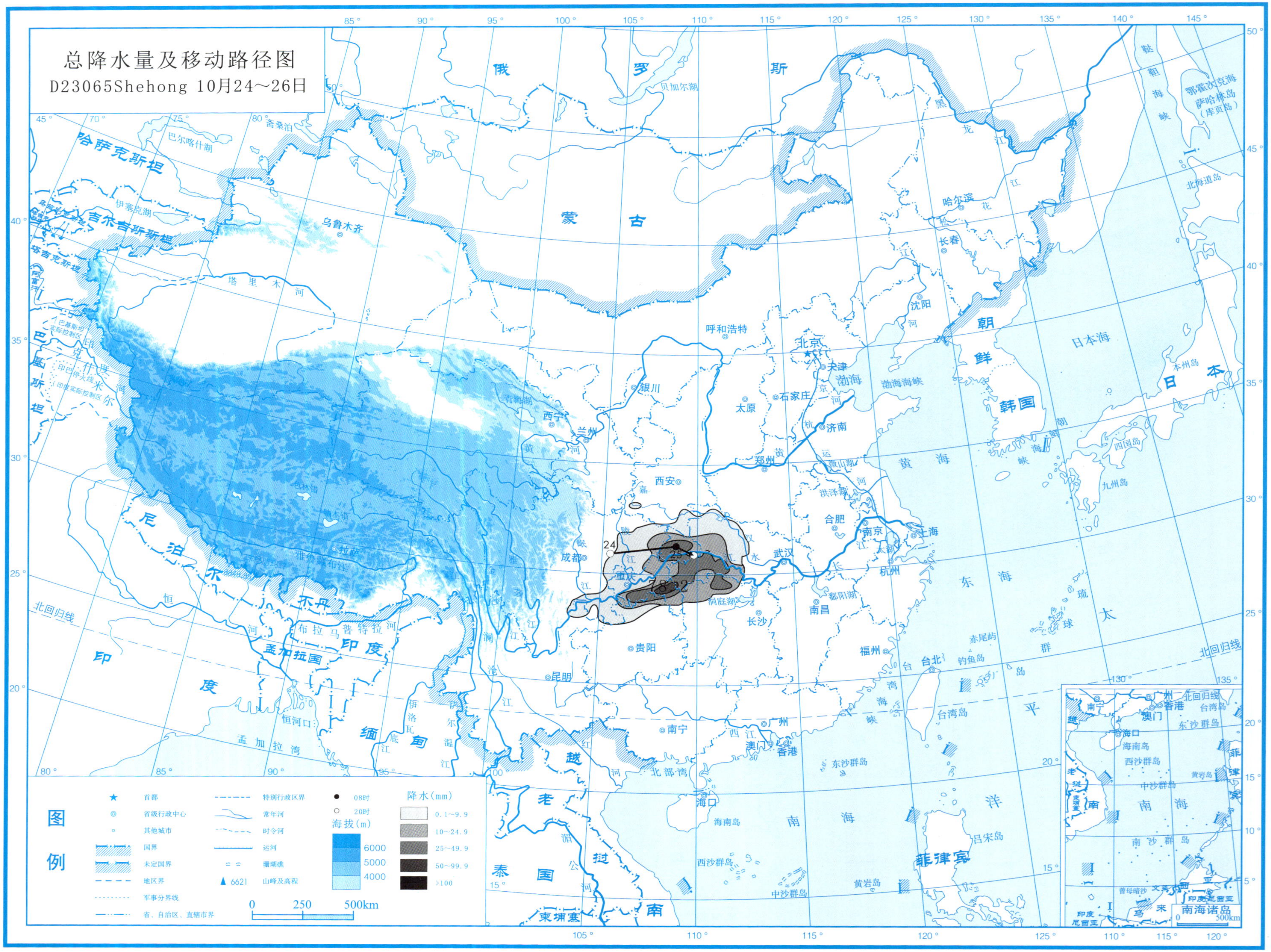
总降水量及移动路径图
D23065Shehong 10月24～26日
图例
首都
省级行政中心
其他城市
国界
未定国界
地区界
军事分界线
省、自治区、直辖市界
特别行政区界
常年河
时令河
运河
珊瑚礁
6621 山峰及高程
08时
20时
海拔(m)
6000
5000
4000
降水(mm)
0.1～9.9
10～24.9
25～49.9
50～99.9
>100
0 250 500km
24
25
俄 罗 斯
蒙 古
哈萨克斯坦
吉尔吉斯斯坦
塔吉克斯坦
尼 泊 尔
不丹
印 度
孟加拉国
缅 甸
老 挝
泰 国
越 南
柬埔寨
菲律宾
朝 鲜
韩国
日 本
北京
天津
石家庄
太原
呼和浩特
沈阳
长春
哈尔滨
济南
郑州
西安
银川
兰州
西宁
乌鲁木齐
拉萨
成都
重庆
贵阳
昆明
南宁
长沙
武汉
南昌
合肥
南京
上海
杭州
福州
台北
广州
香港
澳门
海口
黄 海
东 海
南 海
日本海
太 平 洋
南海诸岛

总降水日数图
10月24～26日

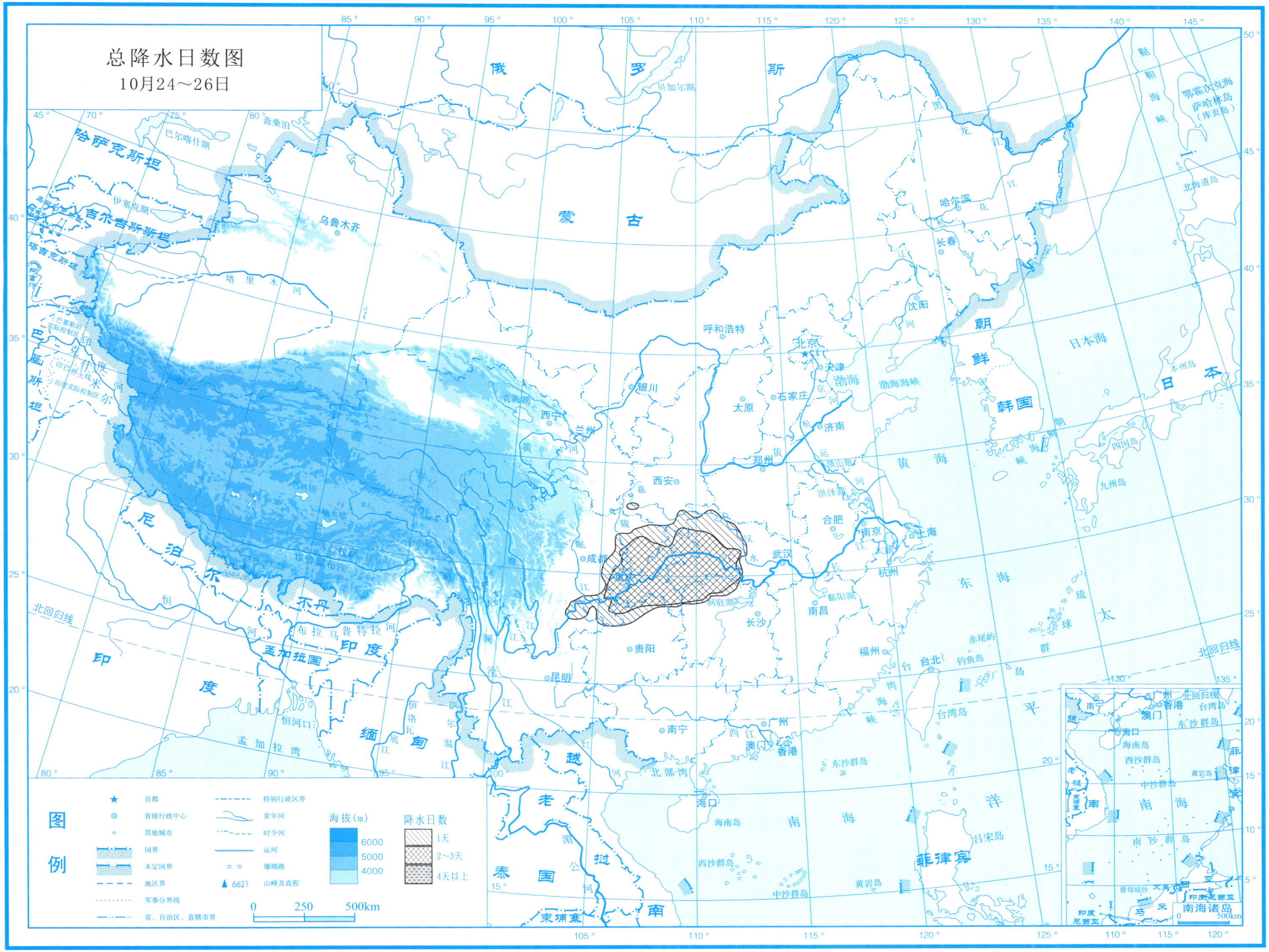

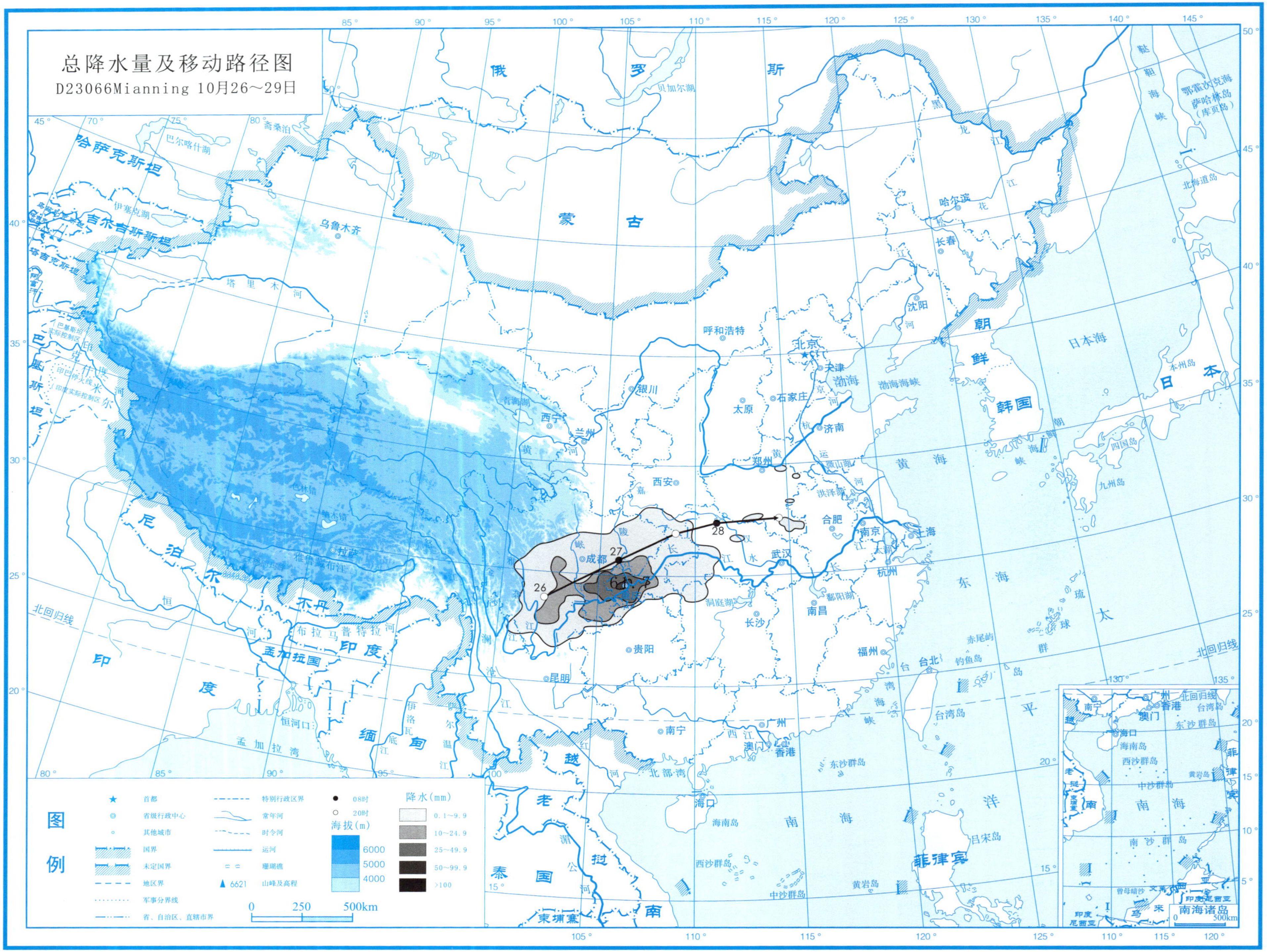
总降水量及移动路径图
D23066Mianning 10月26～29日
图例
首都
省级行政中心
其他城市
国界
未定国界
地区界
军事分界线
省、自治区、直辖市界
特别行政区界
常年河
时令河
运河
珊瑚礁
6621 山峰及高程
08时
20时
海拔(m)
6000
5000
4000
降水(mm)
0.1～9.9
10～24.9
25～49.9
50～99.9
>100
0 250 500km
26
27
28
南海诸岛

总降水日数图
10月26～29日

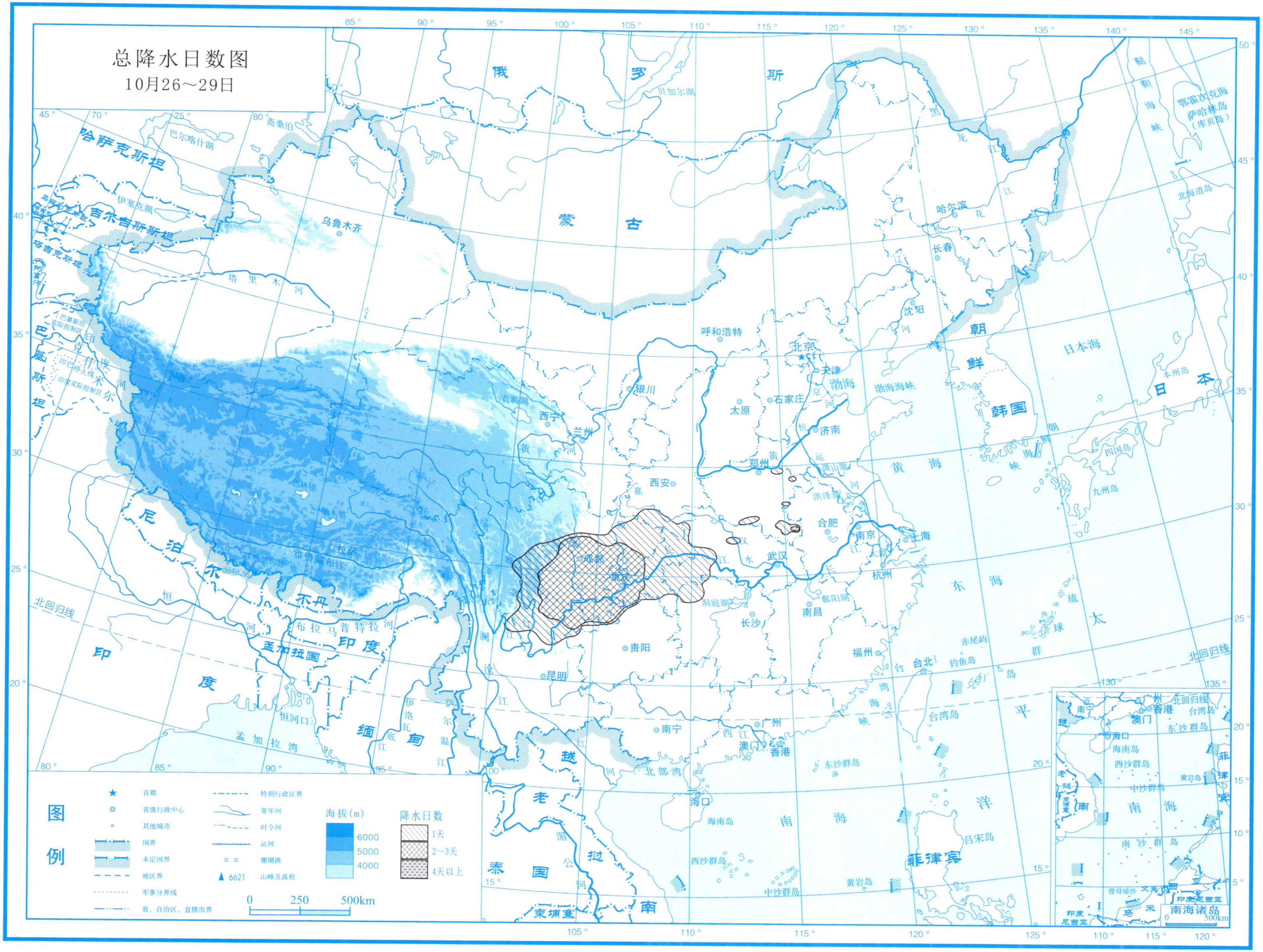

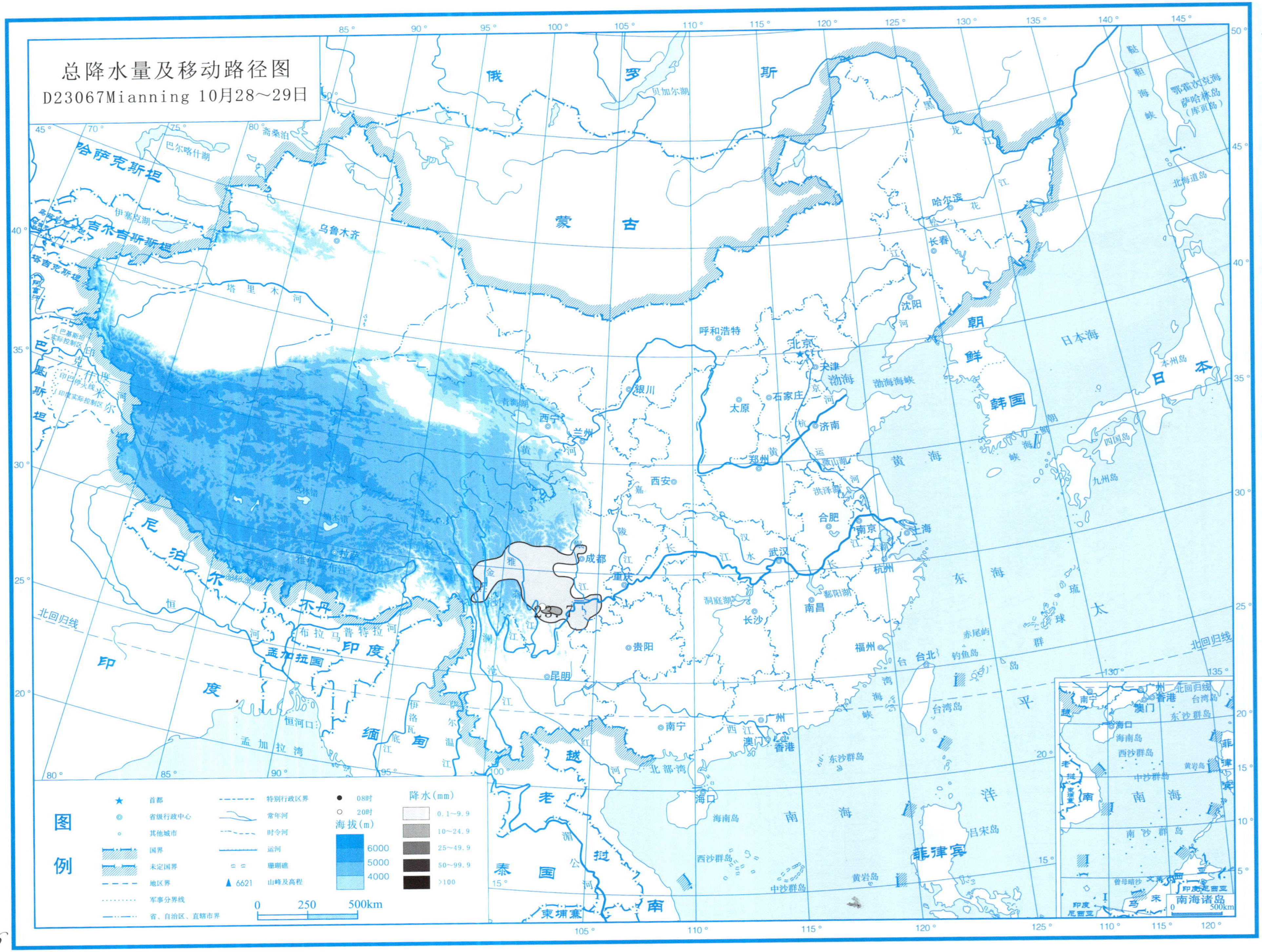
总降水量及移动路径图
D23067Mianning 10月28～29日
图例
首都
省级行政中心
其他城市
国界
未定国界
地区界
军事分界线
省、自治区、直辖市界
特别行政区界
常年河
时令河
运河
珊瑚礁
6621 山峰及高程
08时
20时
海拔(m)
6000
5000
4000
降水(mm)
0.1～9.9
10～24.9
25～49.9
50～99.9
>100
0 250 500km
南海诸岛
成都
重庆
昆明
贵阳
北京
上海
武汉
南宁
广州
香港
澳门
台北

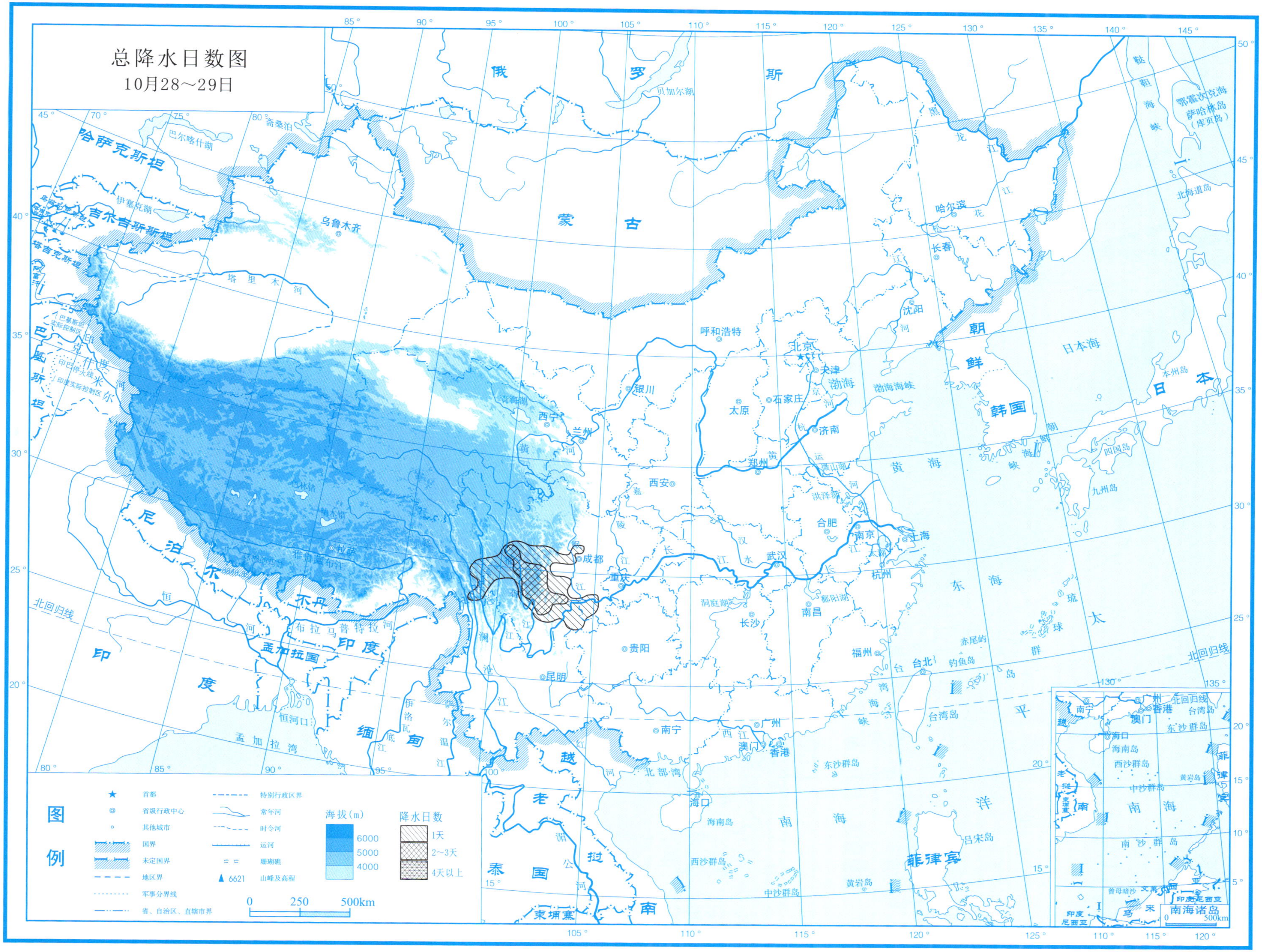

总降水日数图
10月28～29日
图例
首都
省级行政中心
其他城市
国界
未定国界
地区界
军事分界线
省、自治区、直辖市界
特别行政区界
常年河
时令河
运河
珊瑚礁
6621 山峰及高程
海拔(m)
6000
5000
4000
降水日数
1天
2～3天
4天以上
0 250 500km
南海诸岛

总降水量及移动路径图
D23068Yanting 11月2～4日

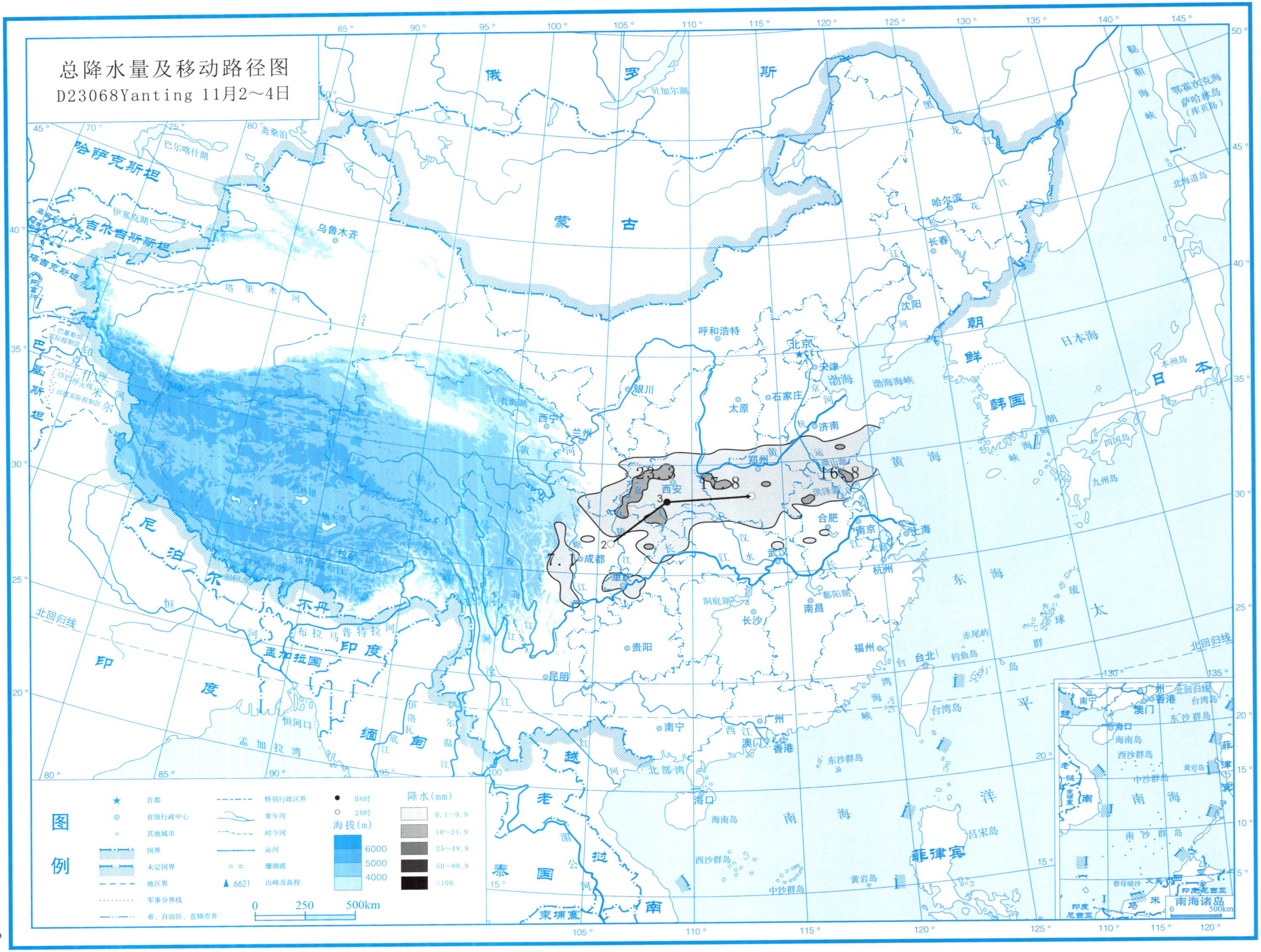

总降水日数图

11月2～4日

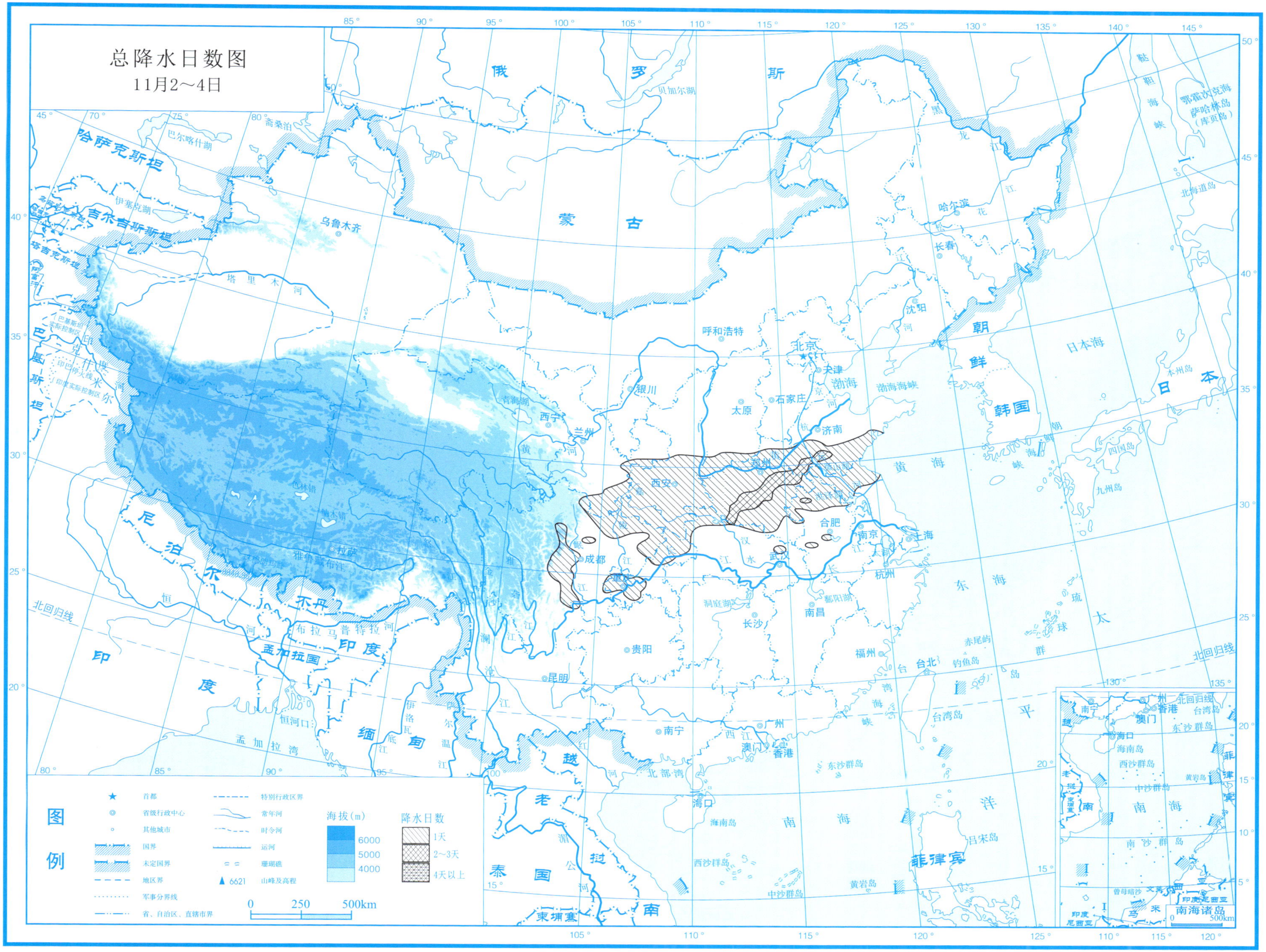

总降水量及移动路径图

D23069Shehong 11月8~9日

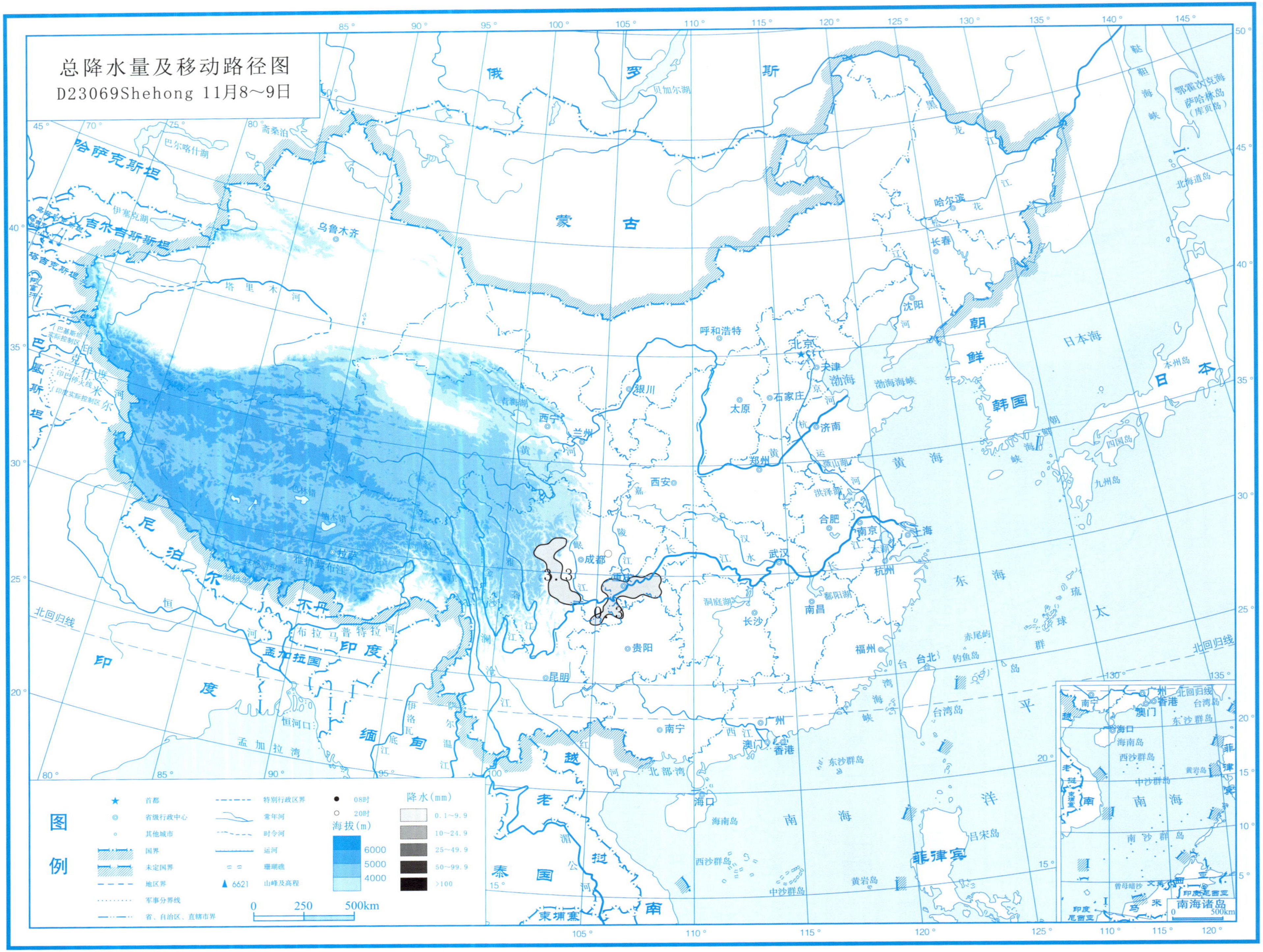

总降水日数图

11月8～9日

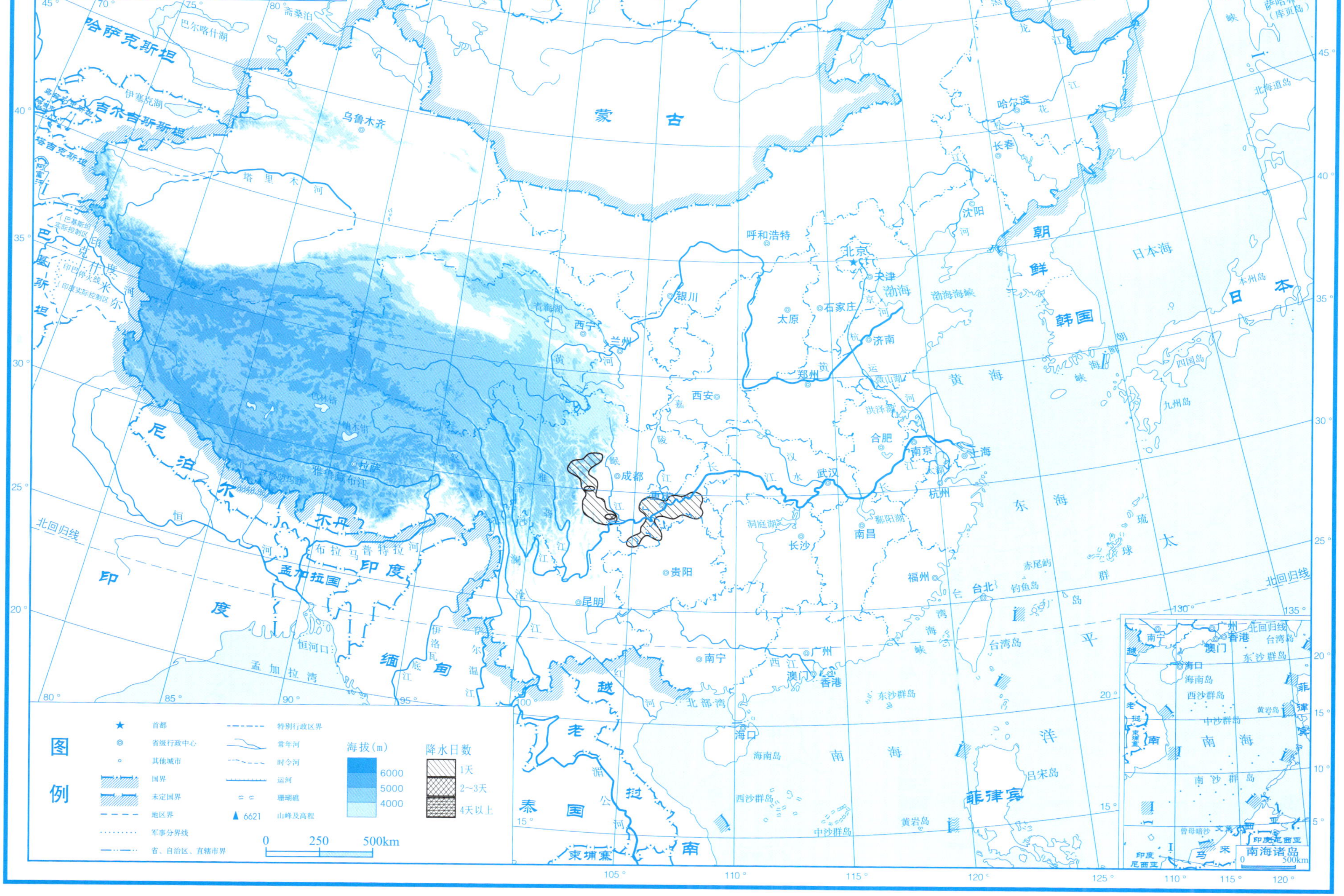

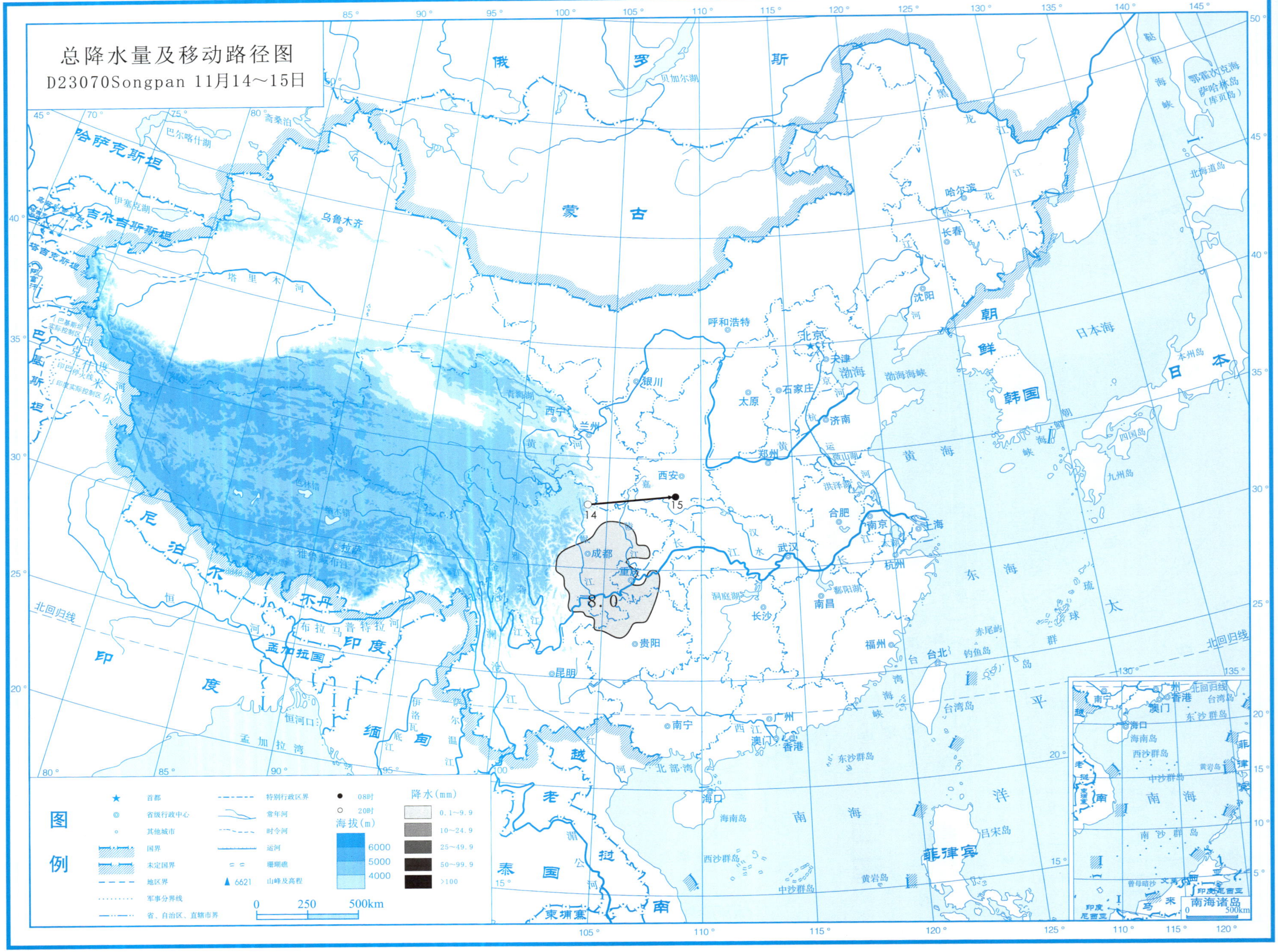

总降水量及移动路径图
D23070Songpan 11月14～15日
14
15
8.0
图例
首都
省级行政中心
其他城市
国界
未定国界
地区界
军事分界线
省、自治区、直辖市界
特别行政区界
常年河
时令河
运河
珊瑚礁
6621 山峰及高程
08时
20时
海拔(m)
6000
5000
4000
降水(mm)
0.1～9.9
10～24.9
25～49.9
50～99.9
>100
0 250 500km
南海诸岛

总降水日数图

11月14～15日

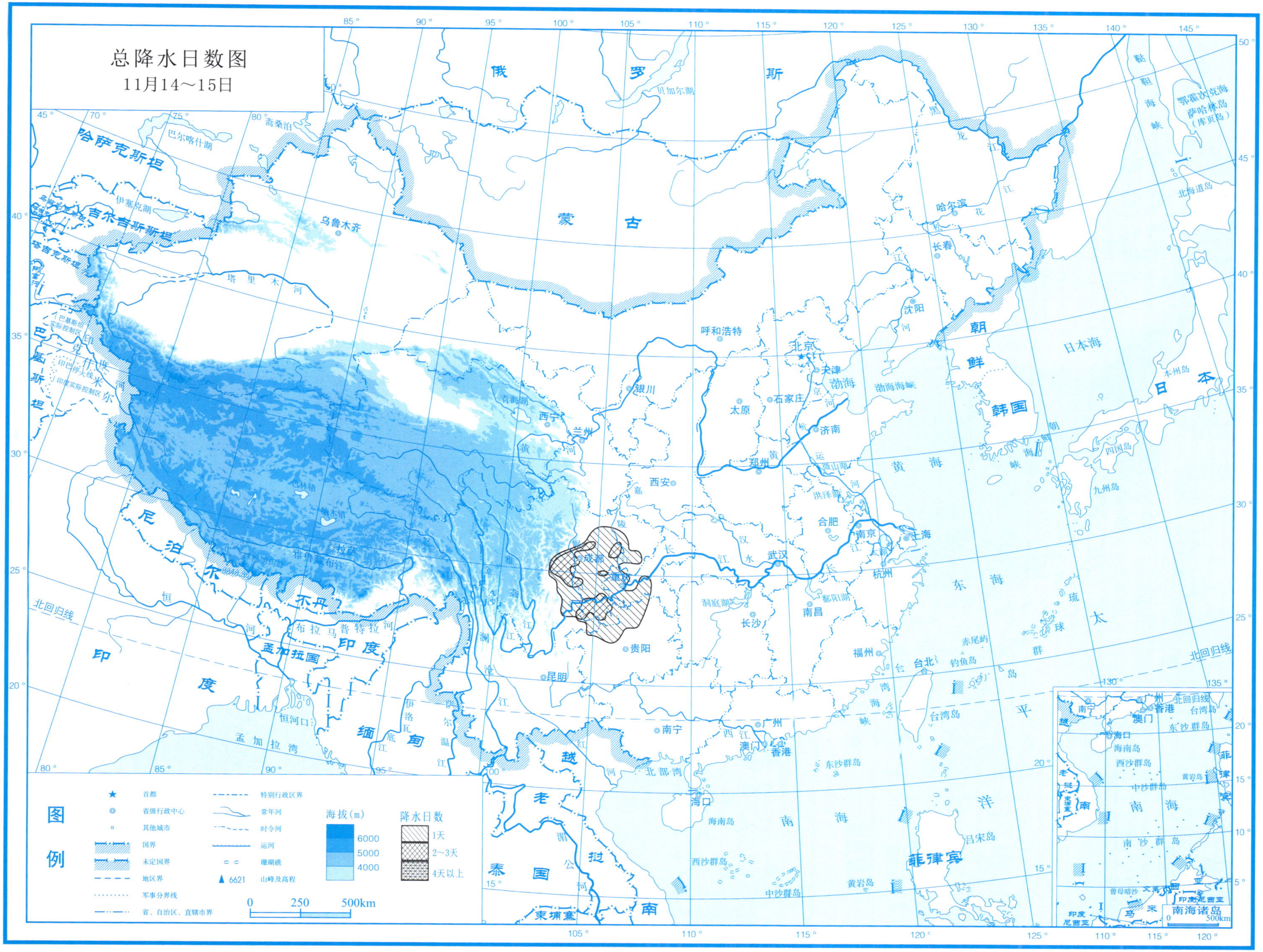

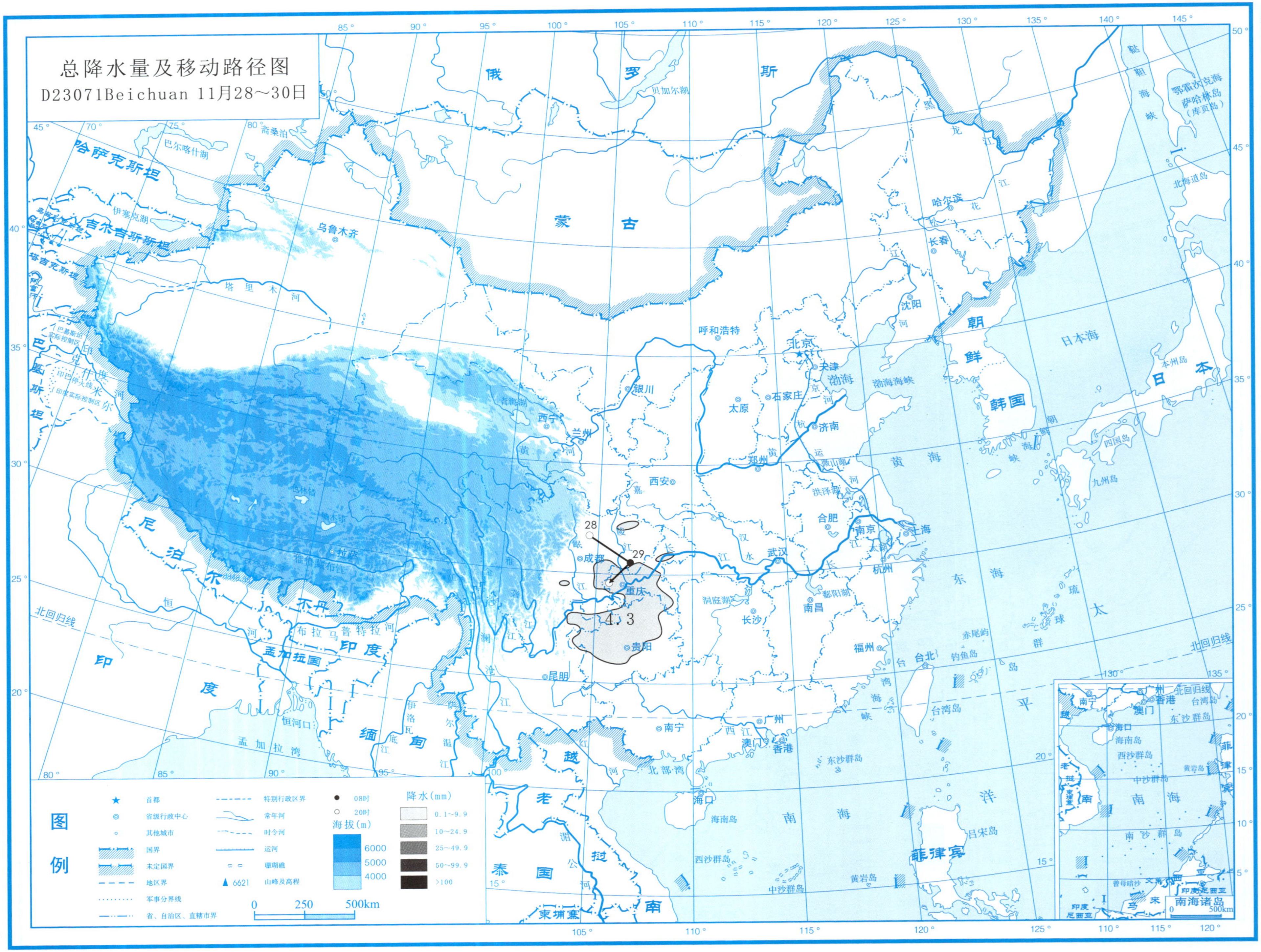
总降水量及移动路径图
D23071Beichuan 11月28～30日
28
29
4.3
图例
首都
省级行政中心
其他城市
国界
未定国界
地区界
军事分界线
省、自治区、直辖市界
特别行政区界
常年河
时令河
运河
珊瑚礁
6621 山峰及高程
08时
20时
海拔(m)
6000
5000
4000
降水(mm)
0.1～9.9
10～24.9
25～49.9
50～99.9
>100
0 250 500km
南海诸岛

总降水日数图
11月28～30日

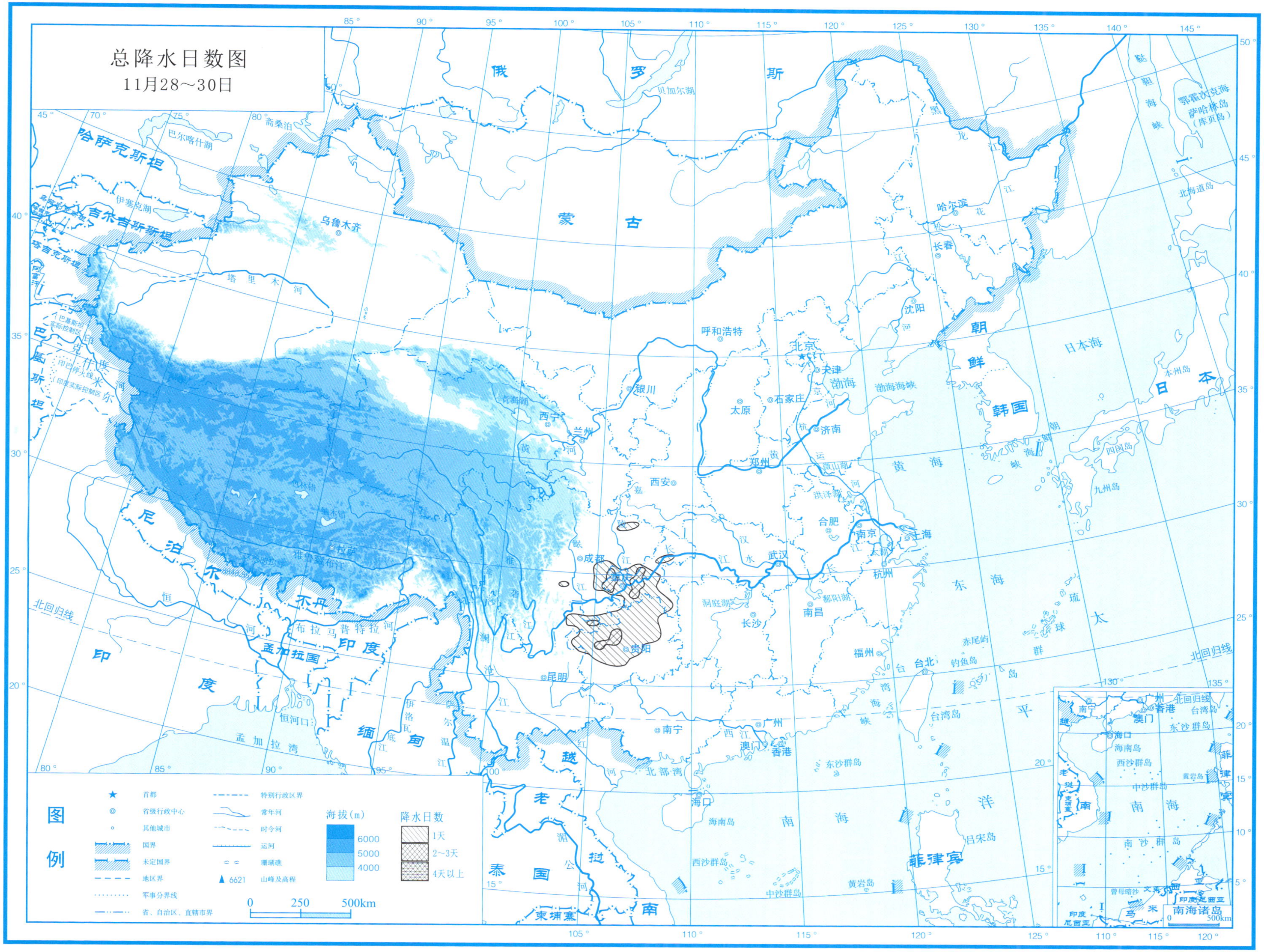

总降水量及移动路径图
D23072Daying 12月8~9日

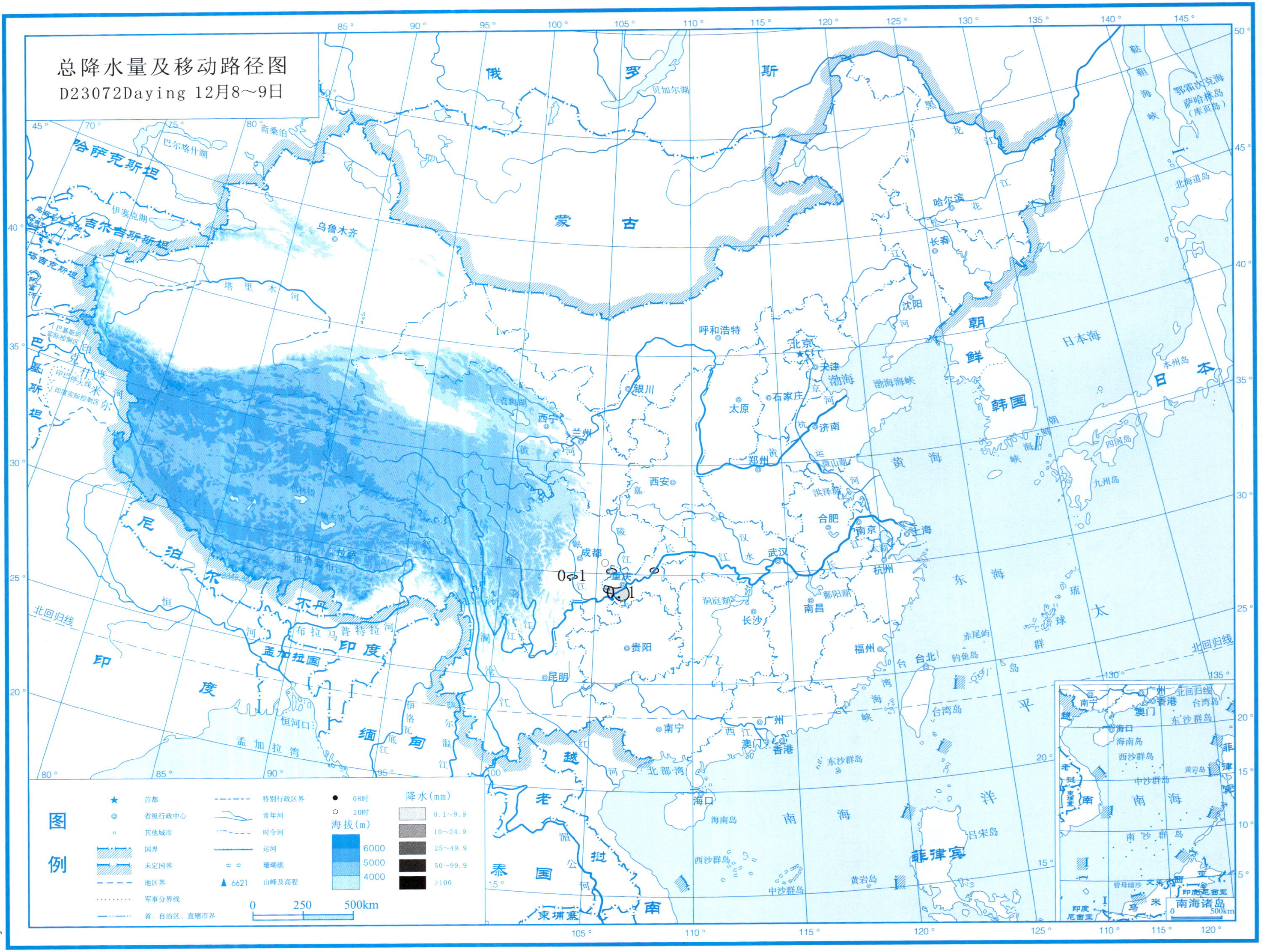

总降水日数图

12月8～9日

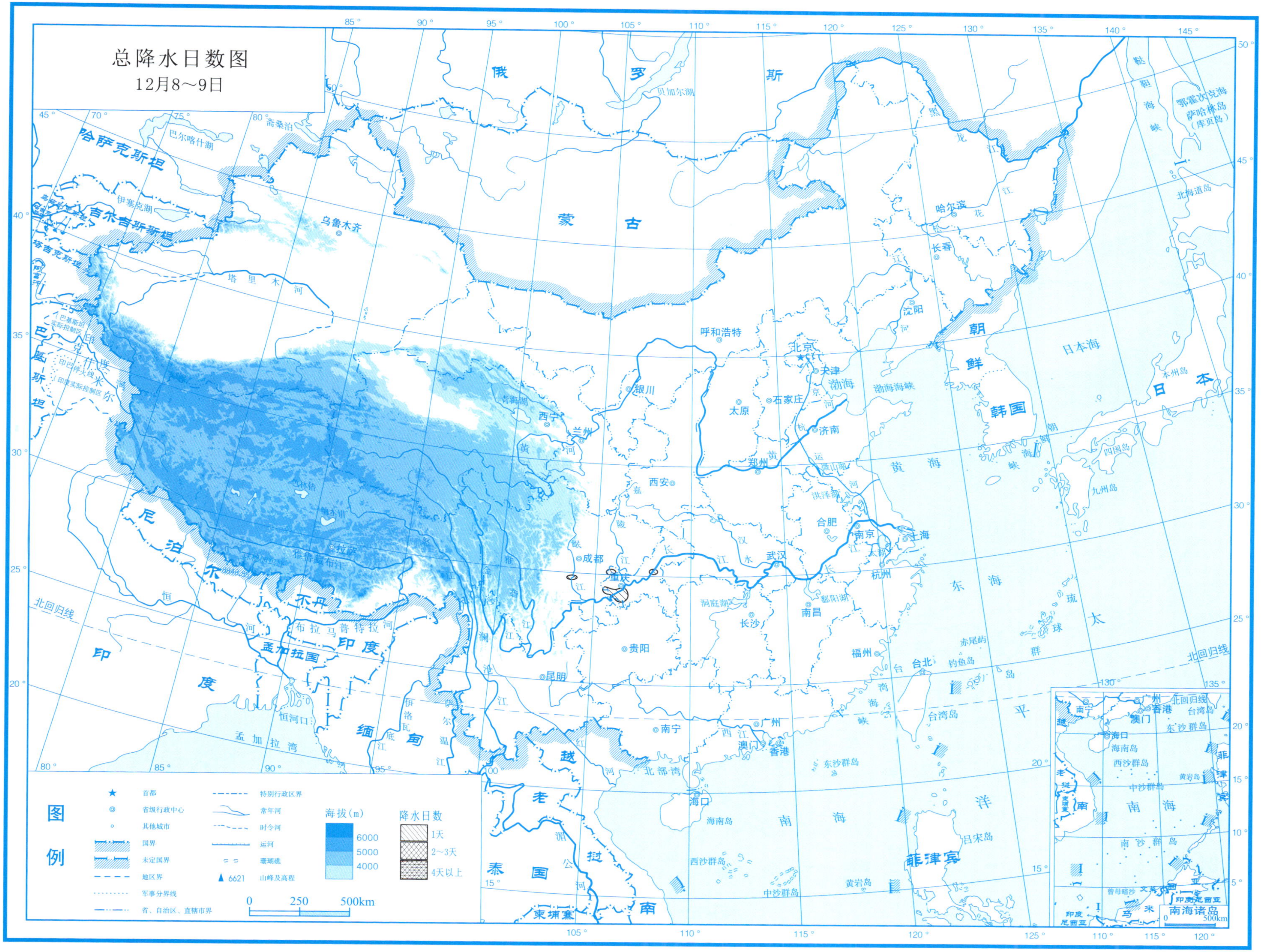

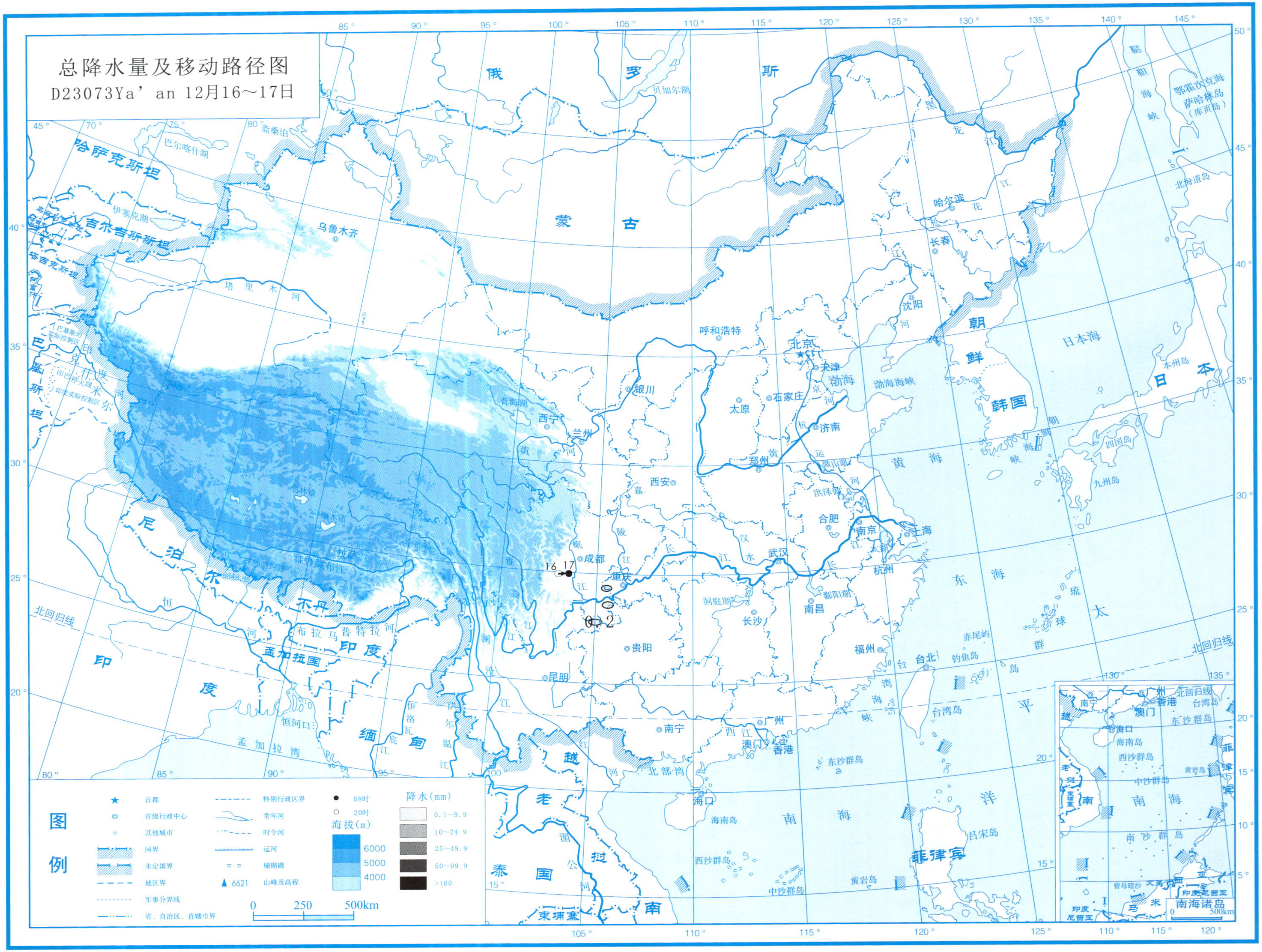

总降水量及移动路径图
D23073Ya'an 12月16~17日

总降水日数图

12月16～17日

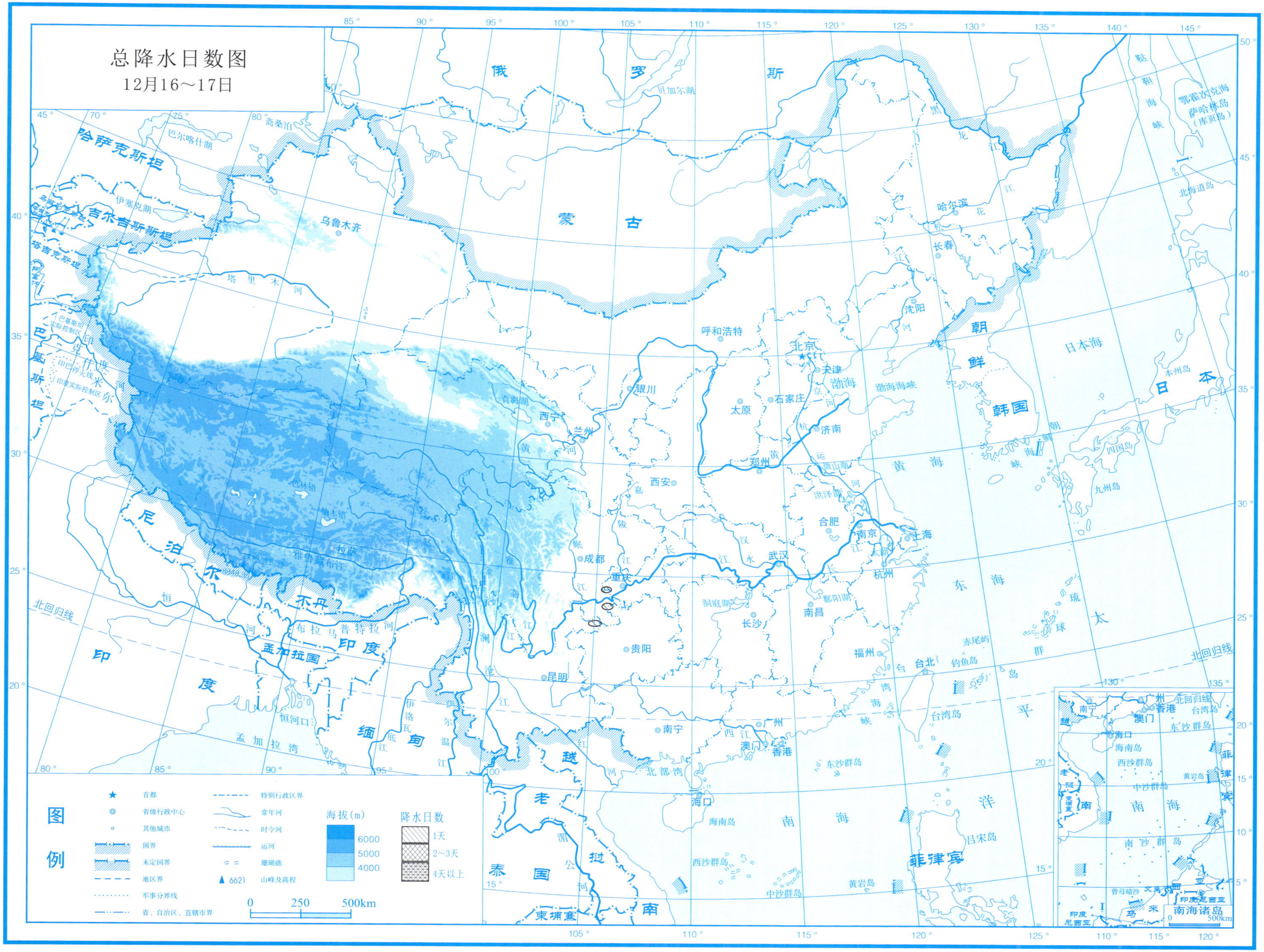

总降水量及移动路径图

D23074Weiyuan 12月22～23日

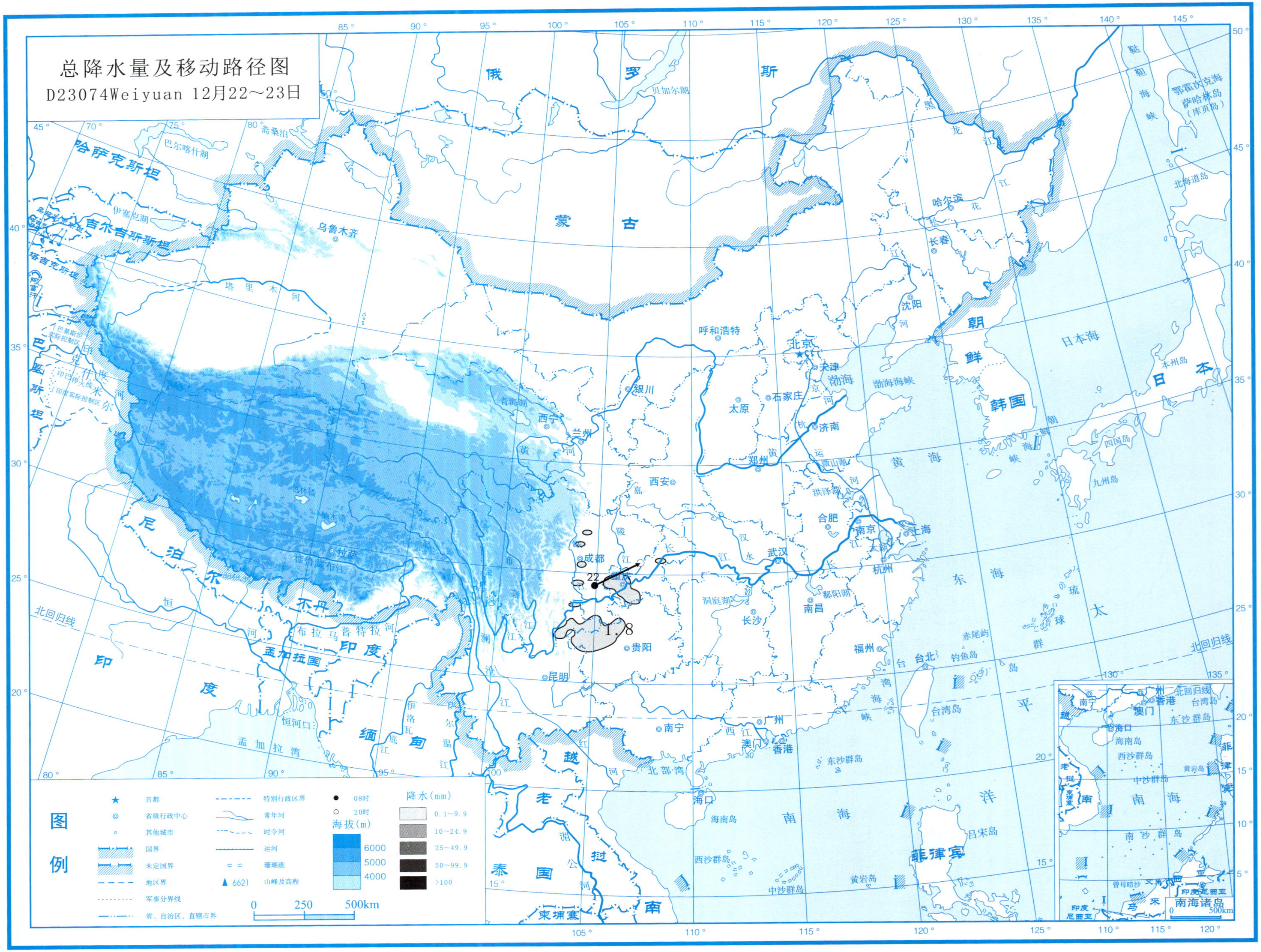

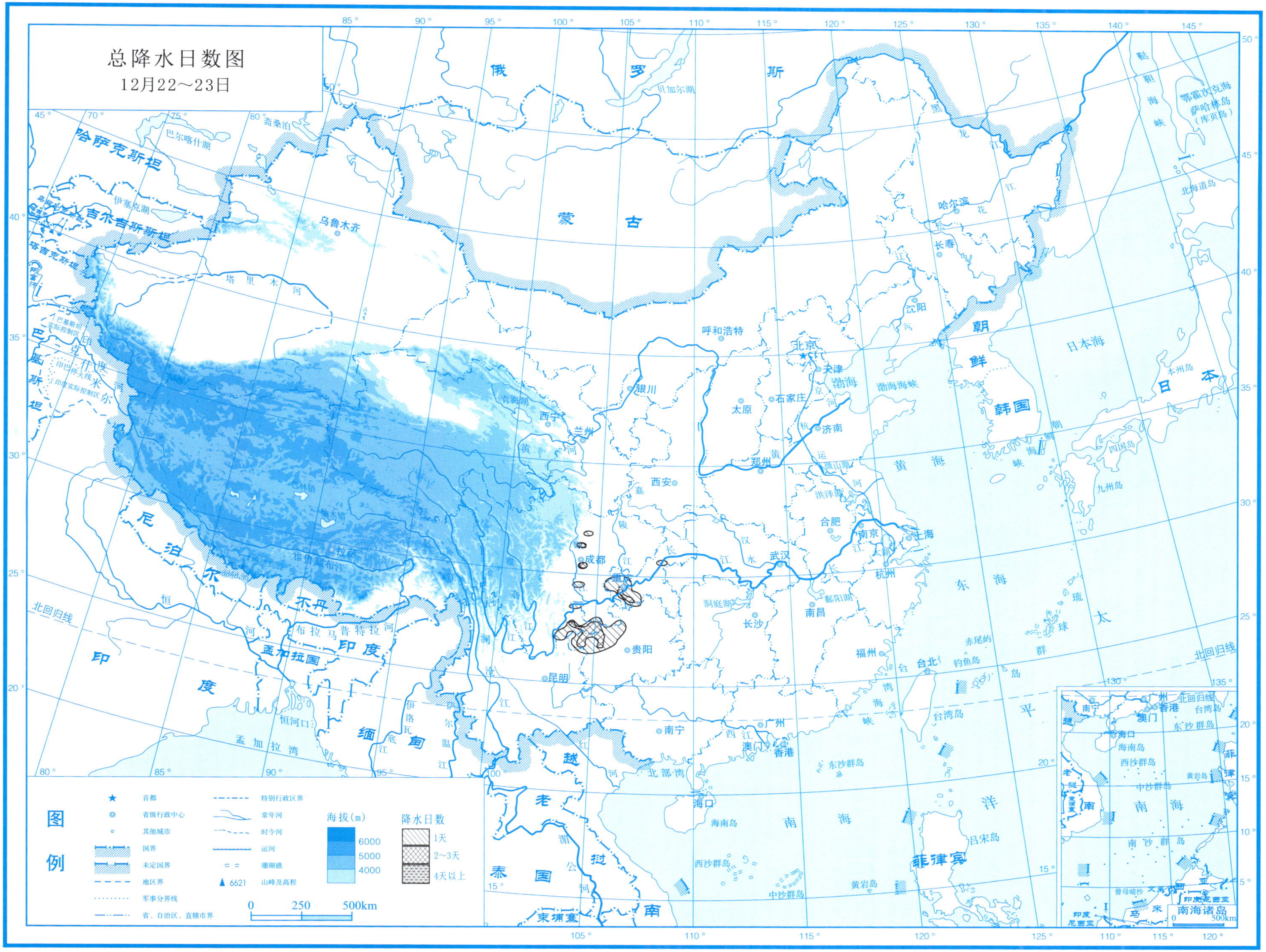
总降水日数图
12月22~23日
图例
首都
省级行政中心
其他城市
国界
未定国界
地区界
军事分界线
省、自治区、直辖市界
特别行政区界
常年河
时令河
运河
珊瑚礁
6621 山峰及高程
海拔(m)
6000
5000
4000
降水日数
1天
2~3天
4天以上
0 250 500km
俄
罗
斯
蒙
古
哈萨克斯坦
吉尔吉斯斯坦
塔吉克斯坦
巴基斯坦
尼
泊
尔
不丹
印度
孟加拉国
缅
甸
老
挝
越
南
泰
国
柬埔寨
朝
鲜
韩国
日
本
菲律宾
贝加尔湖
斋桑泊
巴尔喀什湖
伊塞克湖
乌鲁木齐
塔里木河
呼和浩特
北京
天津
石家庄
太原
银川
兰州
西宁
青海湖
济南
郑州
西安
合肥
南京
上海
武汉
杭州
成都
长沙
南昌
贵阳
昆明
福州
台北
南宁
广州
澳门
香港
海口
哈尔滨
长春
沈阳
拉萨
雅鲁藏布江
渤海
渤海海峡
黄海
东海
日本海
南海
北部湾
孟加拉湾
太
平
洋
台湾岛
海南岛
东沙群岛
西沙群岛
中沙群岛
黄岩岛
赤尾屿
钓鱼岛
北回归线
恒河口
北海道岛
本州岛
四国岛
九州岛
吕宋岛
南海诸岛
500km

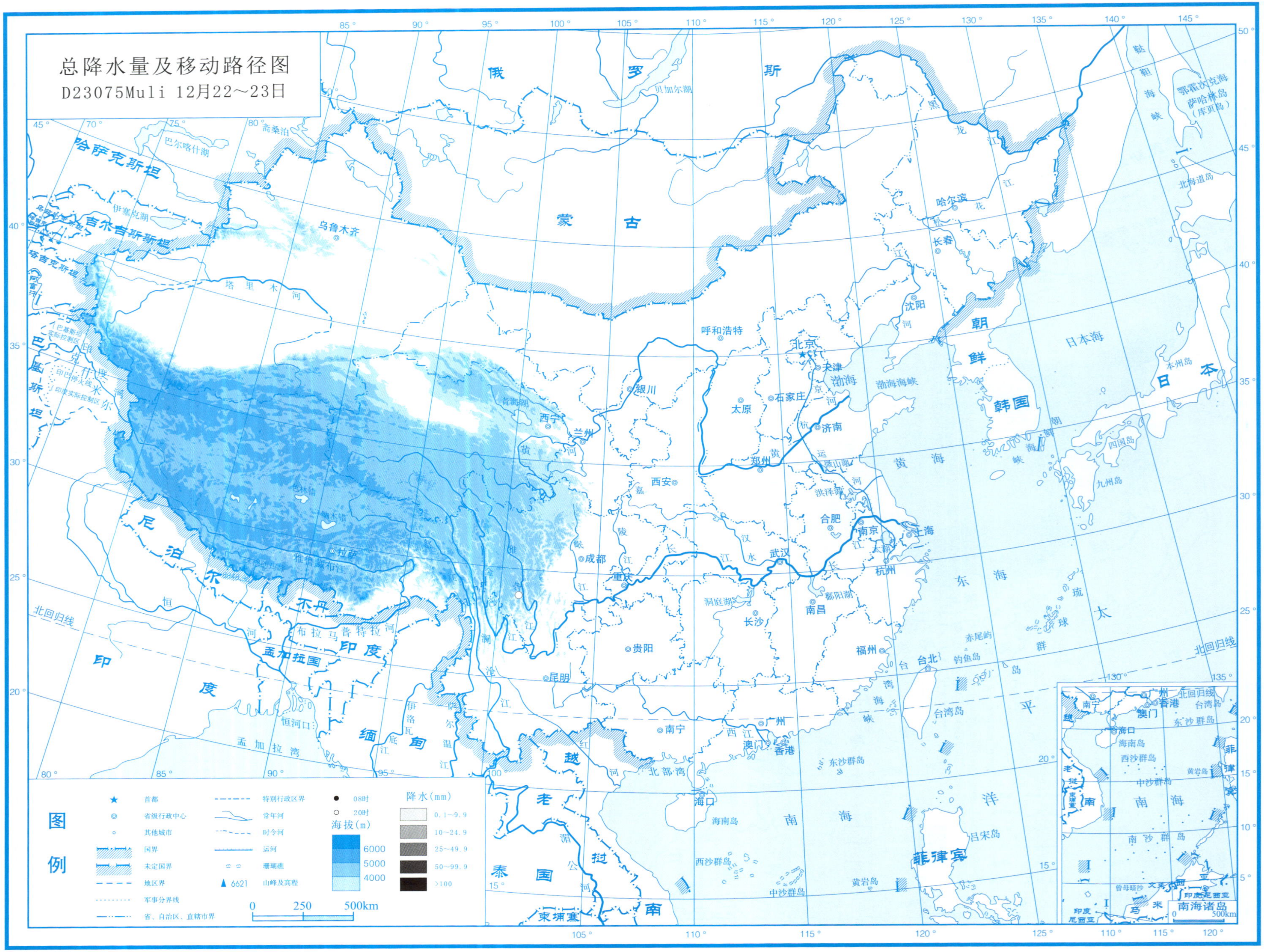
总降水量及移动路径图
D23075Muli 12月22～23日
图例
首都
省级行政中心
其他城市
国界
未定国界
地区界
军事分界线
省、自治区、直辖市界
特别行政区界
常年河
时令河
运河
珊瑚礁
山峰及高程
08时
20时
海拔(m)
6000
5000
4000
降水(mm)
0.1～9.9
10～24.9
25～49.9
50～99.9
>100
0 250 500km
南海诸岛

总降水日数图

12月22～23日

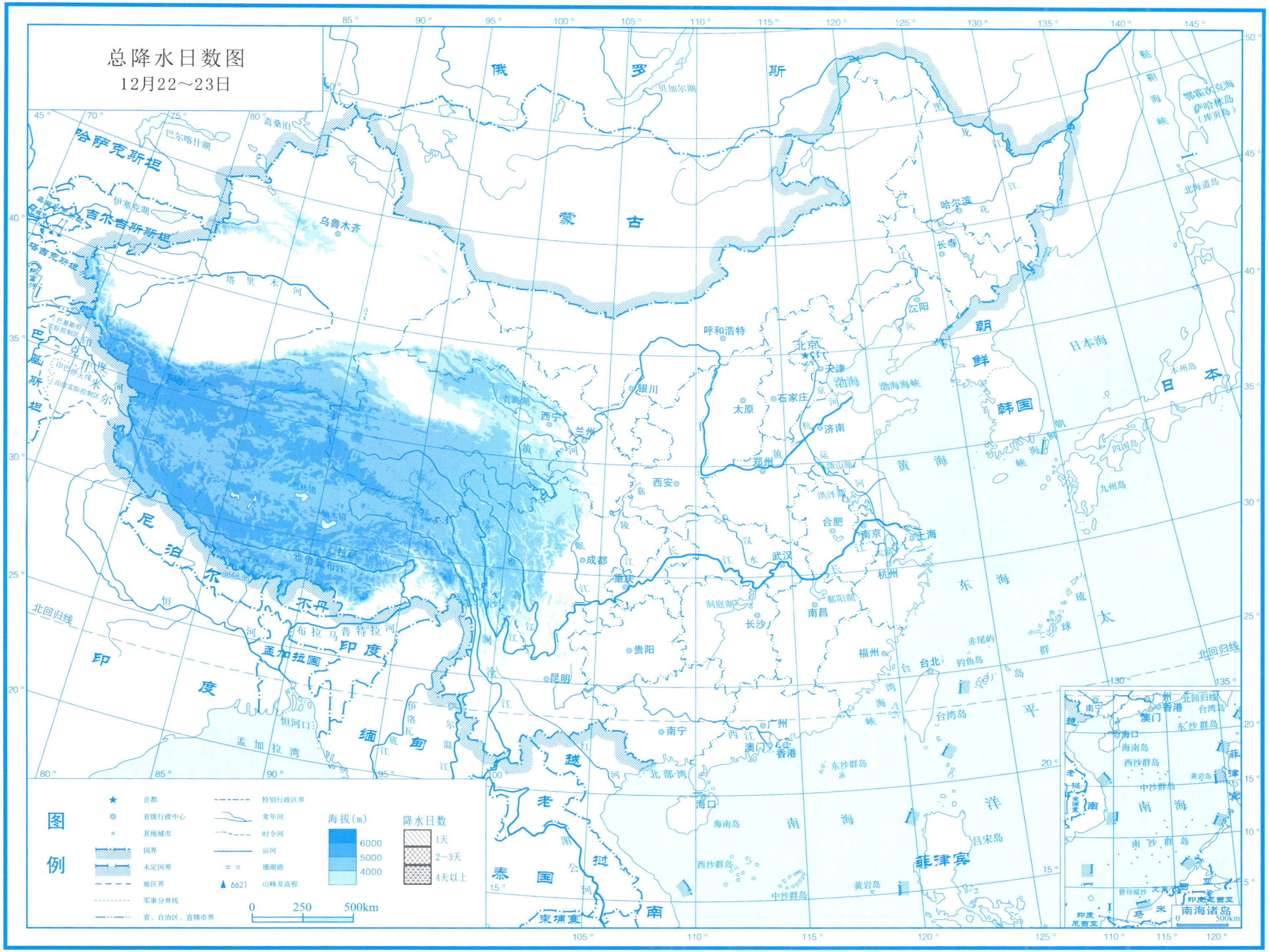

总降水量及移动路径图

D23076Kangding 12月29～30日

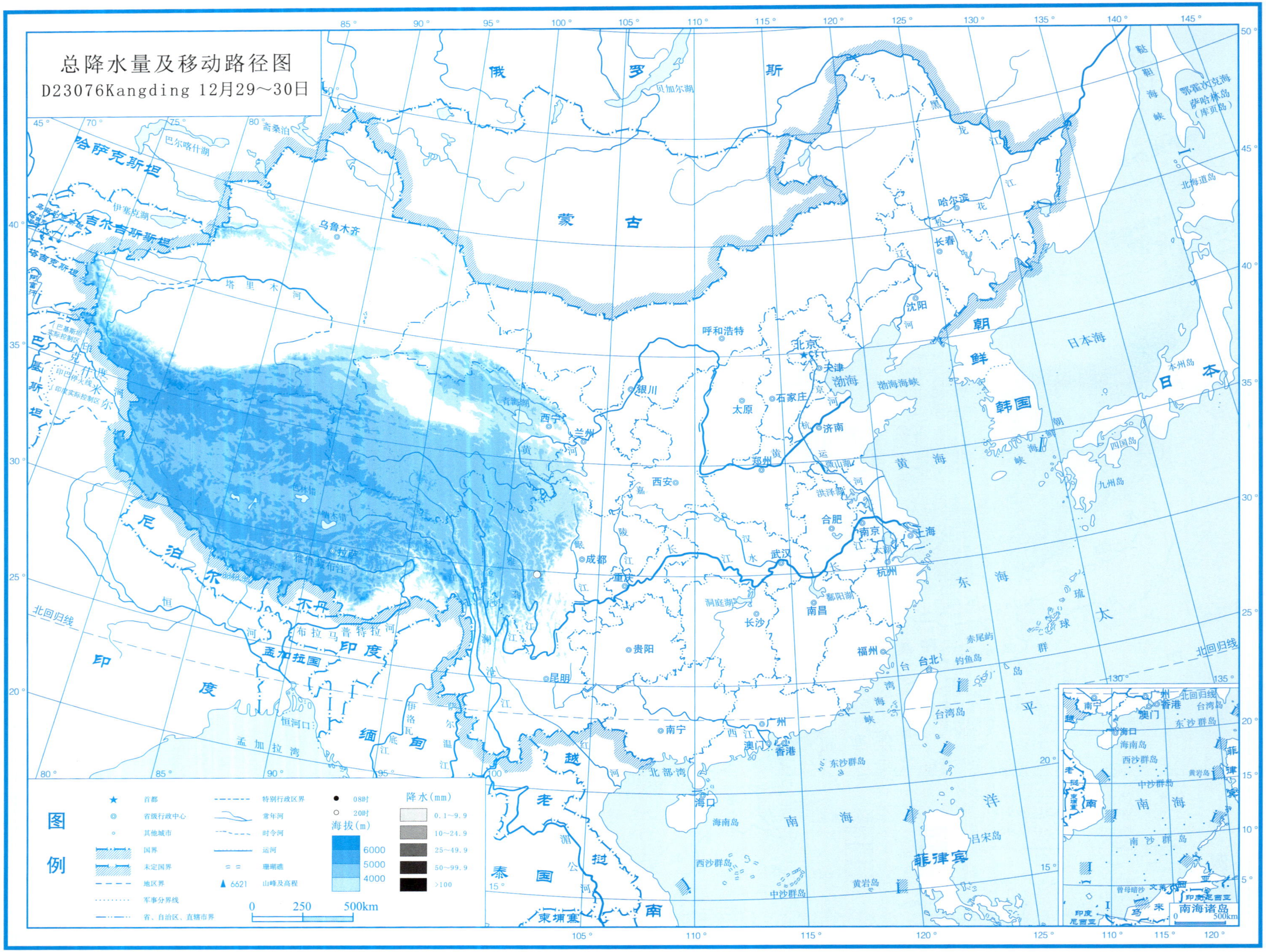

总降水日数图

12月29～30日

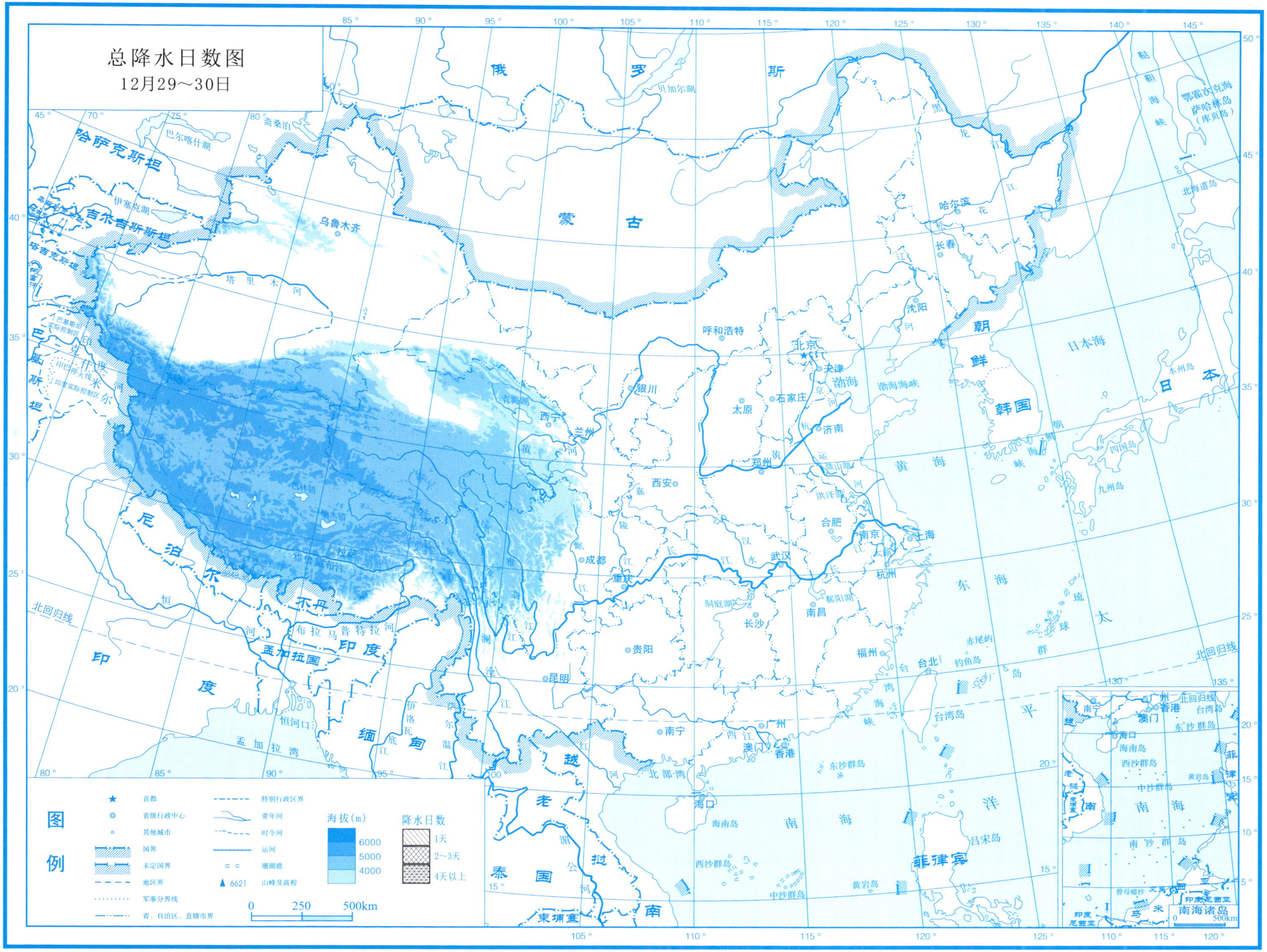

2023年西南低涡中心位置资料表

月	日	时	中心位置		位势高度/位势什米
			东经/(°)	北纬/(°)	
①1月1日（D23001）平武，Pingwu					
1	1	08	104.47	32.25	308
	1	20	113.51	33.93	310
消失					
②1月3日（D23002）九寨沟，Jiuzhaigou					
1	3	20	103.85	32.97	306
消失					
③1月7日（D23003）木里，Muli					
1	7	20	100.86	28.10	310
消失					
④1月18日（D23004）遂宁，Suining					
1	18	08	105.58	30.61	306
消失					
⑤1月19～20日（D23005）安岳，Anyue					
1	19	20	105.33	29.83	306
	20	08	105.56	30.86	305
消失					
⑥1月22～23日（D23006）营山，Yingshan					
1	22	08	106.53	31.11	302
	22	20	106.63	31.64	302
	23	08	107.02	30.37	303
消失					
⑦1月25日（D23007）盐亭，Yanting					
1	25	20	105.71	31.08	300
消失					
⑧1月28日（D23008）盐源，Yanyuan					
1	28	08	101.52	27.50	308
	28	20	106.47	29.96	308
消失					
⑨1月31日（D23009）安岳，Anyue					
1	31	08	105.36	30.13	304
消失					
⑩1月31日～2月1日（D23010）松潘，Songpan					
1	31	20	103.73	32.89	302
2	1	08	105.50	30.15	305
	1	20	104.11	30.25	304
消失					
⑪2月4日（D23011）西充，Xichong					
2	4	08	105.95	31.08	306
消失					
⑫2月23日（D23012）冕宁，Mianning					
2	23	20	101.89	28.58	308
消失					

2023年西南低涡中心位置资料表（续-1）

月	日	时	中心位置		位势高度/位势什米
			东经/(°)	北纬/(°)	
⑬ 2月24日（D23013）盐源，Yanyuan					
2	24	20	101.25	27.41	312
消失					
⑭ 2月28日～3月1日（D23014）泸定，Luding					
2	28	20	102.25	29.53	310
3	1	08	106.46	30.11	312
消失					
⑮ 3月1日（D23015）盐源，Yanyuan					
3	1	08	101.70	27.66	313
消失					
⑯ 3月6日（D23016）大竹，Dazhu					
3	6	20	107.28	30.61	310
消失					
⑰ 3月7～8日（D23017）汉源，Hanyuan					
3	7	08	102.41	29.47	309
	7	20	107.96	30.50	310
	8	08	114.12	29.46	312
	8	20	118.35	29.38	311
消失					
⑱ 3月10～11日（D23018）南部，Nanbu					
3	10	08	105.85	31.26	308
	10	20	108.76	30.49	308
	11	08	114.68	32.02	309
消失					
⑲ 3月11～12日（D23019）木里，Muli					
3	11	20	101.16	28.00	312
	12	08	101.72	27.60	315
	12	20	100.78	27.21	313
消失					
⑳ 3月15日（D23020）乐至，Lezhi					
3	15	08	105.02	30.45	308
消失					
㉑ 3月15～17日（D23021）马尔康，Ma'erkang					
3	15	20	102.45	32.00	306
	16	08	108.37	33.47	305
	16	20	114.75	34.31	306
	17	08	116.02	33.71	305
消失					
㉒ 3月17日（D23022）松潘，Songpan					
3	17	20	103.61	32.79	306
消失					

2023年西南低涡中心位置资料表（续-2）

月	日	时	中心位置		位势高度/位势什米
			东经/(°)	北纬/(°)	
㉓3月21～23日（D23023）蓬溪，Pengxi					
3	21	08	105.73	30.81	300
	21	20	105.93	31.28	299
	22	08	106.12	31.28	301
	22	20	106.05	32.73	301
	23	08	106.00	32.45	301
	23	20	107.56	32.25	303
消失					
㉔3月26日（D23024）万州，Wanzhou					
3	26	20	108.60	30.85	307
消失					
㉕3月27～30日（D23025）安岳，Anyue					
3	27	08	105.44	30.18	308
	27	20	104.72	30.19	307
	28	08	106.02	31.02	308
	28	20	110.69	31.60	308
	29	08	107.16	31.30	307
	29	20	113.94	31.67	307
	30	08	118.50	31.96	305
消失					
㉖3月28日（D23026）西昌，Xichang					
3	28	20	102.30	27.98	306
消失					
㉗4月5日（D23027）仪陇，Yilong					
4	5	20	106.37	31.65	304
消失					
㉘4月7日（D23028）松潘，Songpan					
4	7	08	103.60	32.47	309
	7	20	105.50	30.26	311
消失					
㉙4月9日（D23029）康定，Kangding					
4	9	08	101.93	30.14	310
	9	20	106.52	31.35	308
消失					
㉚4月10～11日（D23030）松潘，Songpan					
4	10	20	103.75	32.59	307
	11	08	105.98	29.75	310
消失					

2023年西南低涡中心位置资料表（续-3）

月	日	时	中心位置		位势高度/位势什米
			东经/(°)	北纬/(°)	
㉛ 4月13～15日（D23031）木里，Muli					
4	13	20	100.87	28.81	305
	14	08	101.63	28.19	311
	14	20	102.51	27.19	309
	15	08	100.88	25.56	314
消失					
㉜ 4月20日（D23032）汉源，Hanyuan					
4	20	08	102.72	29.48	305
	20	20	104.93	30.35	303
消失					
㉝ 4月22～23日（D23033）旺苍，Wangcang					
4	22	08	106.02	32.23	303
	22	20	104.07	32.72	302
	23	08	109.26	35.72	306
	23	20	110.35	34.46	307
消失					

月	日	时	中心位置		位势高度/位势什米
			东经/(°)	北纬/(°)	
㉞ 5月5～6日（D23034）阆中，Langzhong					
5	5	08	106.22	31.57	304
	5	20	106.71	31.88	303
	6	08	107.78	32.09	304
消失					
㉟ 5月7日（D23035）南部，Nanbu					
5	7	08	105.99	31.37	307
	7	20	108.33	32.60	309
消失					
㊱ 5月11日（D23036）木里，Muli					
5	11	08	100.83	28.28	310
	11	20	102.13	27.26	312
消失					

月	日	时	中心位置		位势高度/位势什米
			东经/(°)	北纬/(°)	
㊲ 5月12～13日（D23037）盐源，Yanyuan					
5	12	20	101.81	27.35	313
	13	08	101.31	26.73	314
消失					
㊳ 5月15～17日（D23038）汉源，Hanyuan					
5	15	20	102.68	29.47	307
	16	08	106.41	30.98	304
	16	20	111.87	31.92	304
	17	08	115.35	32.17	304
	17	20	119.91	33.13	305
消失					
㊴ 5月18日（D23039）稻城，Daocheng					
5	18	08	100.24	29.00	311
	18	20	101.62	29.07	305
消失					

2023年西南低涡中心位置资料表（续-4）

月	日	时	中心位置		位势高度/位势什米
			东经/(°)	北纬/(°)	
㊵ 5月22日（D23040）营山，Yingshan					
5	22	20	106.57	31.21	310
消失					
㊶ 5月25～26日（D23041）盐亭，Yanting					
5	25	20	105.51	31.37	308
	26	08	106.32	33.32	308
消失					
㊷ 6月2～4日（D23042）江油，Jiangyou					
6	2	08	104.73	31.97	307
	2	20	105.82	31.68	308
	3	08	105.54	34.59	309
	3	20	102.51	29.80	307
	4	08	106.36	32.26	309
消失					

月	日	时	中心位置		位势高度/位势什米
			东经/(°)	北纬/(°)	
㊸ 6月11～12日（D23043）木里，Muli					
6	11	08	101.10	28.16	310
	11	20	104.72	28.22	309
	12	08	105.42	28.78	309
消失					
㊹ 6月18日（D23044）盐源，Yanyuan					
6	18	20	101.82	27.35	308
消失					
㊺ 6月20日（D23045）彭水，Pengshui					
6	20	08	108.37	29.69	310
消失					

月	日	时	中心位置		位势高度/位势什米
			东经/(°)	北纬/(°)	
㊻ 6月21～26日（D23046）高坪，Gaoping					
6	21	08	106.15	30.84	310
	21	20	107.67	29.84	310
	22	08	107.48	29.41	310
	22	20	108.45	29.42	310
	23	08	113.28	30.68	309
	23	20	114.58	29.72	309
	24	08	116.25	31.48	309
	24	20	114.16	31.19	309
	25	08	117.05	33.21	308
	25	20	116.83	34.64	308
	26	08	122.01	37.95	305
	26	20	123.16	41.46	302
消失					
㊼ 6月28日（D23047）泸定，Luding					
6	28	08	102.24	29.86	308
消失					

2023年西南低涡中心位置资料表（续-5）

月	日	时	中心位置		位势高度/位势什米
			东经/(°)	北纬/(°)	
㊽ 6月30日（D23048）木里，Muli					
6	30	08	101.25	28.08	308
	30	20	101.04	28.41	308
消失					
㊾ 7月1日（D23049）阆中，Langzhong					
7	1	20	105.94	31.55	309
消失					
㊿ 7月8～9日（D23050）南充，Nanchong					
7	8	08	106.06	31.02	311
	8	20	107.16	30.39	311
	9	08	106.59	30.92	311
	9	20	105.96	30.25	311
消失					
(51) 7月11日（D23051）平武，Pingwu					
7	11	08	104.85	32.20	308
消失					
(52) 7月13～14日（D23052）峨边，Ebian					
7	13	08	103.24	29.21	308
	13	20	103.59	29.85	309
	14	08	106.18	30.92	312
消失					
(53) 7月24～28日（D23053）南充，Nanchong					
7	24	20	105.89	30.70	312
	25	08	106.85	31.35	312
	25	20	109.07	30.86	312
	26	08	104.40	30.10	311
	26	20	104.70	29.83	310
	27	08	104.66	30.37	309
	27	20	105.10	30.34	309
	28	08	105.74	29.27	309
消失					
(54) 8月3日（D23054）合江，Hejiang					
8	3	08	105.68	28.65	310
消失					
(55) 8月25～31日（D23055）茂县，Maoxian					
8	25	20	103.59	32.12	308
	26	08	105.98	31.37	307
	26	20	107.97	32.07	306
	27	08	111.98	32.07	307
	27	20	117.00	34.07	306
	28	08	119.58	35.86	304
	28	20	122.39	38.93	304
	29	08	124.12	41.09	303
	29	20	125.97	45.15	302
	30	08	126.56	47.00	300
	30	20	126.17	47.75	302
	31	08	126.37	47.84	300
消失					

2023年西南低涡中心位置资料表（续-6）

月	日	时	中心位置		位势高度/位势什米
			东经/(°)	北纬/(°)	
(56) 9月11～12日（D23056）德阳，Deyang					
9	11	08	104.52	31.34	310
	11	20	105.37	29.95	310
	12	08	107.06	30.58	310
	12	20	108.48	29.26	311
消失					
(57) 9月18～19日（D23057）松潘，Songpan					
9	18	20	103.48	32.93	312
	19	08	105.21	32.18	310
消失					
(58) 9月20～21日（D23058）南部，Nanbu					
9	20	08	106.02	31.33	313
	20	20	108.12	32.16	313
	21	08	107.56	32.12	313
消失					

月	日	时	中心位置		位势高度/位势什米
			东经/(°)	北纬/(°)	
(59) 9月23日（D23059）广元，Guangyuan					
9	23	08	105.72	32.18	312
消失					
(60) 9月24日（D23060）剑阁，Jiange					
9	24	20	105.62	31.92	312
消失					
(61) 9月27日（D23061）盐亭，Yanting					
9	27	20	105.37	31.33	314
消失					
(62) 10月6～7日（D23062）木里，Muli					
10	6	08	101.42	28.27	312
	6	20	101.46	27.82	312
	7	08	101.03	27.00	314
消失					

月	日	时	中心位置		位势高度/位势什米
			东经/(°)	北纬/(°)	
(63) 10月13日（D23063）盐边，Yanbian					
10	13	20	101.55	27.14	314
消失					
(64) 10月17～19日（D23064）松潘，Songpan					
10	17	20	103.73	32.88	312
	18	08	105.34	32.64	311
	18	20	104.43	31.45	312
	19	08	107.89	32.51	313
消失					
(65) 10月24～25日（D23065）射洪，Shehong					
10	24	20	105.26	30.89	315
	25	08	108.76	31.29	315
	25	20	109.71	30.89	315
消失					

2023年西南低涡中心位置资料表（续-7）

月	日	时	中心位置		位势高度/位势什米
			东经/(°)	北纬/(°)	
(66) 10月26～28日（D23066）冕宁，Mianning					
10	26	20	102.17	28.83	313
	27	08	105.90	30.68	313
	27	20	108.86	31.94	313
	28	08	111.05	32.40	312
	28	20	114.41	32.56	313
消失					
(67) 10月28日（D23067）冕宁，Mianning					
10	28	20	102.04	28.39	312
消失					
(68) 11月2～3日（D23068）盐亭，Yanting					
11	2	20	105.56	31.39	312
	3	08	108.56	33.38	310
	3	20	113.22	33.53	311
消失					
(69) 11月8日（D23069）射洪，Shehong					
11	8	20	105.36	30.98	309
消失					
(70) 11月14～15日（D23070）松潘，Songpan					
11	14	20	103.81	32.90	310
	15	08	108.53	33.35	311
消失					
(71) 11月28～29日（D23071）北川，Beichuan					
11	28	20	104.45	31.74	307
	29	08	106.59	30.57	309
	29	20	105.58	29.62	313
消失					
(72) 12月8日（D23072）大英，Daying					
12	8	20	105.30	30.49	307
消失					
(73) 12月16～17日（D23073）雅安，Ya'an					
12	16	20	102.89	29.95	309
	17	08	103.40	29.95	308
消失					
(74) 12月22日（D23074）威远，Weiyuan					
12	22	08	104.84	29.46	312
	22	20	107.21	30.58	313
消失					
(75) 12月22日（D23075）木里，Muli					
12	22	20	100.80	28.85	309
消失					
(76) 12月29日（D23076）康定，Kangding					
12	29	20	101.70	29.88	311
消失					